과학과 인문 at eyes

박상업 저

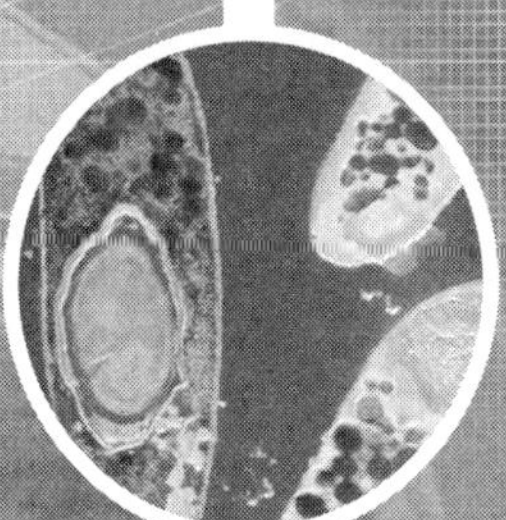

북스힐

머 리 말

한동안 사회 속에서 몸에 맞지 않은 옷을 입고 뛰어다닌 시절이 있었다. 한 십여년이 되었나보다. 문득 그 꿈에서 깨어나고 보니, 이젠 흰 머리만 가득하고 올라가는 걸음걸이보다 내려가는 걸음걸이가 빨라지고 있다. 이룬 것이 없으니 남는 것도 없고, 희미한 추억만이 머리속에서 감감하게 돌아간다.

싸늘한 겨울바람 속에서 아늑하던 대학원 시절에 우연히 시작힌 가느다란 생각을 다시 찾아가자는 희미한 마음이 일어났다. 언어적 관점으로 물리학에 접근해보자는 것이다. 이 발상에 대한 뚜렷한 방향성도 없었지만, 무작정 이 발상을 강의실에서 시도하였다. 무모한 일이었지만, 어떤 때에는 아주 좋은 결과를 만들어 냈고, 무엇인지 모를 그 무엇이 그 시도의 바탕에 깔려 있다는 생각이 자꾸 들었다.

근 20여년이 넘게 강의실에서 수강생들의 머리를 쥐어 뜯게 만들었던 그 많은 시도 속에서 그 밑바닥은 무엇이 있는지 다시 찾고 또 다시 찾았다. 이리 돌고 저리 돌면서 생각의 방향을 잡기 위해 돌아보았고, 이 학문을 찾아가보고, 저 학문을 찾아가보면서, 이 학자와 대화하고 저 학자에게 물어가면서 그 바닥을 찾아내려 하였다. 뿌연 연기 속에서 묻혀 있어 질문할 내용을 정확하게 찾기 어려워 나도 고민하였지만, 그런 질문에 답하는 분들은 오죽 답답하고 힘들었으리라. 그래도 성심껏 듣고 답하여준 여러 분들에게 감사드린다.

하는 일 없이 시간만 보내는 것 같고, 듣는 학생들에게 미안해서 글쓰기를 무작정 시작하자고 진행했지만, 정리되지 않은 마음은 몇 줄의 단어 속에서 고갈되고 다시 텅 빈 노트만 남기를 여러 번이 되었다.

이 고통 속에서 몇 가지의 커다란 윤곽이 보이는 것 같았다. 지금 보면 신기루이지만, 그 신기루를 믿고 강제적으로 스스로에게 고삐를 다시 매었다. 남들 앞에서 완성하겠다는 선언 아닌 선언을 하였다. 무조건 교내 연구비를 신청하였다. 이제는 다시 멈추지 않고, 돌아서지 않고 어떤 방식으로든 끝을 만들려고 시작하였다.

누군가의 신비로운 도움이 있었나 보다 알 수 없는 기운이 몸을 감았나보다 풀리지 않던 고리들이 술술 풀려나간다. 짧은 기간이다. 준비한 내용들은 있었지만, 3개월 정도의 집중으로 신기루 속의 오아시스를 만들어 내었다. 풀려나가니 빨리 끝내고 싶어진다. 추가할 부분이 자꾸 나타나고, 그 내용이 추가되어야 완벽도가 높아지고 이해도도 높아질 것으로 보이지만, 부족한데로 여기서 멈춰야겠다. 적어도 논리적 흐름에는 문제가 되지 않는 새로운 학문의 관점이 나타났다. 이제 새로운 학문이 시작될 것이다.

생각했던 것보다는 더욱 명확한 논리를 만들어냈다. 뿌듯하다. 인문학과 자연과학은 완전히 분리된 서로 다른 학문의 세계로 보았던 기존의 관점을 완전히 바꿀 기회를 만들게 되었다. 인문학과 자연과학이 하나의 변차선 내에서 양 극단에 있게 되었다. 이들이 하나의 체계로 연결되기 시작하였다. 새로운 해석이 시작될 것이다.

아직은 부분적인 완성이다. 눈(eyes)의 메커니즘에 기반을 두고 연합하였으니까. 그렇지만 이것이 새로운 학문의 방향에 시작점을 만든 것으로 보인다. 이제는 다양한 다른 방식으로 분리된 학문들 사이를 하나의 원리로 연결할 수 있는 작업의 길이 열렸다. 이런 학문의 관점은 이제 시작하였고 이제 우리 모두에게 열려진 판도라 상자가 되었다. 모두 가보자.

초기에 강의를 듣고 정리하였던 허민규 조교에게 감사하고, 책을 꼼꼼히 읽어주고 많은 대화를 했던 동의대학교 이수련교수님과 백시형 조교에게 감사한다. 그리고 더욱 감사할 분들은 다양한 학문 분야의 소중한 책들을 번역해서 내가 읽을 수 있게 해주신 많은 선후배 학자분들이다. 마지막 순간까지 이해할 수 없는 말들을 열심히 들어 주었던 나의 가족에게 더욱 깊은 사랑을 보낸다.

2010년 봄

둥지에서

차 례

1장 인간의 지각과 물리 현상

1.1 우리 주변은 어디까지인가?

인간은 우주 속의 작은 점으로 살아가고 있다.[1] 너무 거창하게 시작하나. 우주라 고하니까 주위에서 하도 떠드는 소리 때문인가 블랙홀이 생각나네. 많은 사람들의 관심의 대상이면서 다양한 환상을 불러일으키는 블랙홀, 그도 아마 우리 은하계에 있을 것으로 예상된다. 가장 유력한 후보는 백조자리 X-1에 있다는데. 백조자리가 어느 방향이야. 모르겠다. 아무튼 그는 백조자리로 약 6000광년 거리에서 강한 X선을 방출하고 있으며, 질량은 태양의 약 8.7배 정도이고 어떤 천체보다 밀도가 높은 천체이다. 이 천체는 청색초거성(HDE 226868)과 쌍성을 이루며 5.6일 주기(지구는 1년인데)로 서로 돌고 있는데 두 천체 간의 거리는 무척 가까워서 지구와 태양간 거리의 1/5밖에 되지 않는다. 주변의 물질이 청색초거성에서 백조자리 X-1로 빨려들어 가고 있는 모습을 상상으로 그리면 다음과 같다. 환상적으로 그렸죠.

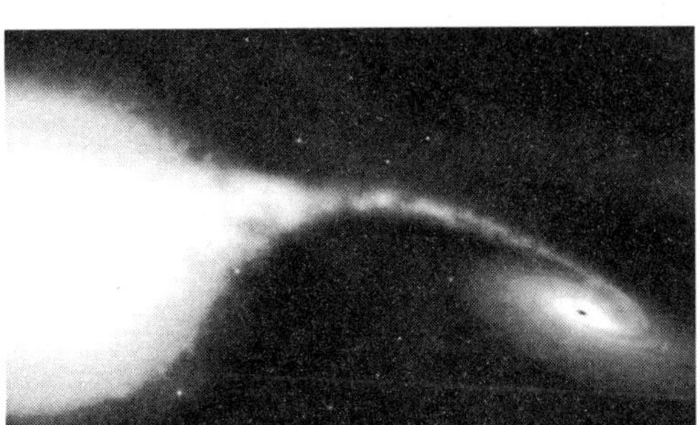

이런 환상적인 블랙홀이 존재한다면 판타스틱 하겠네. 하지만 나는 블랙홀 주변에 있기는 싫다. 강한 X-선을 받으면 온 몸이 타버릴 것이 틀림없고, 타지 않더라도 블랙홀로 빨려 들어가면 내 주위의 모든 사람들과 영원히 이별하는 불상사가 생길 것이기 때문이죠. 더욱이 빨리 돌게 되면 현기증이 심해서 너무 괴롭겠다. 그래서 나는 블랙홀 주변을 싫어한다. 그래서 그런지 내 눈에는 블랙홀이 안 보이네. 위의 환상적인 블랙홀 그림도 보이지 않고. 블랙홀이 있든 없든 잘 살고 있고, 그래서 없다고 생각하는 것이 편하지.

항상 밤이 되면 눈이 쌩쌩해진다. 밤이 깊을수록 재밌는 케이블 프로그램이 많고, 즐거운 게임 한판하고 그러다 보면 항상 그 다음날이 된다. 아직 재밌는 일이 많지만, 오늘 또 일을 해야 되니까 이른 새벽에 잠을 잔다. 당연히 늦잠을 자야만 한다. 그런데 아침마다 강렬한 햇살을 내뿜는 얄미운 태양은 오늘도 어김없이 나를 괴롭힌다.

우리 모두는 태양을 따라 생활한다. 인공적 환경이 밤을 낮으로 만들어 주니까 낮과 밤을 자주 바꿔가면서 살아도 불편하지 않지만, 기적을 일으키고 신처럼 사셨던 이순신 장군도 태양 빛을 거부하면서 살지는 않았다.

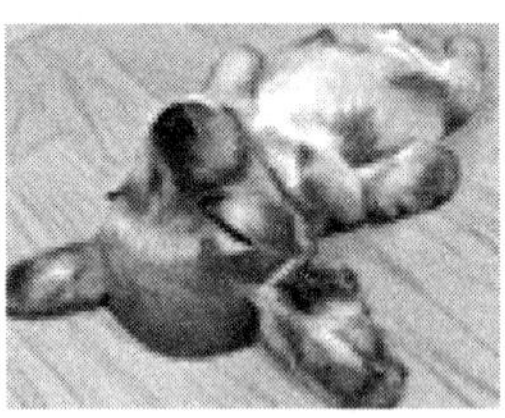

나처럼 낮에는 자고 밤에는 일하면서 전쟁을 하지는 않았다. 아마 할 수는 없었을 것이다. 혹시 이순신 장군도 야행성으로 사셨는지 난중일기를 살펴볼까? 야행성이든 주행성이든 하루에 한 번씩은 잠을 자면서 살아가야 되는 인간의 굴레를 어떻게 벗어버리겠는가.

제자들이 바다낚시를 알려줘서 갯바위 낚시를 갔었다. 바다낚시는 밀물 때가 좋다. 물이 들어오면서 고기도 들어오니까. 초보인 나도 파닥거리는 참돔의 손맛을 볼 때가 있으니까. 그 짜릿한 감각이 아직도 나의 손에서 요동치는 것 같다. 이 밀물은 항상 조용히 모습을 바꾸는 달님의 능력이라니 잘 느낄 수는 없지만 그렇게 믿고 살기로 하자. 바닷가에서 밀물 때 밀려드는 물의 무서움이란 정말 끔찍하다. 그렇게 강력한 영향력을 주는 달도 나에게 심각하게 영향을 주는 것을 찾아보니 별로 없다. 그저 저 멀리 덩그렇게 떠 있을 뿐이지. 아! 있긴 있구나. 젊었을 때 딱지 맞고 쳐다보던 달이 이제는 추억 속의 달이 되어 가끔 생각나니까.

너무 먼 곳만 쳐다보았나. 가까운 주변을 보자. 일반물리학 강의를 하기 위해서 강의실에 들어갈 때면 항상 고민이다. 물리학과도 없고, 다 교양 과목으로 거쳐 가는 과목인데, 그것도 공대생들이 필수로 들어야 되는 과목이니. 싫어도 학생들이 교수 눈치를 살피는 강의이고, 일반물리 학점에 목을 맬 수밖에 없다. 필수 과목이니 죽어도 넘어가야 되고, 강의는 자동으로 설강되니 기쁜 일이다.

그렇지만 일반물리학을 즐겁게 듣는 것도 아니고, 물리학에 대한 기본 지식이 있어서 수준 높여 강의를 할 수 있는 것도 아니다. 이럴 때는 내가 확 개그맨이 되어서 일반물리 내용을 개그로 만들고 강의 시간 내내 웃다가 나가면 최고일 텐데. 자연과학 하는 딱딱한 가슴이 어떻게 개그맨이 되겠어. 그래서 입법부를 위협해서 법률을 제정하게 하는 거야. 개그맨이 되려면 일반물리학 한 파트를 무조건 개그로 만들어 놓아야 활동을 할 수 있는 허가가 나오는 거야. 그러면 악쓰고 일반물리학을 개그로 만들겠지. 그러면 일반물리학이 재밌어지려나. 아니야. 아마 개그맨이 되는 것을 포기하고 한국에는 개그 프로가 없어질 거야. 이것도 답이 아니네. 참 어렵다. 강의 내용이 어렵다고 졸고 있는 저 학생을 어떻게 해야 할 까? 깨울까 좀 너 편하게 잘 수 있게 이불을 깔아 줄까. 아니면 목소리 톤을 좀 더 부드럽게 해서 완전히 재워야 되나? 고민, 고민 ... 답도 없네. 이럴 때는 조는 학생이 눈에 안 보이면 좋을 텐데. 뜬 눈 감지 않으면 자동으로 보고 판단하니까. 방법이 없지. 또 고민이네.

이럴 때는 강의 스트레스가 쌓인다고 핑계대고 골프장에 가서 골프채를 막 휘두르는 거야. 애꿎은 골프공을 드라이버로 악 쓰고 때려서 멀리 멀리 보내면 스트레스 확 날아가겠지. 글쎄 골프공은 생각이 없겠어. 자기를 마구 때리는데 고분고분 말들을 일은 아니겠지. 이리 삐뚤 저리 삐뚤 휙휙 돌아가네. 풀려고 한 스트레스가 이리 저리 꼬여서 더 쌓이게 되네. 이놈의 골프공도 나를 열 받게 만드네.

쌓이고 꼬이는 스트레스지만, 그렇다고 부정적으로 살면 인생 살기 더 힘들지. 그래서 자신에게 한 마디 한다. 골프 선수가 되려는 것도 아니고 그냥 적당히 앞으로 날아가면 되지. 골프공이 옆으로 휙 돌아가는 것은 골프 선수들도 당한다니까. 나같은 아마추어야 당연하지 뭐. 골프공 치느라고 땀 좀 흘렸으니 운동 좀 되겠지 그러니까 몸도 건강해졌을 거야. 건강이 최고지 뭐. 꼭 골프공이 앞으로만 날아갈 필요가 있겠어. 이렇게 생각하는 것 보면 나는 원만한 사람이야. 그렇게 혼자 생각하고 다시 일상 노동의 현장으로 간다. 책 쓰는 거지. 밤새면서.

우리는 주변의 변화를 이런 저런 감각기관으로 받아들여서 대충 필요한 것을 중요하게 생각하면서 살아간다. 블랙홀이 무섭다고 신경 쓰며 하늘만 쳐다보고 살지는 않는다. 골프공 삐뚤어지게 날아간다고 밥 안 먹고 살지는 않는다. 잘 안 되는 일 있으면, 약간 잔머리 굴려서 편하게 생각하고 행동하며 산다. 왜냐하면 너무 잔머리 많이 돌리면 어지러워서 살기 힘들잖아요. 난 어지러워서 블랙홀 근처도 안 가는 사람이니까.

1.2 어디까지 얼마나 잘 살필 수 있을까.

1.2.1 감각기관의 종류와 인지

내 주변을 살피려고 블랙홀을 이용하는 사람은 없을 것이다. 아마 신들은 하지 않을까. 인간인 이상, 자기가 갖고 있는 것으로 주변을 살핀다. 그래서 인간은 주변을 살피는 도구로 감각기관을 갖고 있나 보다. 감각기관의 종류는 이리 저리 들은 상식에 따르면, 시각(vision), 청각(hearing), 미각(taste), 후각(smell), 피부감각(cutaneous sensation) 등이 있다고 한다.[2] 뻔한 내용을 쓰려니 쑥스러워서 영어를 추가했네요. 시각, 청각, 미각, 후각, 피부감각 등으로 분류하는 것은 너무 오래된 분류방식은 아닌가? 신경(neuron)의 입장에선 어떻게 분류해야 되는 거죠. 모르겠네.

내친 김에 한자 한 번 쓰죠. 기우(杞憂)라고 쓸 데 없는 걱정이라는 말이 있지요. 기(杞)나라에 있는 어느 한 사람이 하늘이 무너지고 땅이 꺼지면 몸 둘 곳이 없을 것을 걱정하여 먹고 자는 것을 하지 못했다는 말이라고 하네요. 우리 주위에 블랙홀이 있다고 하는데, 난 오늘도 씩씩하게 강의하러 가는 것을 보면, 나는 그런 쓸 데 없는 걱정을 하지는 않는 것 같네요. 왜 그럴까요. 난 단순하거든요. 바로 눈앞에 보이지 않으면 별로 신경 쓰지 않으니까요. 아무리 무지막지한 블랙홀이 있다고 한들, 나는 느낌도 없고, 보지도 못하고 듣지도 못하거든요. 이런 걸보면, 기우(杞憂)스러운 것은 아주 감지할 수 없게 감각기관이 만들어진 것이 아닌가 싶네요. 내게 필요한 것만 딱 잘 보고, 필요 없으면 잘 보지 않고, 공연히 기우에 시달리지 않고, 그리고 적은 노력으로 내게 필요한 만큼 상황을 감지할 수 있게 하는 감각기관의 그런 특성을 감각의 경제성(economy of sense)이라고 하면 되겠네요. 감각기관은 우리에게 긴급히 필요한 주변 환경의 변화에 민감하게 반응하지만, 먼 우주에서 벌어지는 우리와는 별로 관련도 없는 상황에는 관심도 없는 것이죠.

1.2.2 감지 정보량과 감각기관의 분리 필요성

우리 주변이라고 두루뭉술하게 말하니까. 말이 자꾸 어려워지네. 간단하게 나에게서 얼마나 떨어졌는가 하는 거리로 말을 바꾸는 것이 편하겠다. 가깝다 멀다고 말하면 사람마다 상대적인 거리감이 다르니까, 비교하기 어렵겠죠. 그럼 쉽게 감각기관의 주변 감지 능력을 거리 단위로 살필 수 있겠네요. 일반적인 경험으로 보아 거리에 따른 감각기관의 성능은 촉각이나 미각이 가장 가깝고, 코가 약간 떨어지겠고, 귀는 더 멀겠죠. 당연히 눈은 가장 멀리까지 볼 수 있죠.

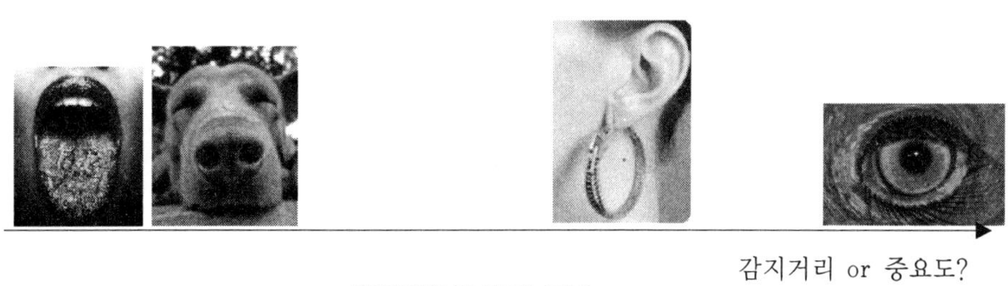

감각기관의 감지 거리

밥맛을 알려면, 직접 먹어 봐야 안다. 밥을 눈으로 보고 매운지 달콤한지 알 수 있다면 얼마나 좋을까? 불가능하지만, 혹시 그런 사람도 있지 않을까 생각해 본다. 일반적으로 음식의 맛은 음식물이 직접 혀에 닿을 때 알 수 있다. 그러니 몸에 가장 가깝겠죠.

담배 피지 않는 나에게 담배 핀 사람이 옆으로 지나가면 담배 냄새가 난다. 어떤 때는 담배 냄새가 별로 신경 쓰이지 않지만, 어떤 때는 담배 냄새가 너무 싫을 때도 있다. 건강에 나쁜 담배는 서로 조심합시다. 따라서 코는 약간의 거리가 있어도 냄새를 감지할 수 있다. 그렇다고 하늘 위에 있는 구름의 냄새를 맡을 수 있는 것은 아니지요. 그래서 미각보다는 좀 더 멀리 떨어진 주위의 변화를 감지할 수 있지만, 소리를 통해 귀가 감지할 수 있는 한계보다는 가까워 보인다. 번개치고 천둥칠 때, 천둥의 소리를 들을 수 있지만, 천둥의 냄새는 알 수 없으니까요? 아니 내 상식으론 냄새가 없는데. 모르죠. 냄새가 있는지. 당연히 청각은 후각보다는 더 멀리서 일어나는 변화를 감지할 수 있겠죠.

태양이나 달은 볼 수 있지만, 태양이나 달의 소리를 들을 수 없는 것으로 보아 눈으로 볼 수 있는 영역이 더 큰 것은 쉽게 예상할 수 있지요.

귀는 약간 먼 곳의 변화를 소리로 알 수 있고, 더 먼 곳은 눈으로 보아 알 수 있다고 볼 수 있지요. 그렇지 않은 사람도 있나. 눈이 볼 수 있는 거리보다 더 먼 곳에서 발생하는 일을 귀로 감지할 수 있는 사람이 있을까? 아마 사람은 아니고 동물은 가능하지 않을까? 아니지 장님도 가능하지. 눈 없는 생물도 많으니까. 그런 생물이 있는지는 누가 알겠어요. 자꾸 생각 돌리면, 복잡해지니까 사람을 기준으로 생각하자.

그럼 왜 감각기관은 서로 다른 감지 영역을 가질까? 1개의 감각기관으로 모두 감지할 수 있다면 얼마나 좋을까. 눈 하나만 있으면 모든 것을 해결할 수 있다면, 아니면 코 하나만으로 모든 것을 감지할 수 있다면... 이렇게 여러 가지 감각기관이 있어야 될 이유 중에 하나는 서로 다른 자극 사이의 간섭을 최대한 줄이려고 하지 않았을까? 서로 다른 범위에 있는 서로 다른 자극을 동일한 기관에서 모두 감지하려면 어디에서 온 어느 자극인지를 구분하느라고 혼란스럽지 않겠어요. 결국 이런 혼란을 줄이려고 전문화시키는 것이죠. 간단한 예로, 핸드폰에 600만 화소 카메라가 붙어 있죠. 600만 화소이면 거의 환상적이죠. 그렇다고 사진작가가 핸드폰 들고 다니면서 작품 사진으로 찍지는 않죠. 600만 화소의 전문가용 카메라를 사용하죠. 왜 그럴까요. 핸드폰에는 다양한 기능이 필요하기 때문에 이런 기능들 사이에서 나타나는 간섭 효과를 최대한 줄이려면 600만 화소의 카메라 기능도 제한이 되겠죠. 화면 크기가 작다든지.

감각기관이 감지할 수 있는 거리에 한계가 있다는 것은 감각기관이 감지할 수 있는 정보의 양도 다를 수 있다는 생각을 할 수 있겠죠. 그래서 대략적으로 정보량을 예상해 보죠. 감지 영역이 넓을수록 그 영역 내에 감지 대상이 더 많고 다양하니까. 감지 영역의 크기가 감지할 수 있는 정보량이라고 생각해 보죠. 인간적인 입장에서 보면, 각 감각기관을 담당하는 대뇌 크기를 인간이 활용하는 정보량으로 판단하면 좀 더 정확하겠지만, 뇌의 크기는 몸속에 있고, 그 부분에 대한 지식은 없으니까 쉽게 말할 수 없겠죠. 그래서 몸 밖에 있는 것으로 대략적으로 추론해 보는 거죠.

내 피부에 닿는 것은 주로 옷이다. 피부 근처에서 바뀔 수 있는 것은 옷이 대부분이다. 옷 빼면 별로 변할 것이 없다. 따라서 촉감의 감지 정보는 그 정도에서 있을 것이다. 세세하게는 더 많은 다양성이 있지만, 대략적인 해석이고 밖으로 보이는 것만을 생각한다는 것을 고려하자.

약간 떨어진 곳에는 조금 다양한 사물들이 있다. 냄새를 풍기는 것도 있고 그렇지 않은 것도 있으니까 후각으로 감지하는 정보는 그렇게 많아 보이지 않는다.

1.2.3 소리와 빛의 상호 보완성

몸에서 어느 정도 떨어진 영역에는 좀 더 다양한 사물들이 있다. 친구도 있고 손님도 있고 학생들도 있고 무서운 도사견도 왔다 갔다 하고. 노사견 앞에선 잔뜩 졸아시어디 움직일 수 있나요. 개 키우시는 분들 조심 좀 해 주세요. 맘 약한 사람들 오줌 싸요. 이런 다양한 물건들은 각자의 특유한 소리를 내고 있죠. 소리는 움직여야 나죠. 움직이지 않으면(도사견도 성대가 움직여야 소리가 나니까) 소리가 없죠. 이상하네! 움직여야 소리가 난다면, 움직이지 않으면 소리가 나지 않게 되죠. 소리의 내용이란 소리 내는 쪽에서 움직인 모양이 되는 것이고, 따라서 소리를 들으려면 소리를 낸 모양과 같은 모양으로 움직여야 된다는 말인데. 정말 그런가?

하여간 소리로 감지할 수 있는 영역은 냄새로 보는 영역보다 넓고 정보량도 더 많을 것으로 예상한다. 그렇지만 움직여야 알 수 있으니까 제한된 정보 형태만을 감지할 수 있겠지요. 그래서 소리라고 하죠.

정지해 있으면 소리가 없으니까 소리로 들을 수 없죠. 그래서 눈이 있군요. 정지해 있어도 눈으로 볼 수는 있으니까. 보조가 필요하죠. 빛이라는. 빛이 있어야 보니까? 빛 없어도 움직이면 소리로 들을 수 있으니까 빛과 소리는 상호 보완적인 것 같네요. 앞이 막혀 있어 빛이 지나갈 수 없을 때, 또는 사방이 벽으로 둘러 쌓여 있어서 볼 수 없을 때에 우리는 안에서 무슨 소리가 나는지 알 수 있고, 대략적으로 상황을 파악할 수 있다. 그런가 하면 멀리 있어서 소리를 들을 수 없지만 모양을 눈으로 확인할 수 있죠. 멀리서 달려오는 대상이 나를 좋아하는 멍멍이인지(식사용은 아님) 무서운 사모님인지 모습만 보면 금방 알 수 있지 않아요. 요즘 기(氣) 피고 사는 남자들이 적다 보니까. 무섭죠. 이리 저리 볼 때, 빛과 소리는 서로 기능을 서로 보완하는 경우가 많다. 어떤 부분에서는 반대적 특성을 갖고 있다고 볼 수 있지 않나.

눈으로 볼 수 있는 영역이 소리보다는 더 넓고 따라서 더 많은 정보를 획득할 수 있을 것으로 예상된다. 눈은 더 많은 정보를 지각할 수 있으니 귀보다 더욱 중요한 역할을 하지 않을까. 그래서 백문불여일견(百聞不如一見)이라고 백 번 듣는 것보다 한 번 보는 것이 더 낫다는 속담도 있지 않았나. 다른 얘기인가?

1.2.4 감각기관의 기능이 확대되어 만들어지는 학문들

각 감각기관에서 경험한 내용을 확대하고 정량화하고 내재된 법칙을 정립하면 하나의 학문 분야로 된다. 후각과 미각은 당연히 화학물질 사이의 관계로 발전되며, 화학 분야로 발전할 것이다. 예를 들어 신맛은 화학물질의 산성도를 나타낸다.

촉각과 압각, 온각같은 피부의 감각은 면적, 압력, 온도 등과 같은 물리량으로 정량화되고, 열물리(thermal physics)라는 분야에서 주로 나타난다.

청각과 시각은 매우 다른 영역으로 발전한다.[3] 간단하게 말하기는 어려움이 많기 때문에 다음 장에서 더 자세히 다룬다.

1.3 청각의 물리적 특성

1.3.1 청각의 목적 찾기 : 목적이 아닌 것은

여러 사람들이 말하는 가운데 누가 말을 하는지를 알려면 매우 힘들죠. 고등학교 다닐 때, 음악 시간에는 항상 합반을 했습니다. 200여 명이 강당에 들어가서 음악 선생님의 피아노 소리에 따라 노래를 합창했죠. 변성기 때라 일부 학생들이 아저씨 목소리로 분위기를 깨죠. 그러면 선생님은 일어서서 노래 소절을 반복하게 하면서 아저씨 목소리를 찾기 위해서 음이 나오는 위치를 먼저 좌측과 우측을 구분합니다. 그리고 앞뒤를 구분하고, 그렇게 좁혀가서 한 줄만 남기고 자수하게 합니다. 한 사람을 찾기 위해서 소리가 나온 위치를 찾기 위하여 많은 단계를 거치는 것입니다. 그래서 진짜 찾았는지는 모르겠습니다. 하여간 누군가 혼나고 나면 끝나니까요. 이렇게 소리만으로 위치를 파악하는 것은 매우 어려운 것 같습니다.

그런데 홍콩 영화를 보면, 무림의 고수가 머리띠로 눈을 묶고, 칼 싸움을 하는 상상 초월의 액션을 합니다. 역시 무림의 고수는 다른 가 봅니다. 귀만으로 칼 움직이는 것을 알 수 있으니까요. 나같은 일반인은 할 수 없죠. 아마 여러분도 할 수 없을 겁니다. 그래서 영화 속에서만 있는 것이고, 그래서 판타지라고 하는 것이죠. 우리는 과학 쪽으로 방향을 잡아가야 되기 때문에 환상과 현실을 구분해서 현실 쪽을 더 추구합니다.

따라서 귀로는 소리 나는 위치를 정확하게 파악하기 매우 어렵다는 것입니다. 이런 뻔한 얘기를 길게 하네요. 왜 일까요. 귀의 목적을 말하기 위해서입니다. 귀는 위치를 파악하기 위한 목적으로 만들어지지 않았다는 것입니다. 귀의 목적은 다른 곳에 있다는 것이죠. 무엇일까요. 갑자기 당황스럽죠. 이렇게 뻔한 내용을 곱씹어서 우리는 일반적으로 뻔하지 않은 것을 유추할 수 있는 아이디어를 찾을 수 있습니다. 귀의 목적은 다시 생각하기로 하고, 좀 더 진행합시다.

1.3.2 소리의 크기와 전달[4]

귀를 이용해서 우리는 무엇을 파악할까요. 우리가 뭔가를 파악하려면, 먼저 비교 대상이 있어야 합니다. 두 대상 사이의 차이점이나 다른 점을 살피는 것입니다.

소리가 나는 위치를 알기 위해서 우리가 사용하는 소리의 특성은 무엇인가요. 소리의 크기가 먼저이겠죠. 일반적으로 큰 소리는 작은 소리보다 가까운 곳에서 나지요. 그렇다면, 소리가 나는 위치를 파악하기 어렵다는 것은 소리의 크기로 보아서 어떻게 설명이 되나요. 그렇죠. 소리가 공기 중에 균일하게 퍼져 있기 때문에 위치에 따른 소리의 크기에 변화가 없다는 뜻이죠.

그럼 왜 소리가 균일해졌을까요. 당연하죠. 퍼졌으니까 그렇죠. 소리라는 단어를 붙이면, 소리는 한 방향으로 전달되지 않고 공기 중에 모든 방향으로 퍼져서 전달되는 특성을 갖고 있는 것이죠.

그런데 무림의 고수가 화살을 잡는 것을 보면 뭔가 있지 않겠어요. 어떤 방법으론가 위치를 알 수 있다는 것이지요. 옳거니! 사람은 두 귀를 갖고 있고, 두 귀가 얼굴의 다른 편에 붙어 있지요. 이것으로 설명을 하면 되지 않을까? 두 귀에 도달하는 음의 방향 차이와 소리의 크기의 차이로 소리가 나는 곳을 알 수 있다. 그럴 것 같습니까. 이렇게 인정하면, 설명되었다고 말합니다. 그런지 그렇지 않은지 어떻게 알겠어요. 그래서 더욱 더 새로운 설득력 있는 설명 방법을 찾아가는 거죠.

잘 들어야 알죠

1.3.3 귀의 분해능

그럼 귀가 소리로 어느 정도 정확하게 위치를 구별할 수 있을까요. 이런 정도를 나타내는 것을 분해능이라 합니다. 정확한 정의를 위해서는 또 복잡한 수식이 나오니까 여기서는 개념만 말하고 그냥 넘어가죠. 사실은 잘 모릅니다.

청각은 그 분해능이 나빠서 약간만 거리가 떨어지면 정확하게 소리가 나는 곳을 알 수 없다고 생각한다. 개인적인 경험을 살펴보시고, 인터넷도 찾아보시고.

1.3.4 귀의 한계를 극복하기 위한 눈의 역할

무림 고수가 아닌 평범한 나는 청각으로 위치 파악을 하지 않습니다. 여름 밤에 모기의 괴로움을 모두 알고 있죠. 소리는 나는데, 보이지는 않고, 대충 소리 나는 쪽으로 손을 휘둘러 잡으려 애쓴 경험이 많잖아요. 눈에 보여야 위치를 알고 손도 정확하게 날릴 수 있잖아요. 그런 걸보면, 위치를 아는 데는 귀보다는 눈을 사용하는 것이 편한 것 같죠. 귀로 위치를 파악하는 것은 도끼로 모기 잡는 것과 같은 일로 보인다. 파리채로 모기 잡으면 그래도 쉽겠지만, 도끼로 모기 잡으면 무림고수가 되는 거죠. 한번 시도해 보시죠. 그럼 파리채가 더 쉽다는 것은 어떻게 수치로 표현할 수 있나요. 그것을 분해능이라 합니다. 파리채가 도끼보다 분해능이 좋다는 것이죠. 대충 말해서.

그럼 눈의 분해능은 아주 작아서 위치 파악을 잘 할 수 있다는 것이죠.

1.3.5 청각의 목적 찾기 : 목적으로 보이는 것은

그럼 소리는 무슨 역할을 하는 건가? 대충 생각해 보자. 호랑이 소리를 들으면, 일단 긴장이 되고, 바로 옆에서 호랑이 소리가 들리면 다리가 후들거리고 죽음의 공포를 느낀다. 사실은 동화 속에서 읽은 내용이다. 동물원 우리에 갇힌 호랑이 소리는 흥미롭기만 하지 공포는 별로 없으니까. 진짜 공포가 생길지는 한번 호랑이 우리 속에 들어가 볼까. 제 정신!

호랑이는 실제로 실행하기 어려우니까 좀 더 구체적인 경우를 보자. 리포트 제출하려고 교수 연구실 앞을 서성인 경험은 누구나 있다. 모두 소심하니까. 교수의 입장에서 연구실 문을 열어 놓으면 매우 불리하다. 게임하면서 놀고 있는 것을 들키면, 뭔가 학생과 다르다는 느낌으로 교수 말을 조금 들어주던 그 분위기도 싹 사라지지 않을까. 걱정이 많으니까. 주관식 성적 평가를 하는데도 자꾸 딴죽 걸면 골치 아프지.

그래서 항상 출입문을 닫아 놓고 있다. 문 닫았으니까 학생들 눈에는 내 모습이 보이지 않고, 교수니까 연구실 안에선 책 보며 연구하고 있을 거라고 학생들은 생각하지 않을까. 웃기는 얘긴가. 그런데 책만 보고 있으면 요즈음은 한심한 교수인데. 연구비 따러 로비하러 다녀야지. 어쨌든 학생들은 문에 귀를 대고 교수 연구실 안에서 들리는 소리를 듣는다. 눈에 보이지 않아도 소리를 들으면 대충 알 수 있으니까. 문 닫고 있어서 안 보이면, 모두 모른다고 섣불리 생각하면 안 되지. 대충 컴퓨터 앞에서 게임하고 있나, 로비하느라고 전화기 잡고 있나, 아니면 인기 있는 교수니까 학생들과 소파에 앉아서 건전한 대화를(고상하게 상담을) 하고 있나 쉽게 알 수 있다. 그러면 센스 있는 학생들이면, 교수님이 게임하고 있으니까 노크를 한 후에 잠시 게임 종료할 시간을 준 다음에 문을 열고 들어가는 거죠.

교수 연구실에 앞에서 리포트 제출하려는 센스 있는 학생의 행동을 보면, 학생의 귀는 교수의 위치 파악을 하는데 사용하기보다는 교수가 대략적으로 무엇을 하고 있는가를 파악하는데 사용한다. 좀 더 복잡하게 말하면, 귀는 소리가 나타내고 있는 의미를 파악하고 있는 것이다. 이렇게 간단한 의미를 우리는 정보라 부른다. 따라서 귀는 소리가 갖고 있는 정보를 파악하는데 목적이 있다고 볼 수 있다. 호랑이 소리인지, 아니면 게임하는 소리인지, 그 소리에 담긴 정보를 파악하는 것이 소리의 목적인 것이다.

1.3.5 시간과 정보 : 청각이 목적을 수행하는 단위

소리에 담긴 정보를 파악하는 데는 약간의 시간이 필요하다. 교수가 게임을 하는지, 전화를 하는지를 알려면 약간의 시간 동안 집중해서 들어야 할 필요가 있다. 아주 짧은 시간 동안 듣고서 교수 연구실 문을 열면 실수할 수 있다. 조심하길 바랍니다. 옷 갈아입을 수도 있으니까. 여름날 테니스 한 게임하고 와서 옷 갈아입는데 들이닥치면 나도 당황스럽다고요. 따라서 소리가 갖고 있는 정보를 파악하기 위해서는 어느 정도 흘러나오는 소리를 들어야 한다. 어느 정도의 시간 동안에 모인 소리를 소리의 정보 단위라 할 수 있을까. 이 정보 단위는 의미 단위보다는 커야 될 것이다. 의미가 모여서 정보가 되는 것 같으니까.

일정 시간동안 축적된 의미 있는 소리들의 모임을 정보라고 했다.

1.3.6 소리의 간섭

여러 사람이 동시에 말하면 혼란스러운 것은 왜 그래요. 한 사람씩 말하면 잘 알 수 있는데. 동시에 여러 사람의 목소리가 섞여서 귀에 들어 들어가면 잘 모르겠다는 것이죠. 이는 섞여 있는 소리가 처음부터 하나였던 소리와 같기 때문에 이 소리가 섞인 소리인지 하나의 소리인지를 구분할 수 없기 때문에 나타난 현상이죠. 한 번 섞이면, 그것으로 하나의 소리가 된다는 것이죠.

예를 들어 보죠. 구리와 아연 조각을 모아 놓으면, 그냥 쇠 조각의 모임이죠. 이것은 구리이고 저것은 아연이구나 알죠. 그래서 다시 분리해 놓을 수 있죠.

그런데 이 구리와 아연을 함께 불에 녹이면 황동이라는 합금이 됩니다. 한번 합금이 되면, 합금 속에서 구리와 아연을 분리하는 것은 거의 불가능하죠. 용광로에서 이 합금을 녹이면 아연과 구리의 용융점이 서로 다르기 때문에 다시 분리해 낼 수 있다고 하지만, 용광로와 분리할 수 있는 다양한 장비가 필요하죠. 단순히 손으로 이것은 구리 이것은 아연 이렇게 분리하는 것은 불가능한 것이죠.

서로 다른 목소리는 하나로 합쳐지는 것은 구리와 아연이 황동이 되는 합금과정과 비슷해 보이죠. 서로 다른 목소리가 따로 따로 존재하지 않고 완전히 하나로 되는 것이죠. 이런 현상을 간섭이라고 하던데.

1.3.7 매질

그럼 서로 다른 소리가 왜 하나로 합쳐질까요. 합금이 되는 과정을 보면 알 수 있죠. 왜 그렇죠. 합금이 되려면 한 곳에 넣고 녹여야 되잖아요. 같은 곳에서 같은 환경(조건)을 만들어 주어야 구리와 아연이 녹아 합금이 되잖아요. 이것을 소리에 적용하면, 두 소리가 모두 동일한 환경에서 같은 장소에 있다는 뜻이잖아요.

동일한 환경이란 무엇을 의미하나요. 소리가 놓여진 환경을 말하는데, 소리가 놓인 환경은 무엇인가요. 공기죠. 이런 소리가 놓여진 환경을 우리는 다른 말로 매질이라 합니다. 소리는 이 매질 위에서 만들어지고, 서로 다른 소리가 동일한 매질에서 만들어지면, 모두 하나로 섞이겠지요. 아참! 같은 장소에 있어야죠. 그런데 장소라고 하면, 애매하니까. 정확하게 같은 위치라고 하면 되죠. 같은 위치, 동일한 매질에서 만들어지는 소리는 서로 하나로 합쳐지고 분리되지 않는 것을 간섭이라 하고, 이 간섭으로 우리는 서로 다른 소리를 분리하기 어렵게 된 거죠.

1.3.6 매질과 소리는 같은가?

소리의 경우에 매질이 공기라는 것을 다시 환기하면서 시작하죠. 약간 이상하지 않나요. 서로 다른 소리가 동일한 매질을 사용하면, 간섭되어 분리되지 않는 하나의 소리가 된다는 것이 이상하지 않나요.

매질과 소리는 다른 것 같은데. 왜 다르다고 생각하죠. 당연하죠. 소리가 있든 없든 전혀 상관없이 공기는 있었으니까요. 소리와 공기는 별개라는 것이죠. 그래서 공기를 환경이라 한 것입니다. 환경이니 환경 속에 있는 사물과 관계없이 존재하는 것이죠.

소리만 생각할 때, 환경이 같으면 그 안에 있는 모든 사물(소리)이 동일하다는 것은 이상하죠. 이럴 때 쓰는 초식이 상대적이라는 개념이죠. 상대적이라는 것은 절대적이란 개념과 서로 반대 개념이 되죠. 절대적이란 그 무엇과 관계없이 독자적이라는 뜻이죠. 반면에 상대적이란 대응되는 개념이 있어야 존재한다는 것이죠.

즉, 소리가 사용하는 환경은 소리가 존재하기 위해서 스스로 선택한 환경이라는 것이죠. 우연히 공기는 거기에 있어서 자연스럽게 선택되었기 때문에 구분이 잘 안된 것이죠. 소리는 물도 선택할 수 있고, 불도 선택할 수 있고, 금속도 선택할 수 있으며, 땅도 선택할 수 있겠죠.

예를 들어, 지진을 봅시다. 지진의 진동파는 소리지만, P-파도 있고, S-파도 있잖아요. 흙이라는 매질 속에서 서로 분리되어 다르게 나타나잖아요. 빛은 일곱 빛깔 무지개로 분리되던데. 비슷한가. 정확하게 말하면, 소리의 진동수에 따라 매질의 특성이 다르기 때문에 분리된다.

정리하면, 동일한 환경을 선택한 서로 다른 소리는 하나로 간섭된다고 말 바꿀 수 있겠죠. 이는 소리 중에 매질을 선택하는 특성이 있다는 것인데, 이 들 중에 하나가 진동수이고, 나머지 하나는 진폭이 된다.

그럼 매질을 선택하지 않는 소리도 있나요. 소리라는 개념이 매질을 선택하면서 발생하기 때문에 소리라는 개념으론 불가능하죠. 그래서 더 큰 개념인 파동을 사용합니다. 이 부분은 또 복잡해지니까 다른 문헌을 참조하세요.[5]

1.3.7 섞인 것과 분리된 것은 다르다.

여러 가지 소리가 하나로 섞인 후에 우리는 어떻게 다시 서로 다른 소리로 분리할 수 있을까. 분리하려면 분리 전후 상태가 다를수록 분리가 쉽다고 볼 수 있다.

다시 황동으로 돌아가 보자. 구리와 아연을 함께 놓고 불을 팍팍 때서 녹이면, 황동이 되는데, 이 과정이 매우 어려워 보인다. 불을 많이 때야 하니까. 그 결과로 황동은 아연이나 구리와는 완전히 다르게 된다. 변화 전 · 후 단계가 확연히 구분된다. 따라서 황동에서 출발하여 아연과 구리로 분리하는 작업은 쉽다고 볼 수 있다. 과정은 어렵지만, 불 때야 되니까, 결과가 명확하기 때문에 방향성도 명확하다.

그렇지만, 소리의 경우는 매우 다릅니다. 여러 가지 소리는 너무 쉽게 합쳐진다. 소리가 동일한 매질을 선택하게 되면, 그대로 하나가 되는 것이다. 처음에 여러 소리였다는 것은 잊어버리고 처음부터 하나의 소리였던 것처럼 된다. 이렇게 아주 쉽게 합쳐지니까, 합쳐지기 전 · 후 단계를 인식할 수 없으므로 자연스럽게 보이는 것이죠.

그런데 우리는 목소리를 구분하잖아요. 당연하죠. 머리는 그냥 듣고 다는 것이 아니니까요. 머리를 쓰죠. 귀를 쓰는 것이 아니고. 그래서 귀와 머리(뇌)가 구분되어 있나?

머리를 써서 소리를 구분하기 위해 우리는 한 동안 듣고 있죠. 듣자마자 결정하는 것이 아니라 잠시 동안 소리를 들으면서 시간에 따라 축적하는 거죠. 그 결과 하나의 정보 덩어리가 되고, 다른 정보와 구분하여 분류하기 시작하죠. 소리가 섞일 때는 정보 단위로 섞이는 것이 아니라 순간순간 자연스럽게 섞이는데, 이를 구분하는 데는 정보 덩어리 형태로만 구분이 된다는 것이 이상하죠. 섞이는 것과 분리되는 것이 서로 다르죠. 섞이는 것은 요소로 섞이지만, 분리되는 것은 단위로 분리되는 것이죠. 하나의 단위는 여러 요소가 섞이어서 만들어지고, 순수하지 않죠. 따라서 분리하는 데는 오류가 쉽게 생기죠.

이런 특성은 황동의 경우에는 나타나지 않습니다. 아연과 구리는 처음부터 분리되는 정보 덩어리였는데, 이들이 섞여서 황동이라는 새로운 정보 덩어리가 되기 때문입니다. 분리해도 정보 덩어리가 정보 덩어리로 분리되죠. 처음 섞이기 전 단계로 다시 회복되는 것이죠. 그렇지만, 소리는 한번 섞이면 처음 단계로 회복될 수 없다는 것이죠.

아직 소리의 분리가 정보 단위로 된다는 것을 이해하기 어렵나요. 다른 예를 들어봅시다. 머릿속에서 서로 다른 사람의 목소리를 어떻게 구분할 수 있을까? 목소리로 말하니까 생각이 잘 안 되죠. 피아노 소리와 바이올린 소리는 어떨까요. 확실히 구분되죠. 왜 그럴까요. 피아노 소리의 특징과 바이올린 소리의 특징을 우리는 잘 아니까. 피아노 소리와 바이올린 소리에 대한 정보가 머릿속에 있으니까. 쉽게 비교해서 구분하는 것 아니겠어요.

내가 초등학교 다닐 때는 악기가 너무 귀해서. 내가 아는 악기는 하모니카와 버들피리, 풀피리밖에 없었는데. 학교에서 바이올린 소리와 피아노 소리를 구분하는 시험을 냈는데, 정말 고통이었습니다. 촌놈에게는 구분이 돼야죠.

다른 예를 볼까요. 영어에 익숙한 사람들은 빼고, 나같이 영어 잘 못하는 사람이 외국인들이 서로 영어로 수다 떠는 칵테일파티에 갔다고 합시다. 무슨 말인지 누가 말했는지 도무지 알기 어렵잖아요. 그래도 음색을 잘 구분할 수 있는 사람은 누가 말했는지는 알 수 있으니까 그 사람을 보고 웃음 지을 수 있겠지만, 음색에 둔감한 사람은 그저 고통이겠죠. 그래도 웃기만 하면 되요. 왜냐하면, 칵테일파티에 와서 슬픈 얘기하는 사람 없을 테니까 웃으면 잘 알아듣는다고 생각하겠죠.

상황을 그대로 바꿔 보죠. 친구들끼리 칵테일파티를 한다고 합시다. 친구 하나 하나를 내가 잘 안다면, 보지 않아도 누가 무슨 말을 하는 지 착착 알아들을 수 있잖아요. 누구 목소리인지를 알기 때문에 구분이 되는 거죠. 누구 목소리인지 안다는 것은 머릿속에서 벌써 그 사람의 목소리에 대한 정보를 갖고 있기 때문이죠. 이런 상황을 생각하니까. 정말 우리 머리는 대단하네요. 그 복잡한 것을 별로 의식도 없이 처리하고 있는 것을 보면.

1.3.8 소리는 어떻게 벽을 통과하지.

그럼 소리가 벽을 뚫고 지나가는 것도 설명이 되나요. 당연하죠. 소리가 환경인 매질을 선택하니까. 매질을 공기에서 벽으로 바꿔 선택한 거죠. 그런 소리가 선택할 수 있는 모든 종류의 물질이 있겠죠. 만능인 신도 아닌데, 모든 것을 다 선택할 수 있다면 안 되죠.

공기와 벽은 특성이 서로 다르니까. 공기 중에 듣는 소리와 벽 속에서 듣는 소리가 다르겠죠. 소리의 입장에서 볼 때, 다른 매질 속에선 다르게 행동하는 것이 자연스럽지 않겠어요. 미국에 가면 미국의 법을 따라야죠. 한국 법에 따라 행동하면 안 되잖아요. 미국도 인간이 사는 곳이니까 한국과 비슷한 면도 많이 있겠지만 다른 것도 많잖아요. 그래서 벽을 뚫고 나온 소리는 새로운 경험을(벽을 뚫는 경험) 하였기 때문에 그런 경험이 없는 소리와는 다르겠지요. 그래서 더 잘 살펴야 됩니다. 교수님이 연구실에서 게임하는 것으로 생각하고 계속 밖에서 서성일 수 있다 보면 리포트 못 냅니다.

1.4 시각의 물리적 특성

1.4.1 경험에 따른 빛의 직진성

소리에 대해서는 이 정도 하고, 눈을 봅시다.[2, 6, 7] 빛의 특징은 색을 구분하는 중요한 역할을 한다. 그렇게 말하고 나면 할 말이 더 없어요. 색은 뭔데요. 설명하자니 길고 그러니 말 꺼내기 쉽지 않죠. 그렇다고 대충 말하면 설명하지 않은 거나 별로 차이가 나지 않으니까. 그러면 썰렁해지잖아요. 그래서 할 말이 없어요. 이렇게 얼렁뚱땅 색에 대해서는 넘어가고(각자 인터넷을 활용하세요), 소리의 특성과 대비되는 부분만을 살펴보도록 하죠.

"잘 봐야 잡지"

말 단 고구려인이 사슴을 잡기 위해 화살 시위를 당기는 그림을 보죠. 매우 역동적인 모습인데. 화살로 사슴을 잡으려면 잘 겨냥해야 되죠. 국궁은 쏴 본 적이 없으니 알 수 없지만, 양궁을 보면 가늠자가 있어서 과녁의 중앙과 일치시킨 후에 활을 쏘면 잘 맞죠. 그리고 보니 총에도 가늠자와 가늠쇠가 있어서 정 조준하죠. 과녁의 중앙과 일직선을 만든 다음에 총을 쏘죠. 일직선을 만들기 위해서 어느 감각기관을 사용하죠. 당연히 눈이죠. 눈은 무엇을 쓰죠. 빛이죠. 그럼 빛이 직선으로 이동해야 된다는 말이네. 눈으로 보아서 직선을 만드는데, 빛이 꼬불꼬불하게 움직이면 직선을 만들 수 없잖아요. 빛도 꼬불꼬불하게 움직일 수 있나? 중력인가 뭔가 그런 말이 있는데. 어쨌든 빛은 직진하고 그래서 직선을 만들 수 있다.

1.4.2 더 긴 사물일수록 직선으로 생각한다. : 은유

사격장에서 보면 과녁이 아주 작았던 것 같다. 과녁의 크기가 왜 서로 다를까?

양궁 과녁

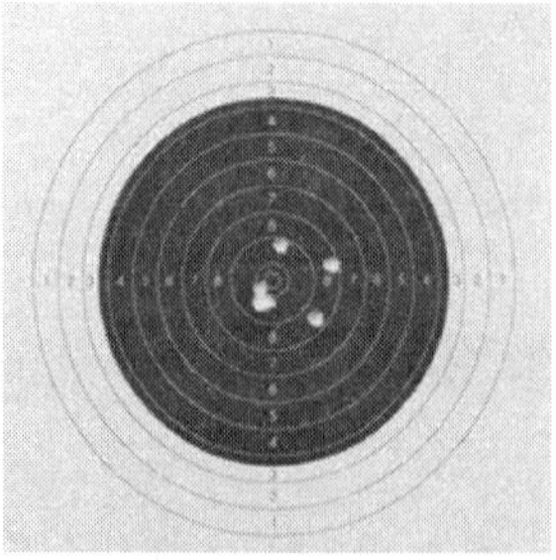

공기총 과녁

화살과 총알은 직진도가 다르기 때문이겠지. 직진도가 다른 것은 총에 총신 부분이 더 있기 때문인가? 총에는 일자로 길게 총알이 한 방향으로 잘 나가게 하는 총신 부분이 있는데, 화살에는 총신에 해당하는 부분이 없으니까 그만큼 반듯이 나가기가 어려워서 그런가? 그렇군. 직선을 만들려면, 직선과 더 유사할수록 더 직선을 만들기 쉽다는 말이네. 총신이 화살보다 더 길고, 직선에 더 가깝고, 다른 말로 더 유사하기 때문이네. 그러고 보면, 우리가 갖고 있는 직선이란 생각도 총신과 같이 기다란 물체로 생각하는구나. 응 이렇게 유사한 것을 나타내는 것을 언어에서는 은유라고 하는데. 자연을 보고 인지하고 활용하는 데는 이렇게 은유적 방법을 쓰는구나.

1.4.3 빛의 직진성은 눈의 장난인가 아니면 본래 빛의 성질인가.

이상하네. 어두운 방안에서 촛불을 켜면 방안 곳곳에 있는 물건을 다 볼 수 있는데. 이것은 빛이 균일하게 모든 방향으로 퍼져나간다는 말인데. 이 특성은 소리에도 있는데. 방안 한 곳에 소리를 내면 방안 어디에서도 들을 수 있으니까. 그런데 소리로는 위치 파악이 힘들었고, 방향 파악도 빛만큼 정확하지 않은데. 그럼 빛도 방향을 잡지 못하는 것이 아닌가? 아! 귀로는 소리를 듣고, 눈으로는 빛을 보니까 약간의 차이가 있구나. 그럼 눈의 특성이 일직선으로 오는 빛을 감지하게 만들어져 있다고 생각하면 되네.

그럼 빛은 꾸불꾸불하게 아무렇게나 진행해도 최종적으로 눈으로 직진해서 입사하는 빛만을 감지한다고 할 수도 있겠네. 즉, 빛의 직진성은 눈의 작품이지 빛은 직진하든지 안 하든지 관계가 없다는 것이죠. 갑자기 빛의 직진성에 대해서 혼란스럽네요.

앞에서 직선을 길이가 긴 사물로 은유적으로 생각한다는 것을 말했죠. 총을 보면, 가늠자와 가늠쇠 사이의 직선으로 연장해서 과녁의 중심과 일치시키잖아요. 따라서 눈은 가늠자와 가늠쇠 그리고 과녁까지의 직선을 만들고, 그 직선 경로를 따라 들어오는 빛을 눈은 받아들이고 있는 것이죠. 따라서 빛은 가늠자와 가늠쇠 사이의 짧은 거리에서 직선으로 이동했고, 또한 더 연장해서 가늠자와 과녁까지의 더 먼 거리도 직선으로 이동한 것이죠. 따라서 빛은 총을 떠나서 저 먼 은하까지도 직선으로 이동하는 것으로 추론할 수 있는 것이죠. 이런 방법을 귀납법이라고 하던데. 따라서 빛은 직선으로 이동하고, 눈에 직각으로 입사한 빛에만 눈이 반응하는 데요. 두 가지 현상의 조합으로 빛이 눈에 입사하는 것입니다. 휴~ 복잡하다.

1.4.4 눈은 수직하게 직진하는 빛에만 반응한다.

눈은 빛의 직진성과 상관없이 눈에 수직으로 직진하는 빛만을 감지한다. 그렇습니다. 말이 되죠. 축구에서 휘어차기(일명 바나나킥)라는 것이 있더군요. 골키퍼는 공차는 사람으로부터 공이 직진해서 온다고 생각하고 그 쪽 방향만 신경 쓰고 있잖아요. 이럴 때 뛰어난 킥커가 휘어차기를 하면, 골인이 되는 거죠. 멋있잖아요. 이런 상황을 보면, 인간들은 항상 사물이 직진한다고 생각하는 것 같지 않아요.

빛은 본래 직진한다고 추론했잖아요. 빛의 이런 직진성에 눈은 당연히 적응해야

죠. 따라서 눈에 수직하게 직선으로 오는 빛을 감지하도록 적응했을 것이며, 그렇다고 뇌에 보고할 걸요. 빛이 직진해서 저기서 왔다고 말입니다. 이런 현상은 어디서 일어나죠. 그렇습니다. 현미경이나 망원경 등은 사물을 크기보다 확대해서 보여 주죠. 정말 사물이 현미경을 통과하면 확대돼서 커지나요. 그렇다고 하면, 현미경 깨지게요. 그 큰 것이 통과하려면 말입니다. 따라서 우리 눈이 거짓으로 보고한 것이죠. 거짓 보고이니까. 허상이라 합니다. 그래서 우리 뇌는 큰 이미지로 속은 거죠.

비슷하게 신기루도 있죠. 눈으로 보아 인지된 위치와 실제 물체의 위치가 차이가 나죠.

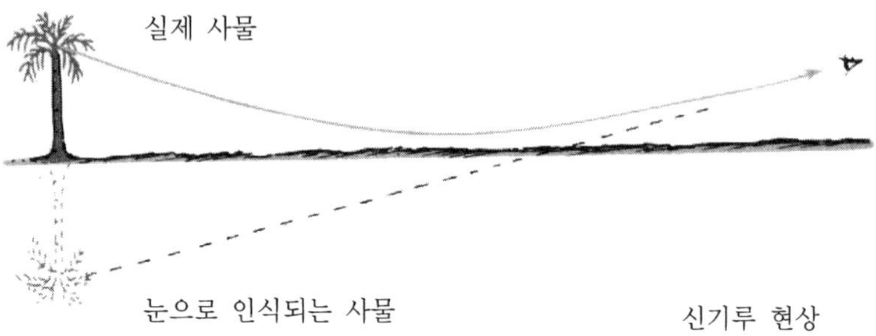

1.4.5 빛의 직진성은 정확한 형상을 만들게 한다.

빛이 직진하지 않았다면 우리는 추상화를 그려서 형상을 이해할 것이다. 그렇지만 빛은 직진하기 때문에, 눈만 정확하게 작동한다면, 정확한 방향을 알 수 있고, 두 눈을 사용하면 정확한 위치도 알 수 있다. 위치와 방향을 정확히 알 수 있기 때문에 우리 망막에는 사물의 모양과 같은 이미지를 만들 수 있다.

두 눈으로 거리를 측정하는 방법을 삼각측정법이라고 한다. 가장 쉬운 거리 측정 방법이죠. 여러 개의 인공위성을 이용하여 네비게이션이 내 위치를 정확하게 측정하는 것도 이런 삼각 측정법을 사용한다죠.

1.5 시각과 청각의 물리적 특성 정리

이제 소리와 빛에 대해서 정리하여 보죠.

소리는 한 점에서 퍼져나가고, 적당한 시간 동안의 소리를 축적해야 의미가 되고 정보가 됩니다. 그래서 소리는 정보를 만들고, 정보를 전달하는 목적을 갖고 있습니다.

소리가 매질을 선택해서 서로 상대적으로 존재하기 때문에, 선택될 수 있는 모든 매질에서는 소리는 형성된다. 다만 약간의 변형이 생길 뿐이다. 그 결과 소리는 막혀 있는 벽을 통과하여 정보를 전달할 수 있다. 따라서 이런 특성을 가진 현상을 일반적으로 파동 현상이라 한다.

이에 반해 빛은 직진성을 강조한다. 이 직진성을 이용하여, 눈은 사물의 외부 모양을 정확하게 분별하며, 한 순간에 그 사물의 공간적 모양을 망막에 형성시킨다. 분별하는 것이 목적이 되며, 직진하다 부딪히면 통과하지 못하고 반사한다. 이런 현상을 일반적으로 입자 현상이라 한다.

따라서 눈과 귀의 감각기관을 수준에서 보았을 때, 빛과 소리는 입자성과 파동성을 대표하고, 눈과 귀는 입자 현상과 파동 현상을 관측하는 대표적인 기관이 된다.

어 이상하다! 교과서에서 빛은 파동이라고 배웠는데.[8] 그렇습니다. 빛은 파동이기도 하고 입자이기도 하죠. 다음 그림을 보죠. 아가씨의 모습이 보이죠. 다시 보면 노파가 보일 겁니다. 보는 입장에 따라 노파도 되고 아가씨도 됩니다.

현재는 눈이라는 감각기관의 능력 하에서 빛을 해석하려고 있습니다. 그래서 눈이라는 감각기관 수준에서는 빛은 입자가 되는 것입니다. 그렇지만, 다른 실험 장치 수준에서는 빛이 파동의 성질을 나타낼 수 있습니다.

아가씨와 노파

감각기관의 입장에서 자연의 현상을 살피고 있다는 것은 우리의 일상적인 경험으로 보았을 때를 말하고, 이런 수준에서 언어와 논리 등이 발생하는 것을 주지하기 바랍니다.

이런 일상적인 상황에서 가장 중요한 역할을 하는 기관은 귀와 눈이었다. 이 기관들이 감지하고 있는 물리 현상은 파동현상과 입자현상이고, 이 경험은 파동성과 입자성의 전형적인 특징을 인식시킵니다. 따라서 사람들은 두 가지 전형적인 방식으로 자연을 지각하고 인지한다고 말할 수 있습니다. 즉, 입자성과 파동성.

이를 일반적 수준에서 정리하면 다음과 같습니다.

특성	귀(소리)	눈(빛)
시공간 특성	시간적	공간적
위치 파악	대략적 위치	정확한 위치
방향 파악	대략적 방향	정확한 방향
시간	연속적 입력	순간적 입력
목적	음성 정보	점(색깔과 위치) 이동
분포	퍼져 나감	직진한다
벽 특성	벽을 통과	벽에 막힘
매질	공기	없음
현상	파동	입자
전달량	정보(운동량)	에너지

2장 개념의 내부 구조 : 언어를 중심으로

2.1 개념의 위계 구조

2.1.1 개념의 구조화 가능성

감각기관을 통해서 받아들인 정보는 자연스럽게 개념을 형성하게 되고, 다른 개념들 속에서 중심적인 역할을 한다. 이는 감각이 무의식적으로 작동하기 때문에, 감각기관에서 직접 입력된 정보는 우리 뇌를 많이 사용하지 않고, 그 결과 의식되지 않고 쉽게 인지되기 때문으로 보인다. 의식을 어느 정도 사용하는 개념들도 자주 반복되는 경우는 의식을 많이 사용하지 않고, 무의식적으로 보일 만큼 익숙한 개념이 된다. 이런 개념을 도식(圖式, schema)이라 한다. 무의식 수준이나 도식적 수준에 기반을 두고 형성되는 개념들은 매우 익숙하기 때문에, 쉽게 반응할 수 있고, 쉽게 이해할 수 있으며, 쉽게 활용할 수 있다. 또 그렇게 하는 것이 효율적이고 자연스럽다. 이런 개념들은 우리의 문명에 의해서 다양한 추가적 의미를 포함하게 될 것이다. 따라서 순수하고 본래적인 의미를 파악하는 것이 좀 더 어려울 것이다.

개념 체계 중에서 문명에 의한 오염이 비교적 덜 된 언어를 중심으로 언어의 본래적이고 순수한 의미 형성의 모양을 찾아가 보자. 문명에서 멀리 떨어져 원시 사회를 구성하고 있는 첸텔족 언어에서 식물과 관련된 개념을 살피고, 이 개념을 과학적 개념과 비교하여 예시하면 다음과 같다.[9]

과학적 분류	첸텔 분류			
	층위	범주 수	상위범주포함	예
계, 문	1유일시발자	1		표시되지 않은 식물
강목과족	2 생명형태	4	100%	나무, 포도나무, 풀, 잎 넓은 식물
속 절 열	3 속	471	75%	소나무, 버드나무, 등, 곡식, 콩
종	4 종	273	100%	순종 소나무 붉은 소나무 흰콩 보통콩
변종품종	5 변종	8	100%	붉은 보통 콩 검은 보통 콩

이 표 중에 [나무]와 관련된 개념들의 포함 관계를 보면,

순종 소나무, 붉은 소나무 〈 소나무 〈 나무 〈 식물

으로 된다. 여기서 A 〈 B는 A가 B에 포함된다는 의미이다. 즉, '소나무'이면서, '나무'가 되지 않는 경우는 없으며, '순종 소나무'와 '붉은 소나무'는 자연스럽게 '소나무'에 포함되고, '소나무'는 자연스럽게 '나무'에 포함된다.

이런 포함관계는 다시 개념 위계가 된다. '순종 소나무'와 '붉은 소나무'보다 '소나무'가 상위 개념이 되고, '소나무'보다는 '나무'가 상위 개념이 된다. 이상하게도 원시적인 첸텔족의 식물 분류가 과학적 식물 분류인 문, 강, 목, 과, 족, 속, 절과 매우 유사함을 알 수 있다. 이는 우리가 개념을 형성하는데 동일한 구조를 사용하고 있다는 것을 의미한다.

여기서 구조는 하나의 조직화된 전체 안에서 부분들을 유기적으로 묶어주는 연계성들의 체계를 의미한다. 이 구조에 따른 다양한 효과나 실현된 결과는 분명하게

관찰되고 분석될 수 있지만, 구조 그 자체는 볼 수 있는 것이 아니다. 이 구조가 어떤 발생 과정을 거쳐 실질의 모양으로 실현되는가를 이해하게 되는 것이 구조 이론을 만드는 것이 된다. 구조는 인간의 지성이 세계를 인식하는 골격이 되는 동시에 스스로 자신을 구조화하는 대상으로 삼고 있다고 할 수 있다. 첸텔족은 식물의 개념 내부에 자연스런 위계 구조를 만들었고, 그 자연스러움이 과학적 결과와 유사하다는 것은 인위적이지만, 인간이 조작할 수 없는 근본적 수준과 연관된다는 것을 나타낸다. 즉 인간이 의식하지 못하는, 아주 자연스럽게 인간 내부에 존재하는 구조가 개념을 형성시키고 있다는 것이다. 이는 무의식적인 수준에서 나타날 가능성이 높고, 과거와 현재의 인류가 동일하고, 서로 다른 말을 사용하는 전 인류가 공유하는 것으로 판단된다.

2.1.2 개념의 기본 층위

개념 위계는 개념의 수직 구조를 만들고, 각각 층위를 구성한다고 한다. 서로 다른 층위들의 특성을 살필 때, 특히 한 층위가 두드러진 특징을 갖는다. 즉, 층위 내의 서로 다른 개념들 사이를 쉽게 구분할 수 있고, 가장 쉽게 배울 수 있으며, 가장 먼저 이름을 갖게 된 것 같고, 또한 그 이름도 가장 짧으면서 빈번히 사용되는 층위가 있다. 이 층위를 우리는 기본 층위(basic level)라 부른다. 예를 들어, 첸텔족 언어 중에서 '나무', '풀' 등이 있는 층위가 기본 층위가 된다.

이 기본 층위의 특징을 우리는 감각적 측면과 기능적 측면, 의사소통적 측면, 그리고 지식 조직화 측면에서 살필 수 있다. 감각적 측면으로 볼 때, 기본 층위의 특징은 사물을 전체적으로 지각하고 있다는 것이다. 세세한 특징보다는 전체적인 모양을 살핀다. 따라서 그 개념과 연관된 마음속의 이미지가 단순하며, 그렇기 때분에 다른 심상과 빨리 비교 판단하여 분별할 수 있게 된다. 즉 분별성이 높다.

또 다른 기능적 측면으론 우리 몸의 움직임이나 특성과 연관된 경험이 중심이 되어 기본 층위가 형성된다. 의사소통적 측면에선 가장 짧고 흔히 사용되며, 문맥적으로 중립적인 낱말들이며. 어린이에게 처음 습득되고 어휘사전에 처음 들어가는 개념들이다. 지식조직화 측면에선 가장 많은 속성들이 저장되어 있다.

저장을 위해서는 저장 공간과 저장양의 상호 경쟁이 시작되는데, 즉 저장 공간이 크면 많이 저장되겠지만, 이는 동시에 저장 공간 내에서 필요한 개념을 찾아내는데 시간이 많이 걸린다는 단점을 가질 수 있다. 따라서 장점과 단점이 균형을 이룰 필요가 있는데, 이를 인지 경제성이라 한다. 따라서 기본 층위는 인지 경제성을 만족하는 층위가 되는 것이다. 빠른 판단을 할 수 있는 충분한 정보를 갖고 있는 층위가 된다.[10]

2.1.3 개념의 수평 구조와 수직 구조

개념 위계에서 층위 내의 관계가 만드는 구조를 수평 구조라 하고, 층위 사이의 관계가 만드는 구조를 수직 구조라 한다.

개념의 위계 구조는 기본 층위를 중심으로 상하로 발달하고, 같은 층위 내에 포함되는 종류를 늘리는 방향으로 발달한다. 상하로 개념이 발달하는 것은 수직 구조를 다양하게 한다. 상향식으로 개념이 발달하는 것을 추상화라고 하고, 하향식으로 발달하는 것을 상세화라 한다. 같은 층위에 포함되는 종류를 늘리는 것을 확장이라 하며, 이 확장으로 수평 구조가 발달한다고 한다.

첸탈어를 중심으로 간단한 예를 보자.

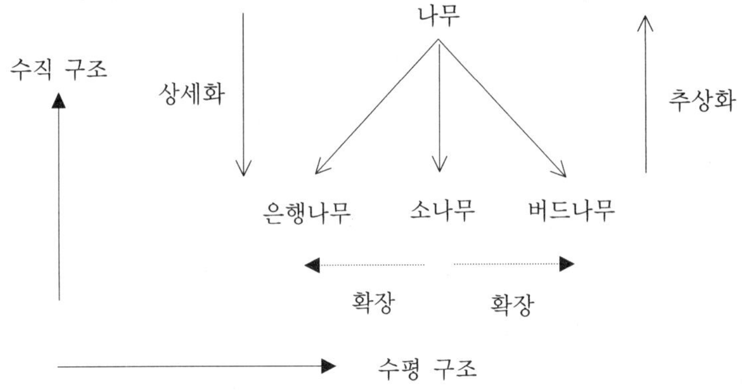

2.1.4 수평 구조의 특성

수평 구조의 확장은 먼저 확장 중심을 선택하는 과정과 중심 개념과 비슷한 대상들을 주위에 모으는 과정으로 분리할 수 있다. 이를 각각 대표성과 유사성이라고

하며, 간단하게 정리하자.[11]

1) 대표성

우리 주변에는 '소나무', '버드나무', '은행나무' 등 다양한 종류의 나무들이 있다. 가장 익숙하고 주위에 쉽게 볼 수 있는 나무는 아마도 소나무일 것이다. 이 소나무는 나무라는 단어와 함께 연상되고 나무의 이미지(심상)를 형성하므로, '나무'라는 개념을 대표하고 있는 것 같다. 그리고 좀 더 들어보면, 은행나무와 버드나무 등이 생각난다.

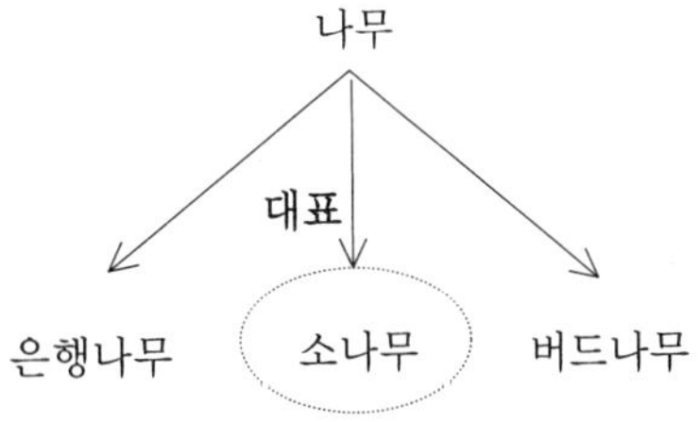

'나무'의 대표는 '소나무'이다.

2) 유사성

대략적으로 생각해서 '소나무'의 특징은 다음과 같다.

[줄기]는 꾸불거리고 길지 않다.

[가지]는 줄기를 중심으로 방사상으로 뻗는다.

[잎]은 뾰족하고 얇고 뭉쳐서 난다.

[모양]은 전체적으로 둥글다.

[뿌리]가 있다.

[자생지]는 산에 주로 분포한다.

'버드나무'의 특징은 다음과 같다.

[줄기]는 직선으로 길게 뻗는다.

[가지]는 아래 방향으로 길게 늘어진다.

[잎]은 얇고 긴 타원형이다.
[모양]은 전체적으로 둥글다.
[뿌리]가 있다.
[자생지]는 주로 물가 주변에 분포한다.

'소나무'와 '버드나무'는 세부 특징은 약간씩 다르지만, [줄기], [가지], [잎] 등을 모두 갖고 있어 전체적인 특징은 유사하다. 자세히 보면, 서로 다르지만 크게 보면 거의 비슷한 특징을 갖는다. 동일 층위에 있는 서로 다른 개념들 사이는 서로 대략적인 유사성을 갖고 있다.

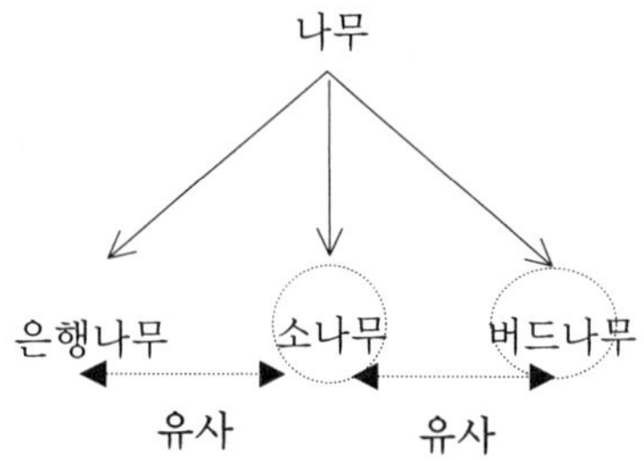

'버드나무'와 '소나무'는 유사하다.

2.1.5 수직 구조의 특성

1) 추상화

'소나무'와 '버드나무'의 세부 특징 중의 일부를 보면, [잎]이 '소나무'는 뾰족하지만, '버드나무'는 타원형(둥근 모양)이 된다. '뾰족하다'와 '둥글다'는 서로 대립되는 개념이다. 이런 서로 대립되는 개념을 하나의 개념 내의 부분 개념으로 만들면서 추상화는 이뤄진다. 즉, '뾰족하다'와 '둥글다'는 '모양'의 특성 중에 일부가 되므로, '모양'이라는 공간 내의 서로 다른 위치를 차지하는 것으로 설명할 수 있다. 이런 작업이 추상화이다.

복합 개념인 나무보다는 단순 개념에서 추상화를 살펴보자. '인간'과 '동물'이라는 두 개념은 '생물' 공간 내에서 하나로 합쳐진다. 따라서 추상화는 서로 대립되는 개념들을 하나의 개념으로 묶는 작업이다.

이를 공간 개념으로 도식화하면,

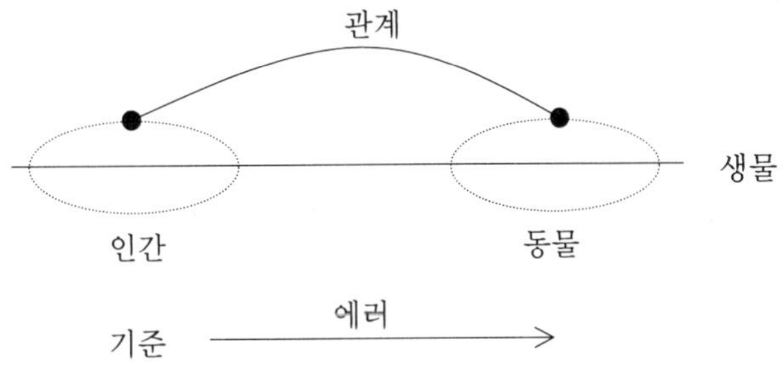

인간의 세계에 동물은 포함되지 않는다. 동물의 세계 속에도 인간이 포함되지 않는다. 만일 인간 세계 속에 동물이 포함된다면, 실수가 발생한 것일 것이다. 즉, 에러(error)가 발생한 것이다. 인간을 기준으로 볼 때, 동물은 인간에게서 벗어나 있기 때문에 에러 또는 오차라고 한다. 한 대상을 정의하는데, 에러가 발생하면, 이 발생된 에러는 대상의 반대 영역에 있다. 반복되는 말이지만, 내 영역에 없으니까 에러가 되고, 내 영역에 없다고 없는 것이 아니다. 따라서 반대 영역에 있다고 할 수 있는 것이다.

이 에러를 극복하기 위해서는 서로 반대되는 개념을 하나의 개념 속에서 관계를 맺어줄 필요가 있다. 이 관계가 동일한 공간을 만들고, 이 동일한 공간 속에 서로 다른 위치를 반대 개념들이 만들게 된다. 위 예에서 '생물' 공간에 '인간'과 '동물'이 포함되는 것처럼.

서로 대립되는 개념이 서로에게 이 하나의 구조 속에 포함되어 추상화되는 것은 이렇게 에러를 수용하는 확장이 된다. 더 상세하게 설명하면 서로 간에 에러가 있지만 좀 더 크게 넓혀 보면, 큰 개념 내의 부분 개념이 됨으로써 에러가 사라지게 된다.

2) 상세화

상세화는 추상화의 반대 개념이다. 동일한 개념 내에 포함된 서로 다른 점들을 자세히 살펴서 다르게 정의하는 것을 나타낸다. '나무'라는 개념 속에 '소나무', '버드나무' 등 다양한 나무가 포함된다. '나무'의 구체적인 모습은 무엇인가를 생각할 때, '소나무'가 먼저 생각나고 이것이 '나무'의 상세화이다.

앞에서 말한 에러의 개념으로 보면, 한 개념 내의 미세한 차이점을 서로 상대의 입장에서 보면 에러가 된다. 상세화는 많은 에러를 발생시키는 것을 나타낸다. 표현이 약간 이상한가?

2.1.6 새로운 개념 구조 : 연결(connection)

개념의 수직 구조와 수평 구조를 정리하여 보자. 수평 구조는 대표 개념(기준점)을 중심으로 유사한 개념들을 하나로 포함시키면서 발달한다. 수직 구조는 서로 다른 개념들을 하나로 통합하는 과정을 거쳐서 상향식 발달을 하고, 동일한 개념 내의 개념들 사이의 미세한 차이를 분별하면서 하향식으로 발달한다. 이를 각각 추상화와 상세화라 한다. 측, 차이점을 하나의 큰 개념으로 포함시켜서 추상화가 된다. 이 차이점을 기준을 중심으로 보면, 에러라고 부르며, 기준 개념 내에 포함되지 않았다는 의미가 된다.

수직과 수평 구조는 개념 구조의 모양을 공간(시간과 공간이라는 개념 속의 공간이며, 물질이 존재하고 여러 현상이 일어나는 장소)으로 생각하였기 때문에 발생한 특징이다. 공간은 그 구조가 매우 경직되어 있기 때문에, 수평과 수직으로 나눌 수 있다. 그렇지만, 이 개념 구조의 모양을 공간으로 보지 않고, 단순한 연결(connection)로 본다면 상황은 매우 달라진다.[10, 12]

간단하게 다음 표와 같은 속성을 가진 개체들 사이의 연결 모형을 만들면, 다음과 같다.

성	성별	직업	졸업 대학
박	남	A	K
이	여	A	Y
김	남	–	S

이 연결모형은 뇌의 병렬분산처리 모형을 잘 설명하고 있기 때문에 개념 구조를 설명하는데 매우 유용하다. 여기서는 이 연결 모형을 약간 변형시켜서 제한시킨 공간 구조를 개념 구조로 선택하고 기술한다.

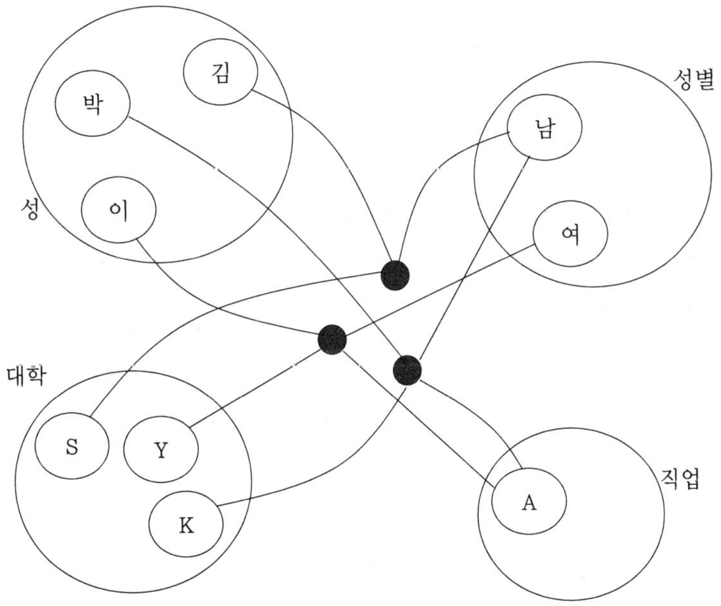

간단한 연결 모형

2.1.7 수직과 수평 구조를 설명하는 세 변수

수직성은 개념들 사이의 차이(에러)를 수용하면서 나타나므로, 우리는 에러의 의미로 변수 ϵ를 도입한다.

수평 구조는 중심 개념과 유사성에 따른 확장 개념으로 분리되므로, 중심 개념은 공간상의 한 위치 b로 나타낸다.

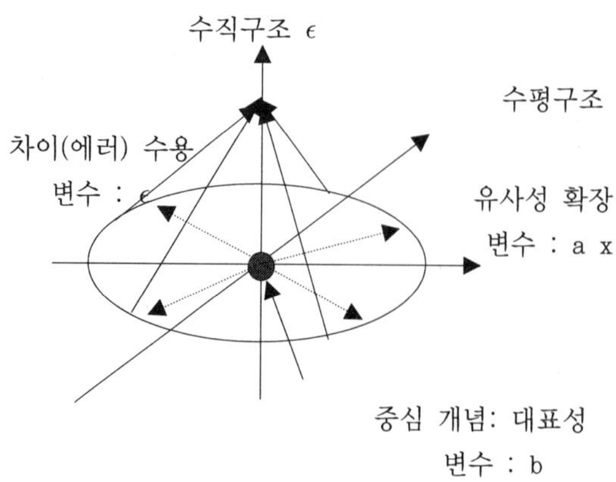

개념의 수평과 수직 구조 : $y = ax+b+\epsilon$
유사성(a x), 대표성(b), 에러 (ϵ) 변수 도입

유사성에 따른 확장은 약간 복잡하다. 먼저 유사성을 나타낼 수 있어야 되는데, 유사성은 공간적으론 비례한다는 것을 나타낸다. 비례는 비례하는 기준 대상(x)과 비례 상수(a)로 표현된다. 유사성은 이 두 개념이 동시에 나타나므로 a x로서, 두 개념의 곱으로 나타난다.

전체적인 공간 구조를 이런 특성들이 조합되어야 나타나므로,

$$y = a\ x + b + \epsilon$$

로 형식적으로 표현할 수 있다. 즉, 개념의 수직 구조와 수평 구조는 3개의 변수로 대표해서 나타낼 수 있다. 중심점(b)와 비교 대상과의 유사성(a x)과 에러(오차 ϵ)의 수용 등의 세 가지 특성의 조합으로 한 개념으로 나타난다.

이는 개념의 내부 구조가 이 세 개의 변수로 설명될 수 있다는 것을 의미하며, 이 세 개념을 문체적으로 확장된다. 대표성은 환유(metonymy)로, 유사성은 은유(metaphor)로, 그리고 에러 수용은 혼성(blending)의 개념으로 확장된다. 따라서 환유, 은유와 혼성을 간단히 다뤄 보자.[13]

2.2 환유(metonymy)

비유법은 일상적인 언어활동에서 매우 중요한 역할을 한다.[9, 10, 13, 14, 15] 비유 표현은 크게 두 가지 방식이 있다. 한 개념의 내부에서 정의되는 환유법과 두 개념 사이의 유사성에 기반을 둔 은유법이 있다. 대략적으로 도식화하면, 다음과 같다.

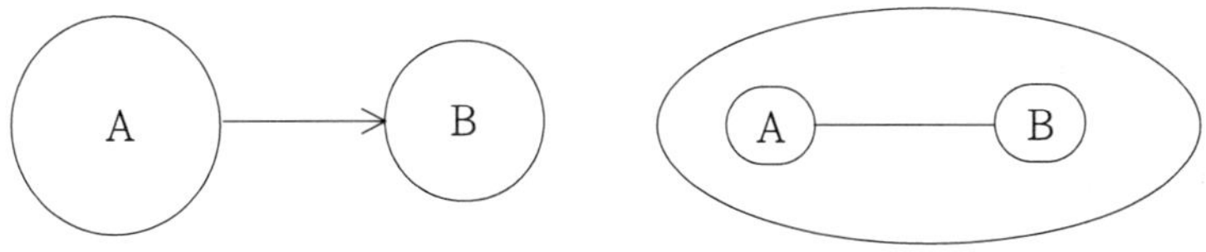

유사성　　　　인접성

비유 표현 중에 환유를 먼저 살펴보자. 환유는 인지 대상을 그 대상의 잘 알고 있는 개념이나 쉽게 인지할 수 있는 개념으로 그 전체 또는 부분을 나타내는 인지 작용을 말한다. 상황에 따라 제유라는 표현도 사용하지만, 여기서는 모두 환유에 포함시킨다.

대표적인 유형을 몇 가지 살펴보면 다음과 같다.

부분이 전체를 대표(part for whole) : 제유

a. We don't hire longhairs.
   장발을 고용하지 않았다. (장발인 사람)

b. We need a couple of strong bodies for our team.
   우리 팀을 위해선 강한 몸이 둘 필요하다. (몸을 가진 사람)

전체가 부분을 대표(whole for part) : 제유

a. He hit me.
   그가 나를 때렸다. (신체의 일부분)

b. Let's go to the theater tonight.
   오늘밤 연극 보러 가자. (공연 장소)

용기가 내용물을 대표

a. I ate a whole plate.

한 접시(의 요리)를 모두 먹었다.

b. He drank a glass dry.

한 컵(의 음료수)을 다 마셨다.

장소나 시간이 사건을 나타냄

a. Hiroshima changed our view of war.

히로시마(원폭투하 사건)는 전쟁의 관점을 바꿨다.

b. 잊지 말자 6.25.

결과가 원인을 대표한다.

a. He has a long face.

그는 울상이 되었다.

b. He has a spring in his step today.

그는 오늘 발걸음이 가볍다.

환유는 다양한 상황에서 자주 사용되고 있으며, 환유 표현은 우리의 일상적인 상식에 근거를 두고 있다. 따라서 상식이 다른 사람들 사이에는 환유 표현을 사용하는 것이 오해를 일으킬 가능성도 매우 높다.

환유 표현을 만드는데도 묵시적인 기준이 있으며, 그 중에 일부를 보면,

인간 〉 비인간 (human 〉 non-human)
전체 〉 부분 (whole 〉 part)
보이는 것 〉 안 보이는 것 (visible 〉 invisible)
구체적인 것 〉 추상적인 것 (concrete 〉 abstract)

즉, 구체적인 것으로 추상적인 것을 지칭하는데 사용한다.

2.3 은유(metaphor)

2.3.1 은유는 두 개념 사이의 관계이다.

은유는 우리에게 익숙한 것으로 다른 영역을 이해하는데 주로 사용된다.[9, 10, 13, 14, 15] 이런 은유 중에는 관습화되어서 더 이상 은유처럼 생각되지 않는 죽은 은유도 있다. 예를 들어, head of department(학과장), head of a page(페이지 상단) 등은 은유라고 거의 생각되지 않는 죽은 은유들이다.

일반적으로 은유는 'A는 B이다'와 같은 간단한 도식으로 표현되며, A를 목표영역, B를 근원영역이라 부른다. 즉, 근원 영역으로 목표 영역을 묘사하는 것이다. 이런 특성은 수학적으로 함수의 특성을 표현하고 있다.

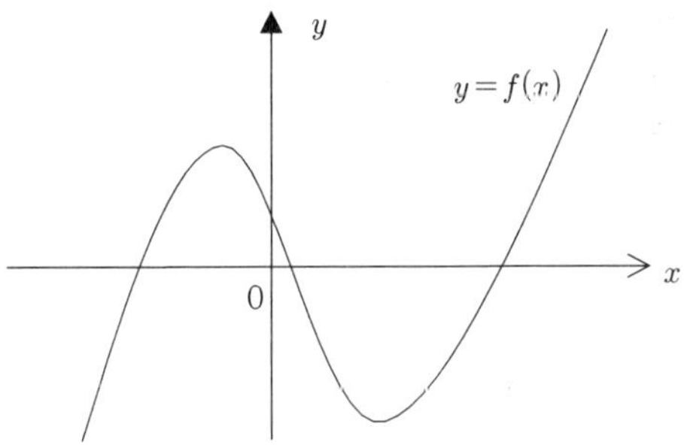

삼차 함수

$y = a_3 x^3 + a_2 x^2 + a_1 x + a_0$

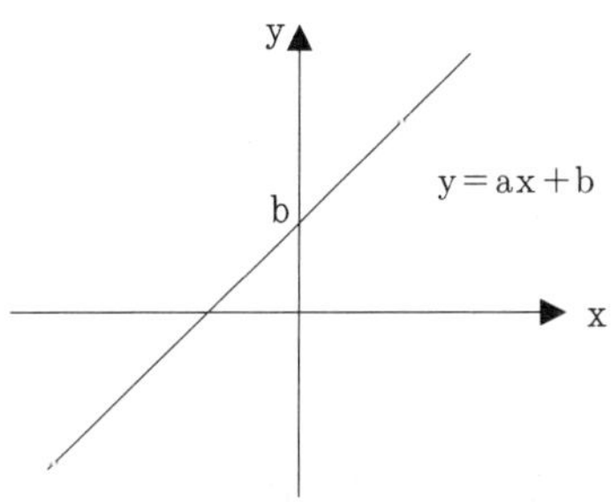

일차 함수

$y = a x + b$

함수 $y = f(x)$는 근원영역 x-축으로 목표영역 y-축을 나타낸다. 모양의 유사성은 함수 모양 f에 따른 표현된다. 함수 모양에 따라 다양한 변형이 일어나며, 그 중에 두 영역(x-축과 y-축) 사이의 유사성이 가장 높은 경우는 일차함수가 된다. 그림에서 쉽게 볼 수 있죠.

간단하게 LOVE IS A JOURNEY(인생은 여행이다.).라는 개념적 은유를 보자.

a. We aren't going anywhere.

더 이상 진전이 없다.

b. We are at a crossroads.

기로에 서 있다.

문장 (a)에서 go anywhere는 여행 목적지를 가리키며, we는 여행객이다. (b)에서는 사랑의 갈림길을 여행의 길이라는 선택으로 나타내고 있다.

'LOVE IS A JOURNEY.'라는 개념적 은유를 여행과 사랑의 특성 사이의 대응 관계를 정리하여 보면, 다음과 같다.

근원영역 : 여행		목표영역 : 사랑
여행객	➡	연인
차양	➡	사랑 관계
여행	➡	사랑 관계의 사건
여행 거리	➡	진척
장애물	➡	난관
길 선택	➡	해야 할 일 선택
목적지	➡	목적

'사랑은 여행이다'의 은유적 사상

2.3.2 한 개념에 여러 개의 은유가 가능하다.

두 개념 사이의 사상(寫像, mapping)은 두 개념 내의 모든 속성(특성)을 서로 대응시킬 수는 없다. 이런 속성을 모두 대응시킨다면, 두 개념은 동일 개념이 될 것이다. 그렇지만, 은유와 관련된 두 개념은 서로 다른 개념이고 차이도 있으므로, 모든 속성을 대응시킬 수 없다. 따라서 은유는 두 개념 사이에는 일부분 속성 사이에 대응 관계를 만들게 된다. 한 개념 내에서 보면, 일부 개념은 은유에 따라 두드러지게 나타나지만, 은유에 따라 사라지는 개념도 있게 된다. 이를 은유적 전경화와 배경화라 한다. 부각되어 나타나는 개념을 은유적 전경화라 하며, 은유에 따라 사라지는 개념은 은유적 배경화라 부른다. 따라서 은유는 개념의 전경화된 일부분을 잘 표현하는 특징을 갖는다. 유명한 속담으로 '장님 코끼리 만지기'에 해당한다. 부분적으로 잘 표현되고 있지만, 전체적으론 항상 부족하다.

한 개념을 설명하는데 하나의 은유로 충분하지 않고, 여러 개의 은유를 동시에 사용할 필요가 있다. 예를 들어, 논증(argument)은 여행, 전투, 그릇, 또는 건물 등으로 은유된다.

An argument is a journey(논증은 여행이다.).

: 논증의 진행을 개념화한다.

An argument is a battle(논증은 전투이다.).

: 논증의 세기나 힘에 대한 개념화한다.

An argument is a container(논증은 그릇이다.).

: 어떤 것을 지지하거나 공격하기 위해 제공된 방법이다.

An argument is a building(논증은 건물이다.).

: 내용, 진행, 질에 초점을 둔다.

'An argument is a journey.'라는 은유를 좀 더 자세히 살펴보자. 다음 문장을 보자.

a. We have set out to prove that bats are birds.
   우리는 박쥐가 새라는 것을 증명하는데 착수했다.

b. When we get to the next point
   다음 지점에 도착할 때

c. So far, we've seen that no current theory will work.
   지금까지, 우리는 통용되는 어떤 이론도 작용하지 않음을 보았다.

d. This observation points the way to an elegant solution.
   이런 관찰은 멋진 해결책에 대한 길을 가르친다.

e. We have arrived at a disturbing conclusion.
   우리는 불안한 결론에 도달했다.

여행과 논증의 속성 사이의 대응관계를 보면,

근원영역 : 여행		목표영역 : 논증
출발점	➡	전제
길잡이	➡	중간 결론
방법	➡	해결책
경로	➡	알려진 사실
목적지	➡	결론
여행객	➡	논증 참여자

'논증은 여행이다'의 은유적 사상

비슷하게 다른 은유도 나타난다. 자세한 내용은 다른 문헌을 참조하기 바란다.

2.3.3 과학적 은유

과학은 자연 현상을 설명하는 것이 목적이다. 그렇다고 자연 현상을 있는 그대로 설명하는 것은 불가능하다. 어느 정도의 인위적인 환경을 만들어서 자연을 모델링한다. 이 환경 속에서 작동하는 자연 현상으로 실제 자연 현상을 설명한다. 이렇게 자연 현상에 대한 이론(theory)을 만드는 것이다. 따라서 이 이론은 자연 현상에 대한 하나의 은유가 된다. 그러나 이 은유는 앞에서 다룬 개념들 사이의 피상적인 사상이 아니라 구체적이고 정량적인 값들을 이용한 은유이다. 앞의 수사학적 은유와 구분하여 과학적 은유라고 부른다.[9]

과학적 은유 중에 가장 대표적인 예는 원자 모형을 들 수 있다. 이 원자 모형은 알려진 실험 결과를 반영하여 만들어진다. 이를 간단히 보자. 원자는 +전하를 갖은 핵과 −전하를 갖은 전자로 구성되어 있으며, 이들이 안정된 모양을 유지하고 있다. 이런 사실을 기반으로 톰슨은 원자의 푸딩 모델을 제창하였다. 즉, 원자는 양전하가 균일하게 분포된 공 모양 표면에 전자가 푸딩처럼 박혀 있는 모양이다. 이 푸딩 모델은 동일한 전하들 사이의 서로 밀치는 힘(전자 또는 핵 사이 작용)과 서로 다른 전하들 사이의 작용하는 인력을 동시에 설명하면서, 전자가 외부로 방출되기 위해서는 하나의 형태를 가져야 됨(푸딩 모양)을 설명할 수 있었다.

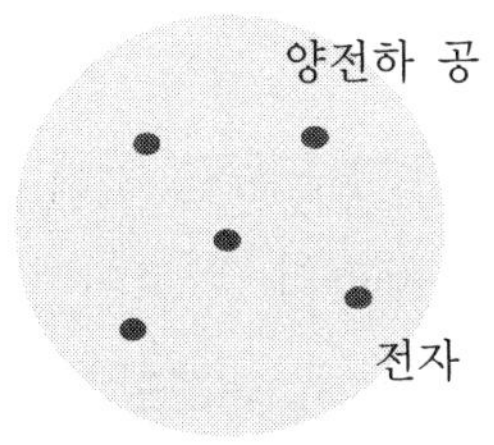

원자의 푸딩모형

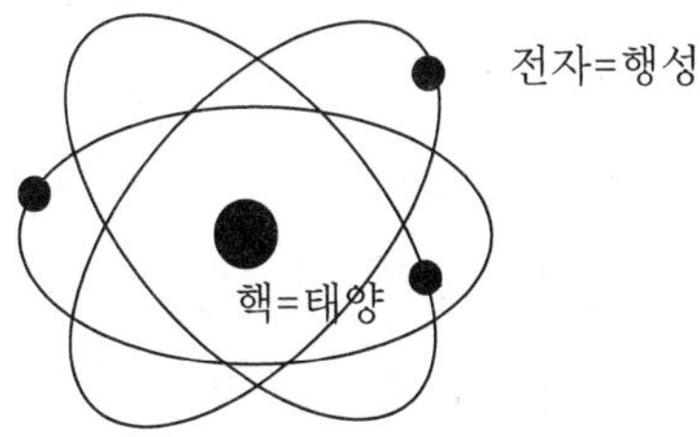

원자의 태양계 모형

그 다음으로는 나가오카 한타로가 태양계의 모형을 본 따서 나가오카 모형을 만들었다. 양전하는 원자의 중심에 집중되어 있고 그 둘레를 전자가 고리모양으로 둘러싸고 있다는 모형이다.

가이거와 마르스덴은 α-입자를 금속박에 쪼여서 산란 실험을 하였고, 그 결과 톰슨 모형의 예측값이 실험값과 일치하지 않은 것을 알았다. 또한 러더퍼드는 α-입자의 산란 실험을 더 정교하게 수행하였고, 그 결과로 양전하가 원자의 중심에 아주 작은 영역에 집중되어 있고, 원자구조에 대한 태양계 모형을 구체적으로 구성하였다. 즉, 중심에 양전하 e(는 원자번호)를 가진 무거운 핵이 있고 그 둘레를 여러 개의 음전하의 전자가 돌고 있다.

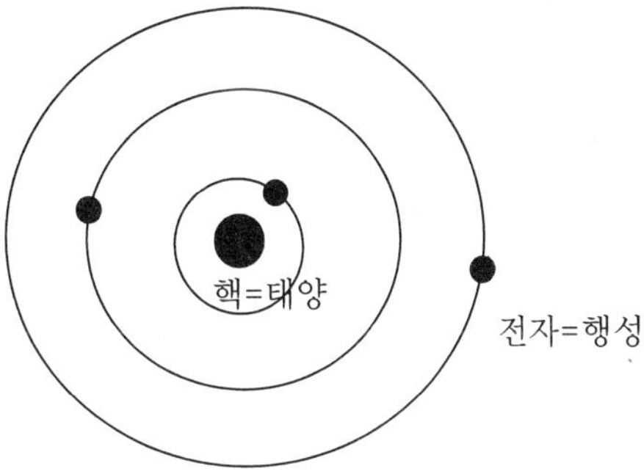

원자의 태양계 모형

이를 원자의 러더포드 모형이라 한다. 이 모형은 'The atom is a solar system.(원자는 태양계이다.)'라는 은유를 사용한다. 전자(electron)는 행성(planet)이고,

핵(necleus)은 태양에 대응되며, 태양과 행성의 중력은 핵과 전자 사이의 전기력에 대응시킨다. 원자 내의 전자나 핵은 구체적으로 볼 수 없지만, 여러 가지 간접 증거로 그들의 존재는 확인되었다. 반면에 지구와 달, 태양과 지구 등은 눈에 잘 보이고, 이들 사이에 나타나는 공전 현상은 잘 알려진 상황이다. 따라서 잘 보이지 않는 원자를 잘 알려지고 눈으로 볼 수 있는 행성 모델로 은유적으로 표현한다.

또 다른 가장 유명한 과학적 은유 모델은 우주 공간에 존재하는 에테르를 강물에 비유한 모델이다. 이 모델을 이용하여 에테르의 존재를 증명하는 구체적인 실험 장치를 마이켈슨과 몰리가 구성한다.

지구는 약 30km/s(초당 30km씩 이동)의 속도로 태양 주위를 돌고 있다. 에테르가 존재하면, 에테르는 초당 30km씩 움직이는 강물에 비유할 수 있다. 이 강물에 대해서 빛이 광속(초당 약 30만km)로 움직인다. 이 상황을 강 속에서 움직이는 배로 모델링한다. 즉, 빛은 배가 되고, 강물은 에테르의 흐름이 된다.

배가 강물을 따라 움직일 때는 쉽게 빨리 이동할 수 있지만, 강물의 흐름을 거슬러 움직일 때는 어렵게 움직일 것이다. 이 배로 강을 건너가려하면 배는 비스듬하게 사선으로 움직여야 된다. 이런 여러 가지 생각들이 강과 배의 모형에서 나타나고, 마이켈슨과 몰리의 실험이 되었다.

그 결과, 에테르가 존재하지 않으며, 빛의 속도가 지구의 이동에 무관하게 일정하다는 것을 증명하게 되었으며, 특수상대성 이론이 발생하게 되는 계기가 된다.

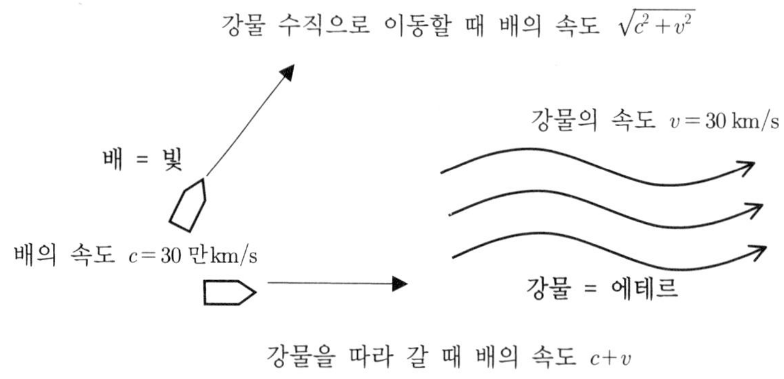

에테르 흐름과 빛의 강물 모형 : 마이켈슨-몰리 실험 모델

과학이 복잡한 자연 현상을 쉽고 익숙한 형태로 모형화하는 작업은 아주 흔한 일이며, 이런 기반위에서 새로운 이론이 발생한다. 따라서 언어 현상에 주로 존재하는 개념적 은유가 과학에서도, 그 모습은 약간 다르지만, 자주 사용된다.

2.4 은유와 환유를 이용한 감정 모델

하나의 상황을 설명하기 위해서 은유와 환유를 독립적으로 사용하지 않으며, 이를 혼합해서 사용한다. 이런 혼합은 크게 두 가지로 나타나는데, 은유가 환유에 기반을 두고 있는 환유로부터의 은유(metaphor from metonymy)와 다른 하나는 은유 속 환유(metonymy within metaphor)가 있다.

2.4.1 감정의 환유 모델

은유와 환유를 동시에 사용하는 가장 대표적인 예는 심리 현상인 감정을 표현하는 언어 현상이다.[9] 감정은 일반적으로 생리적 현상을 일으키며, 감정에 따라 몸속의 기관들이 반응하게 된다. 따라서 생리적 현상은 감정과 인과적 관계(원인-결과의 연계 관계)로 환유 현상을 일으킨다. 이 환유를 다음과 같이 표현한다.

the physiological effects of an emotion stand for the emotion.
: 감정은 그 감정의 생리적 효과를 대표한다.

감정을 나타내는 단어는 그 자체로 추상적이기 때문에 감정 사이의 구분을 하는 것도 매우 혼란스럽다. 여기서는 언어 수준에서 가장 일반적으로 사용하는 감정 용어에 대한 환유적 표현을 보자.

심리학적으로 표준인 기본 감정을 다음과 같이 7개의 감정으로 정의한다.

화(anger), 증오(hate), 두려움(fear), 기쁨(joy),
사랑(love), 슬픔(sadness), 행복(happiness)

이 감정에 대한 구체적인 정의는 심리학을 참조하시기 바랍니다.[16]

생리적 현상(원인)	감정(목표)	예 문
체온 상승	anger, joy, love	Don't get hot under the collar. 화내지 마라; 목덜미를 붉히지 마라.
체온 하강	fear	I was chilled to the bone. 나는 무서워서 뼈 속까지 차가웠다.
얼굴 붉어짐	anger, joy	She was flushed with anger. 그녀는 화가 나서 얼굴이 붉어졌다.
얼굴 창백함	fear	She turned pale as a sheet. 그녀는 백지장처럼 창백해졌다.
울음과 눈물	anger, sadness	Tears welled up in her. 눈물이 그녀에게서 솟아 나왔다.
	fear, joy	She cried with joy 그녀는 기뻐서 울었다.
땀, 입 마름	fear	There were sweat beads on his forehead, his hands were damp, his mouth was dry 그의 이마엔 땀방울이 맺혔고, 손은 축축했으며, 입안은 말랐다.
맥박수와 혈액 증가	anger, disgust	His heart pounded 그의 심장은 두근거렸다
압력, 가슴이 두근거림	fear, love	He almost burst a blood vessel. 그는 혈관이 터질 지경이었다.
심장 멈춤	fear	You made my heart miss a beat. 당신 때문에 내 심장이 멎었다.

이런 환유만을 이용해서 감정을 구분하는 것은 매우 어렵다. 즉, 하나의 생리적 현상이 여러 개의 감정과 동시에 연계되어 나타나기 때문이다. 따라서 어느 생리 현상이 어느 감정으로 발생했는지 명확치 않다. 이 구분을 명확하게 하기 위해서 은유를 추가로 사용한다. 이런 은유를 환유로부터의 은유라 한다.

2.4.2 환유로부터의 은유 : 화(anger)

화(anger)에 대해 생리적 환유를 구체적으로 모형화하는 은유를 다뤄 보자. 화가 날 때, 몸에 나타나는 체온의 변화가 화의 환유를 만든다.

increase in body temperature stands for anger.
체온 증가가 화를 대표한다.

이 생리적 환유에 기반을 둔 가장 간단한 은유는

anger is heat.
화는 열이다.

열(heat)은 에너지이며, 물리적 현상으로 온도로 나타난다. 즉, 온도가 다른 두 물체와 접촉했을 때 고온의 물체에서 저온의 물체로 이동하는 에너지를 열이라고 한다. 열에 대한 직접적인 경험을 '뜨겁다', '차다', '미지근하다'등의 다양한 표현이 존재한다. 열과 관련된 경험으로 쉽게 생각나는 것은 불이 있고, 뜨거운 액체가 있다. 이 두 열 현상에 대한 경험으로부터 우리는 두 가지 은유를 만들어 낼 수 있다.

anger is fire.
화는 불이다.
anger is the heat of fluid in a container.
화는 그릇 속 액체의 열이다.

열을 통한 화의 표현인 은유 'anger is heat.'는 위 두 은유로 더 쉽게 새로운 개념 확장을 할 수 있다.

불(fire)은 켤 수 있고, 꺼지지 않게 유지하며, 불을 끄는 단계 그리고 연료(탈 물건들)를 갖고 있고, 화(anger)에 대한 새로운 개념을 만든다.

은유 그릇 속의 액체의 열('the heat of fluid in a container')은 더욱 많은 개념을 만들어 낼 수 있다. 즉, boil(끓다), steam(증기), fume(증기를 쐬다), burst(증기를 뿜다), explode(폭발하다) 등의 개념을 만들어 낼 수 있다. 또한 그릇(container)을 이용하여 다양한 공간 경험을 활용할 수 있게 한다.

이들을 이용하여 화(anger)에 대한 환유로부터의 은유를 도표로 그리면 다음과 같다.

환유 increase in body temperature stands for anger.
(체온의 증가는 화를 대표한다.)

은유 anger is heat (화는 열이다.).

anger is fire.
(화는 불이다.)

We've added fuel to the fire.
(화를 더욱 끓어오르게 했다.)

anger is the heat of a fluid in a container.
(화는 그릇 속에 있는 유체의 열이다.)

He was seethed with anger.
(화가 나서 끓어올랐다.)

as anger increases ... fluid rises in the container (화가 증가함에 따라... 유체가 그릇 속에서 상승하다.)

His anger welled up inside him.
(그의 화는 마음속에서 치밀어 올랐다.)

pressure increases in the container.
(그릇 속에 압력이 증가하다.)

She was bursting with anger.
(그녀는 화가 나서 터질 지경이다..)

steam is generated in the container.
(증기가 그릇 속에서 만들어지다.)

She got all steamed up.
(그녀는 완전히 화가 났다.)

steam is let out under control.
(증기가 통제되지 않다.)

He gave vent to his anger.
(그는 화를 밖으로 내보냈다.)

이 도표는 매우 전문적이며, 일부 생략도 하였다. 문헌을 더 참조하기 바란다.

2.5 개념적 혼성 이론(Conceptual Blending Theory)

두 개념 사이의 사상인 개념적 은유는 그 적용이 무한하고, 풍요롭게 새로운 개념을 만들 수 있다. 이 개념적 은유는 두 개념이 독립적으로 존재하면서 발생한다. 그렇지만, 두 개념이 합쳐지면서 서로 독립성을 잃으면서 새로운 개념이 발생하는 경우도 있다. 두 개념이 독립적으로 있을 때 존재하지 않는 개념이 두 개념이 하나의 문장으로 합쳐지면서 문장의 의미로 나타나는 경우가 있다. 이는 두 독립된 개념이 문장 속에서 하나로 혼합(blending)되면서 새로운 개념을 발생시키는 것이기 때문에 혼성 이론이라 부른다.[13]

2.5.1 은유 이상이 혼성 이론이다.

아주 유명한 다음 문장을 보자.

That surgeon is a butcher.
저 외과의사는 도축자이다.

이 문장은 외과의사가 형편없는 무능력한 의사라는 의미를 포함하고 있다. 그렇지만, 이 무능력이란 의미는 외과의사나 도축자라는 단어 속에는 없다. 단지 이 둘이 하나의 문장으로 합쳐질 때 문장의 의미로 나타난다. 이런 현상을 혼성이라 한다.

혼성은 문장의 모양만을 볼 때는 두 개념 사이의 사상인 은유와 동일한 모양이다. 외과 의사를 도축자로 모형화하고 있다. 근원영역은 도축자가 되고, 목표영역은 외과의사가 된다. 따라서 먼저 위 문장을 은유로 해석해서 무능력의 개념이 발생할 수 있는지 보자. 이 두 개념 사이의 사상을 정리하면 다음 표와 같다.

근원영역 : 도축자	사 상	목표영역 : 외과의사
도축자	→	외과의사
식칼	→	메스
짐승의 몸통	→	환자(사람)
몸통 절단	→	수술

That surgeon is a butcher.의 개념적 은유 해석

도축자는 항상 가축을 잡고, 숙련된 솜씨로 살과 뼈를 분리하며, 원하는 부위와 양을 척척 잘라 준다. 숙련이 필요한 전문적 직업이다. 따라서 무능력과는 전혀 관계가 없다. 비록 도축자의 대상이 가축이기 때문에 고상하다고 할 수 없지만, 그렇다고 도축자가 무능력하다는 의미는 아니다. 도축 분야에서는 존경받을 수 있는 유능한 전문가이다.

목표영역인 외과의사와 근원영역인 도축자의 속성을 서로 연결하는 개념적 은유에선 부정적 평가인 '무능력'은 나타나지 않는다. 부정적 평가인 '무능력'은 두 개념의 각각에 포함되어 있지 않으며, 두 개념의 속성들의 합 속에도 포함되어 있지 않다. 따라서 두 개념의 속성의 합을 포함해서 부정적 평가를 포함하는 새로운 공간인 혼성 공간이라는 개념이 필요하다.

혼성을 설명하기 위해서 2개의 입력 공간, 입력 공간의 속성을 모두 모아 놓은 1개의 총칭 공간, 속성들이 합쳐지면서 새로운 개념이 창출된 1개의 혼성공간을 필요로 한다. 여기서 공간이란 일시적으로 생성되고 변형되는 정신공간이라고 생각하자.

2.5.2 입력 공간과 사상 : 은유

혼성은 은유를 기반으로 한다. 먼저 두 개념 사이의 은유적 사상이 있고, 그 위에 혼성에 의한 개념이 추가된다. 혼성에 따른 추가된 부분을 무시하고 먼저 기반이 되는 은유를 살핀다.

이 은유는 두 개념들이 만드는 속성 공간 사이의 대응 사상이므로, 다음과 같이 도식화할 수 있다.

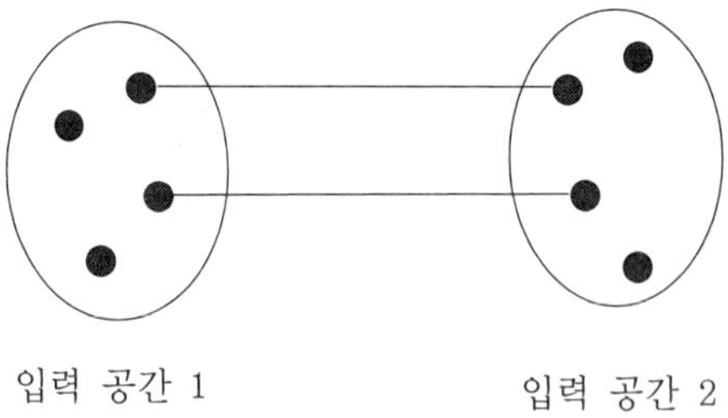

입력 공간 속성 간의 사상

두 개의 입력 공간1과 2가 있고, 둘 사이의 대응 사상은 실선으로 표시한다. 두 입력 공간의 모든 속성이 대응되는 것이 아니라 부분적 대응이 은유에서 일어나므로, 대응 실선이 있는 속성과 없는 속성이 같이 있다. 입력 공간 내에 있는 검은 점들은 입력 공간을 만드는 속성을 나타낸다. 따라서 은유는 속성들을 은유에 참여하는 속성과 참여하지 않는 속성으로 구분한다.

2.5.3 대응되는 속성의 단순 합 : 총칭 공간

두 개의 입력 공간에 있으면서 은유로 서로 대응되는 속성들을 모아서 하나의 총칭 공간을 구성한다. 따라서 은유에 의한 두 입력 공간의 공통된 속성만을 포함하는 추상적인 공간이 총칭 공간이 된다. 이 총칭 공간으로 입력 공간 내의 요소들을 구별할 수 있게 된다.

총칭 공간은 두 입력 공간 내의 속성들을 대응시키는 작용을 하기 때문에 이 대응관계를 점선으로 표시했다.

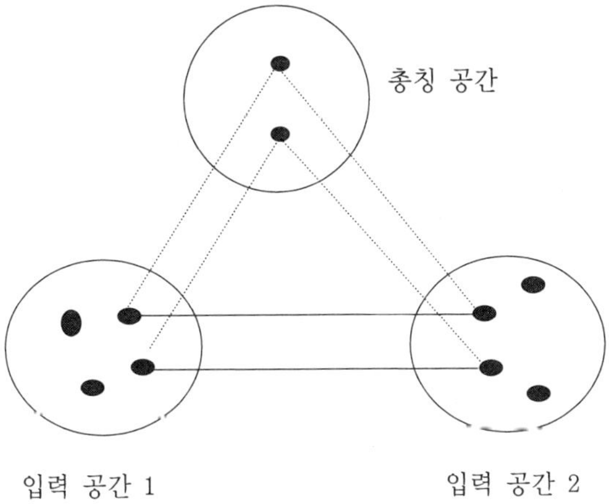

은유적 대응 속성 공간 : 총칭 공간

2.5.4 새로운 공간 : 혼성 공간

총칭 공간의 속성들은 서로 대응되는 속성들만 모여 있기 때문에 은유가 작동하는 공간이다. 혼성은 이 은유에서 발생하지 않는 새로운 특성이 발생할 때 나타난다. 따라서 은유에 참가하지 않았던 개념도 새로이 혼성을 통해 의미 창출에 참여하게 된다. 혼성 공간에 대한 모식도는 다음과 같다.

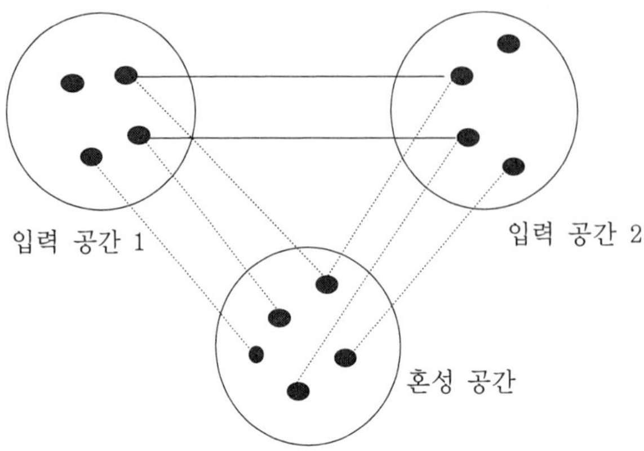

혼성 공간의 구성

혼성 공간은 입력 공간에서 이어받은 속성에 대한 새로운 조합을 만드는 공간이 된다. 이 새로운 조합을 가능하게 하기 위한 추론이 존재하게 되고, 추론의 결과로 새로운 의미가 발생한다.

총칭 공간에 없으면서 혼성 공간에 추가되는 속성들은 총칭 공간의 입장에서 보면 에러가 발생한 것으로 볼 수 있다. 따라서 혼성은 에러를 추가하여 추가된 속성의 집합이 만족하는 개념을 추론하게 된다고 볼 수 있다. 이 에러는 혼성 공간 내에서는 정상적인 속성이 된다. 혼성 공간내의 한 속성이 되기 때문이다.

2.5.5 추론 단계와 속성 추가 단계

앞의 과정을 종합하여 정리하면, 다음 도식과 같다.

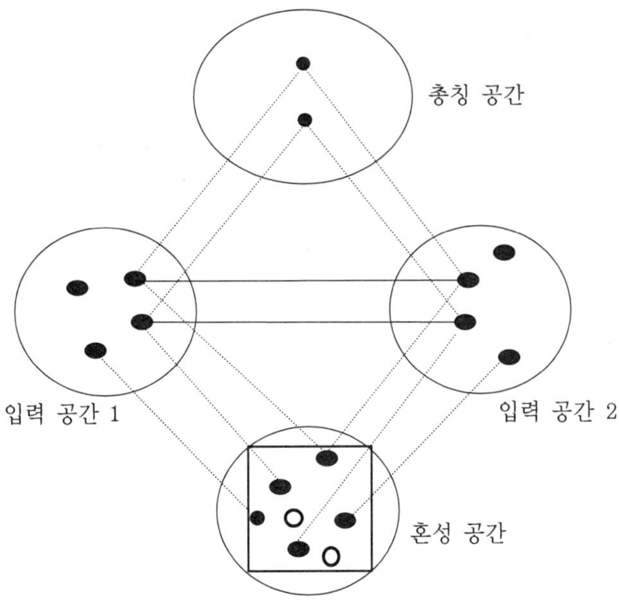

기본적인 통합 연결망

혼성은 혼성 공간 내의 속성들을 갖은 새로운 개념을 추론하여 얻게 된다. 상황에 새로운 개념을 완성하기 위해서 혼성 공간 내에 새로운 속성이 추가될 수 있고, 이를 속이 빈 원으로 표시하였다. 이렇게 혼성 공간 내에 새로운 속성을 추가하는 과정을 정교화(elaboration)라 한다.

혼성은 총칭 공간의 구성과 필요한 속성을 기존 입력공간에서 추가하는 과정 그리고 마지막으로 추론에 의해서 새로운 개념을 만들기 위해서 기존에는 없던 속성을 추가시키는 과정으로 세분화하여 말할 수 있다.

이 혼성 과정을 도식으로 정리하면

입력공간 → 총칭공간 → 혼성공간 → 창의적~발현구조
[인지작용] (사상) (투사) (통합)

2.5.6 'That surgeon is butcher.'의 분석

혼성이론에 따라 'That surgeon is butcher.'가 [외과의사가 무능하다.]의 뜻으로 해석되는데, 이 과정을 분석하여 보자.

총칭 공간의 경험적 지식을 통해 수술의 영역이 도축의 영역에 각각 교차적으로 사상된다. 이때 의사는 수술을 수단으로 치료를 목표로 하지만 도축자는 도축을 수단으로 살코기를 베는 것이 목표이다. 혼성공간에는 이러한 관계 중에서 수술의 영역으로부터는 목표만이 선택적으로 나타나고, 도축의 영역에서는 수단만이 선택적으로 나타난다. 결과적으로 수술의 목표와 도축의 수단이 개념적으로 혼성된다. 따라서 외과의사의 무능함이라는 의미는 수술의 목표와 도축의 수단 사이의 관계적 불일치로 발생한 것으로 해석된다. 다음 도식을 보라.

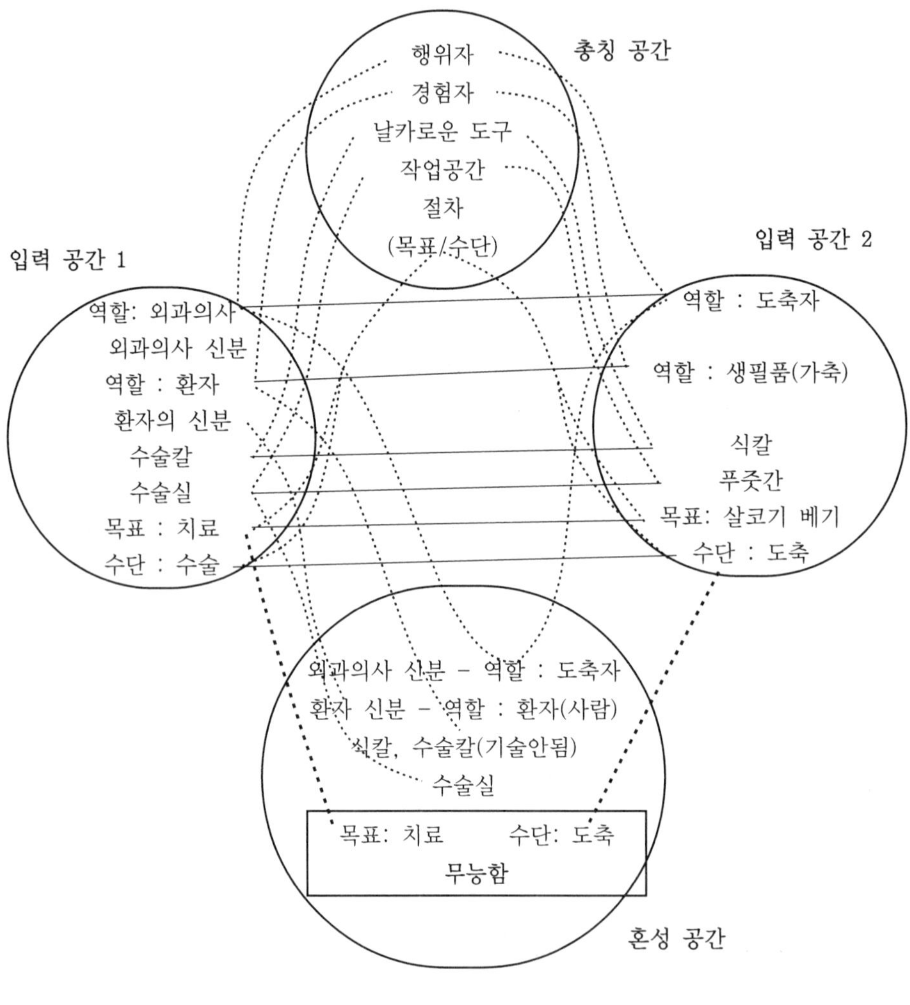

도축자로서의 외과의사 : 무능함

2.5.7 한국어와 비교

한국에서는 도축자의 역할을 백정이 한다. 그렇지만, 두 개념 사이에는 커다란 차이점이 있다. 서양의 도축자는 기술적으로 유능해지면 장인이 되어서 존경받을 수 있지만, 한국에선 백정은 죽을 때까지 천한 신분을 벗어나지 못한다. 의사는 환자를 잘 치료하면 명의가 되어 존경을 받지만, 백정은 아무리 열심히 일하고 기술적으로 유능해도 생계 유지 이상은 없다.

따라서 'That surgeon is butcher.'의 한국적 의미는 의사의 잔인함에 따른 경멸의 의미가 내포된다. 이 의미를 만드는 도식은 위 도식과 차이가 있다.

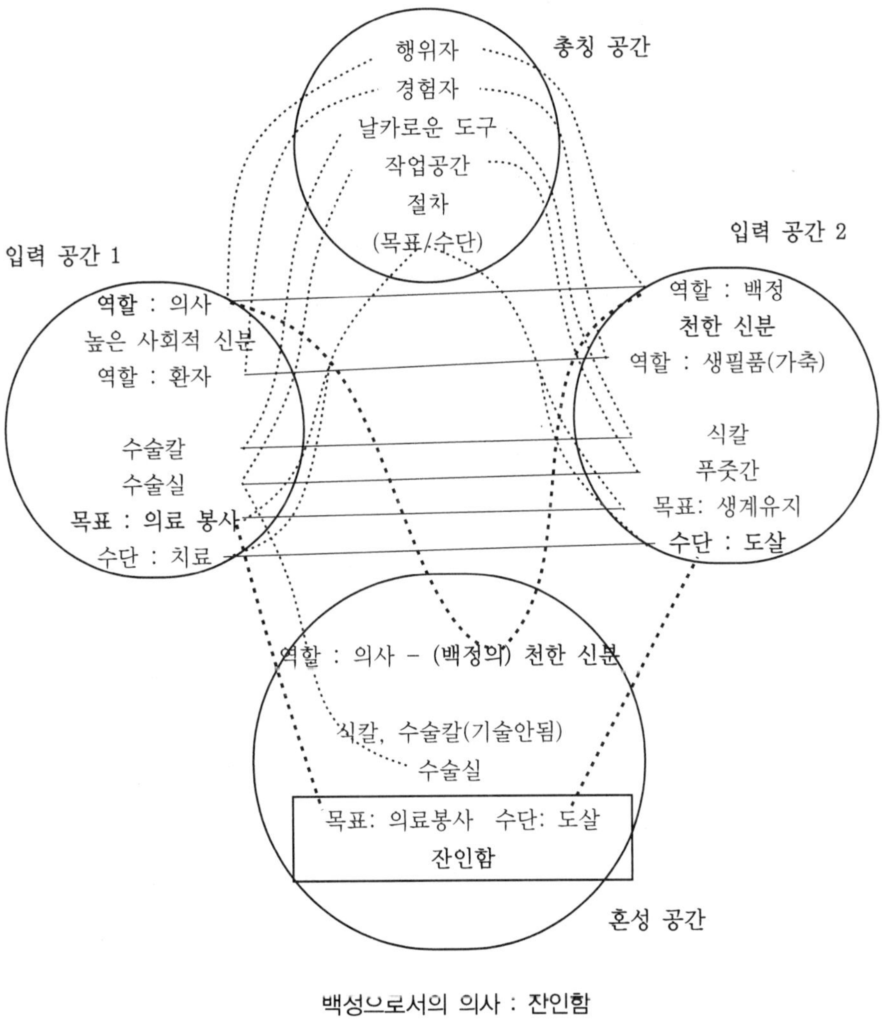

백정으로서의 의사 : 잔인함

백정으로서 의사는 동일한 총칭 공간에 의해 입력 공간이 설정되지만, 목표와 수단에 있어서 차이가 있다. 즉 전형적인 의사는 돈벌이와는 상관없이 환자를 헌신적으로 치료함으로써 훌륭한 명의가 되는 것을 요구한다. 백정은 생계를 유지하기 위해 가축을 도살하는 것을 수단으로 삼기 때문에 신분적으로도 천하며 대체로 부정적인 개념이 포함되어 있다.

따라서 혼성공간에서 수술의 영역이 의사의 목표인 봉사의 개념이 선택적으로 나타나고, 도축의 영역에서는 백정의 수단인 도살의 개념이 선택적으로 나타난다. 의사의 목표와 백정의 수단이 혼성되어 의사의 잔인함이라는 의미가 추론된다. 여기에 백정의 천한 신분이 추가적으로 나타남으로써 잔인함에 추가하여 환유적 경멸 혹은 무시의 부정적인 인식이 포함된다.

2.6 감각기관의 역할 독립성과 개념 뿌리의 독립성

우리는 몸을 갖고 있기 때문에 모든 것이 몸에서 시작된다. 내가 죽고 나면, 내 주위의 우주, 내 가족, 친구, 직업 모두 의미가 없어진다. 따라서 모든 것의 출발점은 몸에서 시작하는 것이 기본이 될 것이다.

우리가 개념을 만들고, 확장하는 것에도 그 출발점을 몸으로 놓자. 몸은 감각기관을 통하여 외부에서 자극을 받아들이고 이를 판단하여 외부로 행동을 하는 기본적인 메커니즘을 갖는다. 따라서 개념 형성의 출발점으로 감각기관을 통한 감각 경험을 선택하자. 이를 경험주의라 한다.

감각기관은 다양하지만, 그 중에 귀와 눈이 가장 중요다고 앞에서 다루었다. 그 결과 귀와 눈의 작동 원리는 완전히 다른 두 가지 물리현상인 소리와 빛을 사용하고 있다.

TV에서 책을 귀에 대고 글을 읽는 아이들이 나오네. 약간 이상하군. 그래서 초능력을 가졌다고 하니까 그렇게 믿어 보자. 그래도 복도 끝에 있는 연구실 간판을 귀로 읽어 낸다면, 그 초능력에 대해서 신뢰를 가질 것 같다. 그러나 일반적으로 귀와 눈은 서로 다른 원리로 작동하고, 그 호환성이 거의 없다. 즉, 독립적이다. 일반적으로 귀로 글을 읽거나 눈으로 소리를 듣거나 하는 현상은 불가능하다.

즉, 완전히 다른 이 두 물리 현상은 서로 호환성이 없고, 완전히 독립적인 현상이다. 따라서 감각기관도 완전히 독립적이고, 이 감각기관의 경험 내용도 독립적이 되어야 한다. 감각기관의 경험을 바탕으로 형성되는 개념 역시 독립적인 뿌리를 갖고 있다. 이 뿌리에서 복잡한 추상적인 개념이 발달하기 때문에, 어느 정도 추상화된 개념을 보면 뿌리의 독립성은 희석되어 희미하게 보이게 된다. 이 개념이 표출된 것이 언어가 된다. 개념의 독립된 뿌리를 찾기 위해서는 추상적이고 복잡한 언어보다는 원시적인 언어나 언어의 큰 모습에서 좀 더 쉽게 표출될 것으로 보인다. 여기서는 언어의 큰 모습을 다음 절에서 간단히 살필 예정이다.

이런 감각 경험의 내용은 크게 외부적 환경과 내부적 요인으로 구분할 수 있다. 내부적 요인은 개인 특성에 따른 요인과 유전적 요인으로 구분할 수 있을 것이다. 그 중에서 유전적 요인은 모든 인류에게 공통적으로 적용될 가능성이 높다. 이런 다양한 요인들이 감각 경험의 내용을 형성하고, 우리가 자연스럽게 느껴지는 부분을 만들게 된다. 유전적 요인으로부터 복잡한 개념이 형성되는 과정을 이 책에서는 정량적으로 추적하려 한다. 대부분의 작업이 정성적 추적을 하고 있기 때문에 각 단계별로 나타나는 개념들 사이에 적용한 통계를 잘 파악할 수 없었고, 그에 따른 잘못된 적용으로 인한 잘못된 결론을 내리는 경우도 종종 있었다. 따라서 각 단계를 최대한 정량적인 변수로 살펴가는 것이 중요하다.

3장 눈에서 뇌까지

3.1 눈을 선택하면서

우리의 감각 경험이 우리의 사고 체계에 많은 영향을 줄 것으로 예상된다. 그래서 이런 감각 기관이 미칠 영향은 지대할 것으로 보인다. 또한 귀와 눈은 서로 다른 현상에 반응하기 때문에 서로 다른 형태의 사고 체계를 만들 것이다. 그러나 감각 경험에서 사고 체계까지의 경로는 매우 길고 복잡하다. 크게 보면, 감각 기관인 귀와 에서 귀와 눈을 통한 감각 정보가 대부분을 차지한다. 귀와 눈이 관할하는 사고 체계가 있고, 이 감각 기관에서 받아들인 정보를 처리하고 다른 정보와 비교 분석하는 뇌의 신경구조가 있다. 이런 두 가지 분리된 체계, 감각 기관과 뇌의 신경 구조 속에서 사고 체계가 형성되는 것을 추적하여 보자.

귀는 소리를 지각하며, 소리는 파동 현상이다. 귀와 귀의 신경 체계는 이 파동 현상을 잘 감지할 수 있게 구조와 기능을 발달시켜 왔으리라 예상된다. 반면에 눈은 빛을 감지하고, 이 빛은 입자 현상을 나타낸다. 좀 더 정확하게 말하면, 입자 현상으로 표현된 빛을 감지한다. 눈은 입자 현상을 잘 지각할 수 있는 구조와 기능을 발달시켰다. 자연 현상은 크게 입자와 파동 현상으로 분리되므로, 귀와 눈은 완전히 정반대인 자연 현상을 지각하고 있는 것이다. 귀와 눈은 우리 인간의 사고 체계에 완전히 다른 방향으로 영향을 줄 것으로 예상된다. 따라서 완전히 다른 두 체계를 동시에 다루는 것은 그 자체로 부담스러운 작업이며, 매우 혼란스러울 것으로 예상되므로 두 기관 중에 하나를 선택해서 진행한다. 당연히 선택 기준은 적용 범위가 더 넓고 정보량을 더 많이 유입시키는 기관을 중심으로 한다.

일반적인 경험으로 볼 때, 귀로 얻을 수 있는 정보보다는 눈으로 볼 수 있는 정보가 더 많은 것 같다. 앞에서 한번 쓴 속담인 백문불여일견(百聞不如一見)만 보아도 시각의 중요성이 더 큰 것으로 예상된다. 따라서 시각을 출발점으로 삼자. 즉, 입자 현상을 이용하여 자연을 지각하는 과정과 이 과정이 인간 사고 체계에 영향을 주는 것을 추적하여 보자.

청각에서 출발하면, 파동적 관점으로 자연 현상을 지각하고 이 과정에서 발달하는 사고 체계가 있을 것이다. 그렇지만 파동적 관점으로 자연을 해석하고 파동적 관점으로 사고 체계를 형성하는 방법은 별로 발달되어 있지 않은 것 같다. 그런데 동양에서 이 파동적 방식을 취하고 있는 것 같으며, 동양철학이라는 관점을 만든 것으로 보인다.

그러나 현대 학문의 방식은 입자적 방식으로 되어 있는 것 같다. 이에 따른 다양한 비교 대상과 결과가 있으므로, 나의 논리를 확인할 수 있을 것으로 본다.

눈을 기반으로 하는 입자적 방식은 앞에서 언급한 것처럼 크게 눈의 외형적 기계 구조의 작동 원리와 뇌의 신경 회로의 작동 원리에서, 입자 현상이 어떻게 영향을 주고 변수를 만들어 가는가를 찾는 작업이다.

먼저 입자적 성질이라는 의미부터 살펴보자.

3.2 입자성이란

3.2.1 개념 입자성의 불투명성

입자성이란 개념은 약간 불분명하다. 불분명한 이유는 다시 논의하기로 하고, 먼저 입자성을 설명하는 데 필요한 운동의 개념을 간단히 보자.[17]

운동과 관련된 직접적인 특성은 운동체, 운동 원인 그리고 운동 모양으로 분류할 수 있다.

3.2.2 질점

운동체는 운동에 참여하는 대상을 일컬으며, 모든 움직이는 것들을 의미한다. 이런 운동체가 운동에 참여하기 위해서는 운동 원인과 관련성을 가져야 된다. 운동 원인을 흡수하거나 방출하는 데 매개적인 역할을 하는 특성을 질량 m이라 정의한다.

운동에 참여하는 운동체는 다양한 모양을 갖고 있지만, 가장 단순하게 만들어서 점(point)으로 생각한다. 이 두 개념을 조합한 질량을 가진 점을 질점이라 하고, 운동체로 정의한다. 운동을 다룰 때는 기본적으로 질점의 운동을 다루게 된다.

3.2.3 벡터와 위치 이동

질점은 수학적으로는 점이기 때문에, 공간상의 위치로 질점을 표현할 수 있다. 따라서 운동체의 운동은 점의 운동으로 말할 수 있다. 점의 운동은 시간에 따른 위치 변화로 나타난다. 공간 내에서 위치 변화는 변화 방향과 변화된 크기로 표현된다. 간단하게 '오른쪽으로 10걸음 가면 내가 있어'라고 이동을 표현하는데, 오른쪽은 방향을 가리키고, 10걸음은 변화의 크기를 나타낸다.

$$(\text{위치 변화}) = (\text{변화의 크기}) \otimes (\text{변화의 방향})$$

이렇게 크기와 방향을 갖은 양을 벡터라 하며, 일반적으로 기호 위에 화살표를 표시하는 방법으로 벡터기호를 사용한다.

3.2.4 움직임의 종류

시간에 따른 위치 변화를 움직임이라 하면, 시간에 따른 위치 변화를 우리는 속도라고 한다. 따라서 움직임은 속도로 나타나게 된다.

일반적으로 시간은 일정하게 한 방향으로 흘러간다고 생각한다. 즉, 과거-현재-미래의 순서로 매일매일 동일한 크기로 흘러간다.

따라서 움직임의 특성은 위치 변화의 특성과 일치하게 된다. 위치 변화는 크기와 방향이라는 두 가지 속성을 갖고 있기 때문에, 이 속성의 변화에 따라 움직임의 종류는 크게 두 가지 서로 다른 형태를 갖는다.

	방향	크기	변수	모양
직선 움직임	일정	변화	x : 실수	
회전 움직임	변화	일정	$0 \leqq \theta \leqq 2\pi$: 각	

3.2.5 운동과 움직임의 차이

학문적인 용어인 운동은 일반적인 언어 감각으로 볼 때 단순한 움직임과 동의어로 사용된다. 따라서 운동과 움직임을 혼용하여 사용한다. 그렇지만, 두 개념은 구분할 필요가 있다. 왜냐하면 운동 원인이 있기 때문이다.

움직임은 단순한 위치 변화를 나타낸다. 여기에 시간을 추가하여, 시간에 따른 움직임인 속도도 포함한다. 따라서 움직임은 운동 원인이 없이 위치 변화가 일어나는 것을 주로 말한다.

운동은 움직임이 원인을 갖는 경우이다. 즉, 외부 운동 요인에 따른 움직임을 운동이라 한다.

운동의 원인을 우리는 힘 $\vec{F}$이라 부른다. 위치 변화가 벡터이므로, 따라서 움직임도 벡터가 되고, 운동도 벡터가 된다. 따라서 운동 원인도 벡터가 된다. 기호 F 위에 화살표 →를 표시한다.

3.2.6 힘과 입자 운동

움직임에 대비해서 운동이라는 개념을 정의하였다. 운동의 구체적인 형태는 단순 움직임이 아니다. 움직임과는 다른 움직임이 되어야 한다. 이를 가속도 $\vec{a}$라 한다. 움직임을 시간에 따른 변화라고 하면, 가속도는 움직임의 움직임 즉 표면적 변화 속의 내면적 변화를 나타낸다. 또 다른 표현으로 국소적 움직임이라 할 수 있다.

표면적으로 변하는 것 같지만, 내면적으로 변화가 전혀 없는 경우가 많다. 변화 없이 잔잔히 흐르는 강물을 보자. 강의 중간에 방해물인 바위가 하나 있으면 그 주위에서 강물이 일으키는 변화는 매우 큰 것을 알 수 있다. 따라서 바위가 있는 경우와 없는 경우는 다르다. 바위는 강물의 입장에서 보면, 강물과 관계없이 주어지는 외부 요인이다. 따라서 외부 요인이 유입되어서 변화를 일으키는 것을 나타낸다.

운동체 m이 운동 요인 $\vec{F}$를 받아서 운동(가속도) $\vec{a}$를 일으킨다. 이를 뉴튼 제2법칙이라 한다.

$$\vec{F} = m\vec{a}$$

즉, 외부 요인(힘)이 매개 요인(질량)을 통해 운동체(질점)에 유입되어 운동(가속도)을 일으킨다.

이 운동은 힘과 동일한 방향으로 가속도가 일어난다. 따라서 작은 시간 동안 질점이 직선 운동을 하는 것을 나타내는데, 이를 우리는 입자 운동이라 한다. 즉, 외부 요인인 힘을 받아 질량이 국소적으로 직선 운동을 일으키는 것을 입자 운동이라 한다.

3.2.7 입자성의 종류

입자성의 가장 간단한 예로 외부 힘에 대한 질점의 반응을 입자 운동이라 하였다. 그 모양은 국소적으로 직선적 움직임을 나타낸다. 따라서 입자성의 대표적인 특성은 직선적 움직임이다. 이 특성은 하나의 입자의 단독적 행동에 따른 입자성의 개념이다.

또 다른 특성은 다른 입자와 상호 작용 속에서 정의할 필요가 있다. 다른 입자와의 상호 작용을 충돌(collision)이라 부른다. 충돌은 3가지 특성으로 분리된다. 간단하게 2개 입자의 충돌을 생각한다.

충돌 종류	충돌 후 상태	도식적 모양	
		충돌 전	충돌 후
완전 탄성	처음 상태 유지	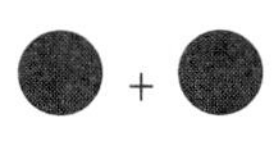	
비탄성	처음 상태의 부분 변화		
완전 비탄성	하나의 상태로 변화		

여기서, 질점의 충돌을 다루면서 질점들의 모양 변화를 도식적으로 표현하고 있다. 질점에서 점은 모양이나 크기가 없는 수학적 개념이다. 약간 모순적으로 보이겠지만, 도식적이고 물리적인 입장에서 그리고 이를 적용하는 입장에서는 크게 문제가 되지 않는 도식이다. 좀 더 정확한 의미를 살피려면, 역학 책을 참조하기 바란다.[17] 충돌에서 중요한 에너지 보존 법칙과 운동량 보존 법칙 등은 당연히 성립되기 때문에 다루지 않았다. 물질의 상태라는 애매한 단어로 물질의 모양을 의미하였다.

입자성을 정리하면 다음과 같다.

입자성	
단독 특성	상호작용 특성
직진성	완전탄성 충돌 비탄성 충돌 완전 비탄성 충돌

3.2.8 회전은 입자성이 아니다.

움직임의 종류가 직선 움직임과 회전 움직임으로 분리되고, 외부 원인인 힘을 도입하면 국소적 직선 운동인 $\vec{F}=m\vec{a}$이 된다.

반면에 회전 움직임은 회전 운동으로 나타날 것이다. 따라서 회전 운동에 대한 회전 요인이 필요하다. 이 회전 요인을 토오크(torque)라 한다. 구체적 정의는 자꾸 복잡해지니까 생략하기로 한다. 그냥 회전 요인이 토오크이고, 직선 운동의 요인인 힘과는 다르다는 것을 주지한다.

회전 요인이 주어지면, 회전 운동(각 θ의 변화)이 일어난다. 이 회전 운동은 직선 운동이 아니며, 입자들 사이의 상호 작용으로 나타나지 않는다. 따라서 회전 성질은 입자의 특성이 아니다.

그렇지만, 물리학에서는 구체적으로 입자성의 개념을 정의하지 않고 사용하기 때문에 회전도 입자성으로 혼동할 수 있다. 적어도 내 책에서는 회전은 입자성이 아니다.

3.2.9 운동 원인(힘)의 저장 : 에너지

관계식 $\vec{F} = m\vec{a}$는 순간순간 운동체 m의 순간적 위치 변화를 운동 원인($\vec{F}$)과 운동($\vec{a}$) 사이의 관계로 설명하고 있다. 이런 순간순간의 위치 변화가 모여서 전체적인 위치 변화 Δx를 만들고, 이를 구간이라 부른다. 편의상 일차원 개념을 사용하고 있지만, 벡터 개념을 도입하면 다차원으로 쉽게 확장 가능하다. 운동체가 구간을 만드는 동안 운동 원인($\vec{F}$)이 계속 유입되고 있다. 따라서 이 구간은 운동 원인을 축적하는 구간으로 해석할 수 있다. 즉, 구간 Δx에 힘 $\vec{F}$를 축적하고 있다. 이를 도식화하면,

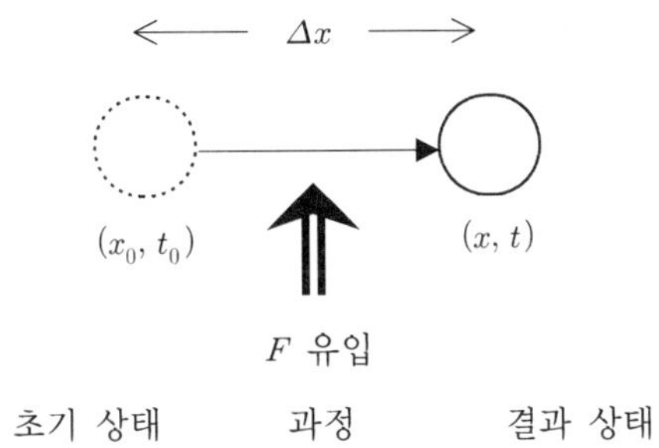

힘의 축적이 일어나기 시작한 초기 상태는 점선으로 표시하였으며, 구간동안에 힘을 축적한 상태는 결과 상태로 실선으로 표시한다. 힘이 축적되는 과정을 화살표로 표시한다.

구간(공간)동안 축적한 전체 운동 원인(힘)의 양은 각 지점에서 유입되어 축적된 모든 양을 더하면 된다. 즉, 힘 F가 구간 Δx동안 유입된 량은 힘과 구간을 곱한 값이 된다.

$$(\text{축적된 힘}) = (\text{힘})(\text{구간}) = F\ \Delta x$$

운동체의 입장에서 보면, 운동체는 초기 상태에 $F\ \Delta x$을 더 추가하여 결과 상태를 만든다.

힘이 외부에서 유입되면, 운동체 내에 축적되는 것이고, 운동체는 추가적으로 $F\ \Delta x$의 양을 더 가진 것이며, 이럴 때 우리는 에너지라 부른다. 반면에 운동체가 외부

로 힘을 써서 $F\,\Delta x$를 사용하면 이를 우리는 일이라 부른다. 즉, 유입되면 에너지 E라 부르고, 사용하면 일이 되는 것이다. 저장된 에너지 양을 ΔE라고 하면,

$$\Delta E = F\,\Delta x$$

가 된다.

좀 더 일반적인 용어로 에너지 $F\,\Delta x$를 생각하여 보자. 결과식만을 보면, 운동체는 자신이 변화시킨 공간 Δx 내에 힘 F를 저장하고 있는 것이다. 힘 F는 추상적이지만, 순간순간 운동체의 운동을 일으키는 양이다. 반면 공간 Δx는 운동체가 이동한 공간이므로 일차원 공간으로서 눈에 보인다. 운동체의 이동은 눈에 보이기 때문이다. 그렇지만, 이 구간은 단순한 일차원이 아니라 삼차원 공간 내의 일차원이고, 그 모양도 순간순간은 직선이지만, 전체적으론 다양한 모양이 가능하다. 그 모양이 쌀(rice)의 모양을 만들 수 도 있다.

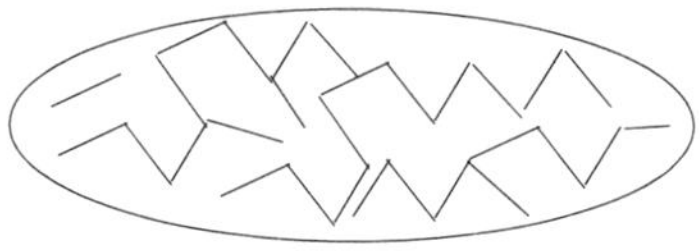

쌀의 힘 저장 공간 모양

힘이 저장된 공간(실선 직선)들이 모여서 전체 타원 모양으로 쌀을 만든다. 힘을 저장하는 공간의 모양을 만들기 위해서 화학적 구조(원자들의 모임)가 사용된다. 이 화학적 구조가 다양한 에너지 저장 구조를 만들고, 서로 다른 사물로 된다. 따라서 쌀과 연관 지어 내용을 보면, 다음과 같다.

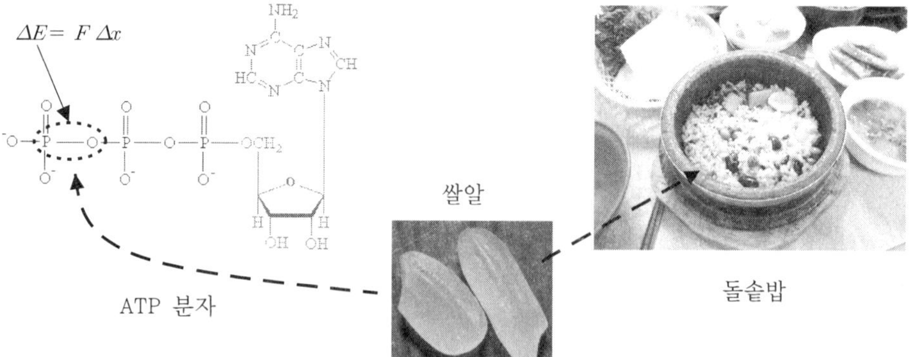

이런 상황에 대해 우리는 익숙한 경험이 있다. 우리는 밥(음식물)을 먹고 힘(F)을 내서 일하고 움직인다. 이 밥을 김밥으로 만들어 간편하게 휴대해서 학교에 와서 먹을 수 있고, 모양을 변형시켜 떡으로 만들어 먹을 수 있다. 이는 밥이 작은 계란 모양으로 독립된 크기를 갖고 있기 때문에 이 모양을 바꿔 가면서 다양한 음식으로 만들 수 있고 다른 음식물들과 결합해서 보기 좋은 모양도 만들 수 있기 때문이다.

먼저 밥을 먹고 힘을 낸다는 것은 쌀 속에 힘이 들어 있다는 것을 뜻한다. 쌀이 작은 계란 모양으로 구조(모양)를 갖고 있다는 것은 이 힘이 구조(모양)와 결합하여 저장되어 있다는 것을 나타낸다. 힘이 구조와 결합하여 저장된 형태를 에너지라 부르며, 이 구조에 저장된 힘을 뽑아 사용할 때를 일을 한다고 한다. 쌀은 힘을 저장하는 한 형태이며, 이 형태가 달라지면 일반적으로 다른 명칭을 사용하며, 따라서 다양한 음식 이름이 있다고 볼 수 있다.

힘과 일에 대해서, 물리학자들이 자주 사용하는 에너지 도식으로 표현하면,

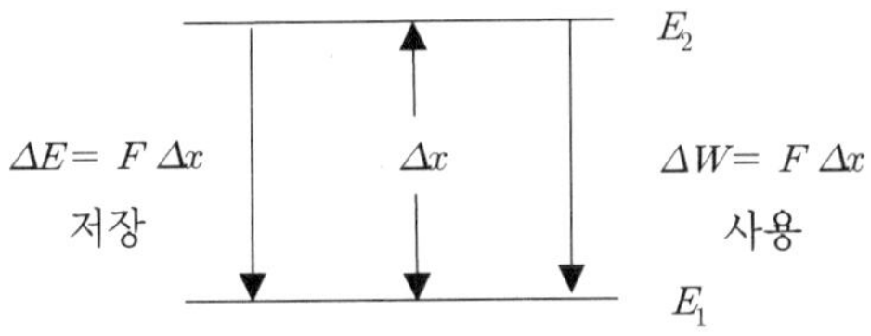

개체가 E_1 에너지 상태에서 외부로부터 에너지 ΔE를 유입하여 E_2 에너지 상태로 바뀌고, 비슷하게 E_2 상태에서 E_1 상태로 변하면서 외부로 ΔW의 일을 하게 된다. 힘을 저장하는데 필요한 공간은 구간 Δx이다. 이 구간은 개체가 모양을 형성하는 구조 속에서 만들어진다.

내용이 너무 길어진다. 줄이자! 좀 더 구체적인 것은 다른 참고 문헌을 참조하시기 바랍니다.[17]

3.2.10 파동성은 생략한다.

파동성은 구체적으로 정의하지 않겠다. 약간 수학적으로 복잡해지고, 현재의 책

내용은 입자성 중심으로 다룬다. 단지 소리의 특성을 말하면서 다룬 여러 성질을 파동성이라 하자.[14, 17] 죄송!

3.3 눈의 외형적 기계 구조와 빛의 경로

눈이 정보를 만드는 과정에는 크게 외형적 기계 구조와 망막 내부의 미세한 세포 구조가 영향을 주는 것으로 판단된다.

먼저 외형적 기계 구조를 보면, 눈은 수정체, 홍채를 포함한 각종 제어 메커니즘과 망막과 보호층 등의 부분 구조가 있다. 이런 각종 메커니즘의 세부적 기능은 다른 문헌을 참고하기 바란다.[6, 18] 여기서는 빛의 입자성과 관련된 눈의 작동 원리를 살펴보기로 한다.

빛은 입자와 파동성을 동시에 갖고 있다. 그 중에서 눈이 입자성에 선택적으로 반응한다. 먼저 빛의 입자성이 무엇인지를 살펴보자.

3.3.1 빛의 입자성

질점에 대해서 정의한 입자성은 직진성, 완전 탄성 충돌, 비탄성 충돌, 그리고 완전 비탄성 충돌로 특징지어진다. 질점의 입자성을 빛도 나타낸다.

질점과 빛의 가장 큰 차이점은 빛이 움직이는 궤적이 눈에 보이지 않는다는 점이다. 즉 빛이 진행하는 중간 과정을 볼 수 없고, 결과적인 현상만을 관찰할 수 있다. 앞에 있는 나무를 본다고 할 때, 나무에서 반사되어 나오는 빛과 내 눈까지 움직이는 빛은 볼 수 없지만, 반사된 빛의 결과인 나무의 모양은 내 망막에 맺힌다. 이에 반해 질점은 중간 과정을 쉽게 볼 수 있다. 어떻게 움직이는지 눈으로 볼 수 있다. 예를 들면, 내가 방을 나간다면 나가는 과정을 눈으로 쉽게 볼 수 있다.

중간 과정을 볼 수 없는 빛의 입자성을 살피는 것은 약간의 추론이 계속 필요하게 된다. 먼저 빛의 직진성을 보자. 빛이 진행해 온 중간 경로는 모르겠지만, 우리가 빛을 이용하여 과녁을 조준할 수 있다는 것에서 쉽게 추론할 수 있었다.

다음으로 질점의 상호 작용인 충돌을 빛에서 찾으면, 빛이 입자라고 할 때 빛 사이의 충돌을 우리가 눈으로 살필 수는 없다. 왜냐하면, 우리는 빛이 지나가는 경로를 알 수 없기 때문에 어느 빛이 어디로 갔는지 눈으로 알 수 없다. 질점은 질량으로만 물질을 구분하기 때문에 물질의 종류를 구분하고 있지 않다. 눈의 입장으로 보았을 때, 빛은 다른 물질과 확실히 구분된다. 따라서 빛과 다른 물질과의 상호작용에서 충돌 현상을 살펴보자.

빛이 다른 물질과의 충돌은 3가지 서로 다른 형태로 나타난다.

먼저 질점의 완전 탄성 충돌은 처음 상태와 나중 상태가 같다. 이를 빛에 대응시키면 충돌 전 빛과 물체와 충돌한 후의 빛이 동일하고, 입사각과 반사각이 같아야 한다(운동량 보존 법칙을 적용하면 나타난다). 이를 빛의 전반사라 한다.

질점의 완전 비탄성 충돌은 두 질점이 하나로 합쳐지는 것을 나타낸다. 빛으로 보면, 충돌 후에 충돌체에 빛이 흡수되어서 하나가 되는 것을 의미한다. 이런 현상을 빛의 흡수라고 한다.

질점의 비탄성 충돌은 질점의 상태가 약간 변하는 경우를 말하며, 빛이 다른 물질을 통과할 때 나타난다. 예를 들어, 공기 중에 있던 빛이 물을 통과하는 경우를 보면, 물속에서 빛은 속도 등이 변하게 된다. 변하는 이유는 물에 빛의 성질 중의 일부를 흡수시키면서 빛이 약간 변형되었기 때문이다. 구체적인 과정은 양자역학적 지식이 필요하다.

빛이 새로운 물질 속을 통과하면서 빛의 속도가 약간 바뀌는데, 이 현상은 물질 내에서 굴절 현상으로 나타난다.

정리하면, 빛의 입자적 성질은 직진성, 반사, 흡수, 그리고 굴절이 되며, 다음 그림과 같다.

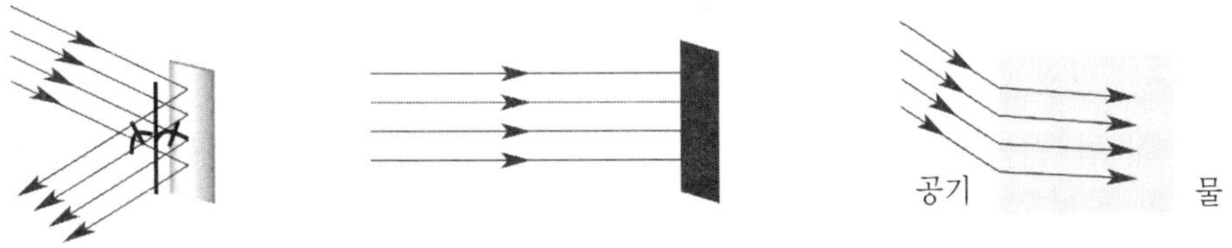

반사 흡수 굴절

3.3.2 입자성의 활용

빛의 직진성은 빛이 항상 동일한 방향으로 진행하는 것을 나타낸다. 따라서 우리는 사물을 보기 위해서는 사물과 일직선인 방향을 선택한다. 옆으로 곁눈질해서 볼 수 있지만, 정확하게 볼 수 없는 것은 당연하다.

반사성은 물체에 부딪혔을 때 입사각과 동일한 반사각으로 튀어나가는 현상을 말한다. 이것은 물체의 모양을 감지할 수 있는 원리가 된다. 예를 들어, 동일하게 입사한 빛이 다양한 각도로 반사된다면, 우리는 아늘거려서 그 물체의 모양을 알 수 없다. 왜냐하면, 약간 옆에서 반사된 빛이 서로 다른 각도로 반사되면, 모양이 잘 만들어 질 수 없다.

빛의 굴절은 눈이 정보를 모으는데 핵심 역할을 하기 때문에 매우 중요하다. 밀도가 다른 물질 사이를 빛이 통과할 때 진행 경로가 꺾이는 현상을 말한다. 저밀도(공기)에서 고밀도(물, 수정체)로 진행할 때는 입사각보다 굴절각이 더 작아진다. 따라서 외부에서 수정체로 입력되는 정보를 모을 수 있게 된다.

고밀도(물, 수정체)에서 저밀도(공기, 유리체)로 진행할 때 입사각보다 굴절각이 더 커진다. 따라서 굴절각이 90도 이상이 되면, 빛은 전반사를 일으킨다. 따라서 빛은 전반사하게 된다. 이는 수정체를 통과하는 빛의 미세한 차이를 보정한다. 서로 다른 위치에서 들어온 빛들이 망막의 같은 위치로 떨어지는 간섭을 최대한으로 줄이기 위한 방법이다. 굴절각이 커지므로 비슷한 경로사이의 거리를 증폭하는 효과를 만들게 되어 경로 사이의 분별력을 높이는 역할을 한다.

3.3.3 외부에서 망막까지

외부 대상에서 반사된 빛은 수정체를 통과하면서 굴절된다. 그 결과 외부 대상의 모양을 축소시켜 망막에 상을 맺게 한다. 이 상이 맺히는 것을 초점이 맞았다고 하고, 초점거리라는 개념으로 설명된다. 즉, 각막(수정체 끝 부분)부터 빛이 모이는 지점(초점)까지의 거리를 초점 거리라 하고, 각막에서 망막까지의 거리가 초점 거리와 같으면 초점이 맞게 되고, 외부 대상에 대한 정확한 상이 만들어진다.[18]

이 초점 거리에 대응해서 우리는 디옵터(diopter)라는 개념을 사용한다. 즉, m 단위로 표시된 초점 거리의 역수를 디옵터라 하며, 렌즈의 특성 단위로 사용된다. 예를 들면, 초점 거리 2.5cm = 0.025m는 1/0.025 = 45디옵터가 된다.

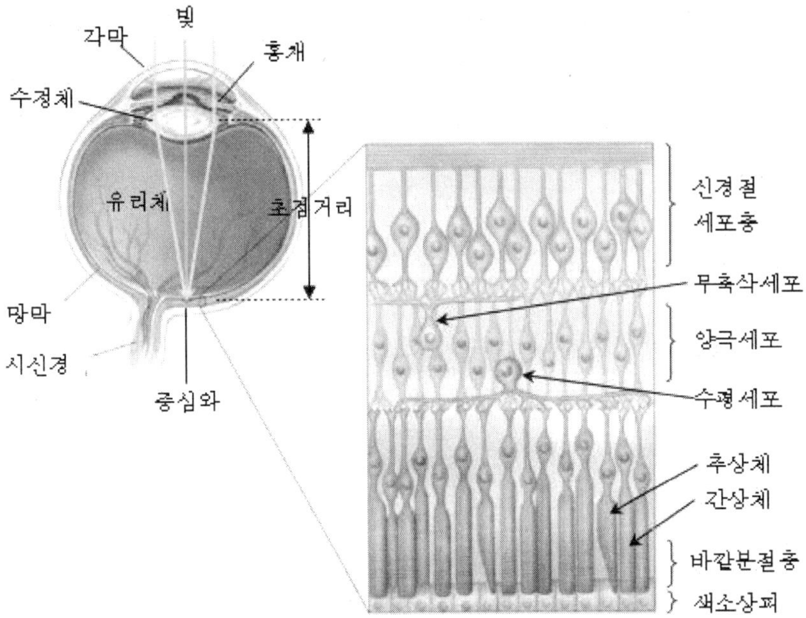

눈의 세부 구조와 망막의 세포 층

서로 다른 지점에서 온 빛을 분리하여 지각할 수 있는 능력을 해상도라 하고, 시력으로 표시한다. 지각 대상의 양 끝에서 들어오는 두 빛이 만드는 각도를 시각각이라 한다. 달은 약 0.5도의 시각각을 만든다.

병원에서 많이 사용하는 시력 검사표는 5m 거리에서 시각각 1분(1/60도)인 글자나 숫자를 구분할 수 있을 때, 시력 1.0으로 정의한다. 즉, 1.0 시력은 5m 앞에 있는 1.45mm 간격을 구분한다. 간단히 계산해 보면,

반경 r이고, 각도 θ일 때 원주율 s는 $s = r\theta$로 된다. 원은 360도=2π이고, 1분은 1/60도, 1초는 1/60분이므로, 반경 r=5m인 원에서 1도에 대응되는 원주율은

$$5 \cdot 2\pi/(360 \cdot 60) = 0.00145m = 1.45mm$$

가 된다. 5m 거리에서 최소 시각이 2분이면, 시력은 0.5, 최소 시각각이 10분이면, 시력은 0.1이고, 최소시각이 30초이면 2.0이 된다. 즉, 최소 시각각에 반비례하게

정의한다.

시력 1.0인 사람은 5m 앞에 있는 1.45mm 간격을 한 점으로 지각하며, 그 내부 구조를 파악하지 못한다는 것이다. 이 사실은 망막에 고유하게 내재된 현상이다. 이렇게 1.45mm 내부를 파악할 수 없다는 것을 우리의 뇌는 알고 있을까? 합리적인 생각은 그 정도 오차가 있다는 것을 무의식적으로 파악하고 적절한 수준으로 보정하여 사물을 인식하는 과정을 만들었을 것이다. 이런 문제는 다시 다루기로 하자.

3.4 망막의 내부 세포 구조와 광수용장

3.4.1 망막 세포층 개요

망막은 대략적으로 4개의 세포층으로 구성된다. 눈의 가장 뒤쪽에서부터 앞쪽으로 나오면서 광수용기 세포, 수평 세포(또는 무축색 세포), 양극 세포, 그리고 신경절 세포가 분포한다.[6]

망막에서는 광수용기 세포는 눈의 뒤쪽에 있고, 여기서 정보를 앞쪽에 있는 양극 세포(bipolar cells)로 보내며, 양극 세포의 정보는 더 앞쪽에 있는 신경절 세포(ganglion cells)로 보낸다. 신경절 세포의 축색들은 함께 모여서 축색다발인 시신경(optic nerve)을 형성하여 눈 뒤쪽으로 빠져나간다. 시신경이 빠져나가는 지점(주요 혈관이 통과하는 지점)에는 수용기가 없으므로 맹점(blind spot)이 된다.

무축색 세포(amacrine cells)는 양극세포의 정보를 다른 양극 세포나 다른 무축색 세포 혹은 신경절 세포로 보낸다. 따라서 빛은 투명도가 높은 신경절 세포와 양극 세포를 통과한 후에 광수용기에 도달한다.

광수용기 세포와 양극 세포는 모두 아날로그 방식으로 작동한다. 즉, 연속적으로 변한다. 반면에 신경절 세포에는 전무율(all or nothing)적인 디지털 방식으로 작동한다. 따라서 최종적으로 뇌에는 디지털 방식으로 신호가 전달된다.

망막 세포층의 중요한 역할을 살피고, 망막 내의 세포 구조가 왜 다층 구조를 갖는지를 움직임 탐지 기능과 연계해서 간단히 생각해 본다. 외부에서 입사한 빛은 입자성을 가진 빛인데, 이 빛이 입자성을 유지하면서 광수용기에 흡수되는 과정을 설명하기 위해서 빛 에너지의 모델링 등을 한다.

3.4.2 망막 세포층의 중요한 세 가지 역할

망막 세포 층의 큰 역할은 3가지를 들 수 있다.[6]

첫 번째는 아날로그 신호를 디지털로 변환시킨다. 즉, 환경의 변화와 관계없이 사물의 동일성을 유지하는 방법이다.

눈으로 들어오는 빛의 세기는 연속적으로 변한다. 새벽 태양이 뜨기 전에는 희미한 빛으로 사물을 보이지만, 한 낮에는 아주 강한 밝은 빛으로 사물을 본다. 이렇게 눈의 외부 환경은 연속적으로 변한다. 그렇지만 눈이 구분해서 보아야 할 대상들은 환경의 변화와 무관하게 즉, 연속적 빛의 세기의 변화와 무관하게 동일하다. 따라서 뇌는 환경과 무관하게 사물의 동일성을 유지해야 한다. 그 방법은 연속적인 빛의 세기(아날로그 방식)를 디지털 신호(on-off 방식)로 변환하면 가능하다. 연속적이라는 정보는 디지털에서 사라지고, 존재와 부재의 정보만이 남는 것이다. 따라서 망막에 도달한 빛은 세포층을 통과한 후에 마지막 단계에서 디지털 신호로 뇌에 정보 전달을 한다.

두 번째는 점(point)의 구성이다. 즉, 빛이 들어온 지점(위치)을 파악하고, 그 지점의 정지한 위치를 민든다.

눈이 보고 있는 사물의 표면은 연속적으로 되어 있다. 그렇지만, 망막 내의 시각세포는 유한하므로 연속적인 표면을 유한한 점들의 집합으로 변환시켜야 된다. 즉, 연속적인 2차원 표면을 적당한 면적(해상도, 시력에 따라)을 하나의 점으로 대응시키는 작업을 하게 된다. 이 변환은 자연스럽게 오류를 포함하게 되는데, 다른 세포층들이 협력해서 이 오류를 최대한 줄여 준다. 최종적으로 시각세포들의 상내적 위치 정보를 갖는 점들의 집합으로 뇌에 전달하게 된다. 오류를 수정하면서 적당한 면적을 하나의 점으로 대응시키는 작업을 하는 세포를 수용장이라 한다.

마지막으로 움직임의 탐지이다. 운동 원인이 없는 단순 움직임과 운동 원인이 있는 운동을 기능적으로 구분하는 작업이다. 모든 위치를 뇌에 보고하여 움직이는지 정지하는지를 판단하려 한다면, 뇌는 과중한 업무로 기능 수행이 어려울 것이다. 또한 갑작스럽게 옆에서 나타나 생명을 위협하는 움직임에는 반사 행동으로 반응해서 위기를 모면해야 되는데, 이를 뇌에서 담당한다는 것은 불가능할 것이다. 따라서 망막에 움직임을 파악하는 기능이 존재해야 된다. 이 기능이 세포층에서 이루어진다. 의 주변 부분 세포들에서 움직임을 탐지하는 기능을 주로 수행한다.

3.4.3 망막의 4층 세포 구조와 망막의 움직임 탐지 기능

우리는 움직임과 운동을 분리하였다. 운동은 운동 원인이 있어 발생하는 것을 나타내고, 움직임은 운동 원인과 관계없는 것을 나타낸다. 예를 들어, 움직임은 등속도 이동을 나타내지만, 운동은 가속도에 따른 이동을 나타낸다. 좀 더 명확하게 운동 원인이 없는 움직임을 단순 움직임이라 정의하자.

눈에서 중심와를 제외한 주변 말단 영역은 움직임을 포함한 좀 더 총체적인 정보를 탐지한다.

눈에서 움직임을 판단한다는 것은 반사 행동을 보면 쉽게 알 수 있다. 몸 주위로 무엇인가 날아오면, 그것이 무엇인지를 판단하기 전에 먼저 몸을 피하는 행동을 우리는 자주 경험하고, 이런 행동은 반사 행동이라 한다.

움직임을 탐지하는 기능이 눈에 있다는 것은 매우 이상하게 느껴질 수도 있다. 대상물이 움직이게 되면, 그 움직임의 원인을 판단하려 한다. 이런 판단은 뇌에서 일어날 것으로 예측되는데, 따라서 움직임을 탐지하는 기능이 눈에 있기보다는 뇌에 있어야 할 것 같다. 그러나 반사 행동을 보면, 원인을 판단하기 전에 먼저 위기 상황을 피하기 위해 눈에 있어야 하는 것이 당연해 보인다. 어찌되었든, 눈의 망막 세포 속에 움직임을 탐지하고 간단히 원인을 판단하는 기능이 있다는 것이다.

그렇지만, 움직임을 탐지하고 원인을 판단하는 기능이 눈에 있는가? 그 이유 중에 하나는 물리학에 있다. 우리 주위에 있는 많은 사물들이 움직인다. 이런 움직임을 모두 우리 뇌가 인지하고 판단한다면, 뇌는 이런 작업을 하느라 바빠서 다른 작업을 수행하는 것이 거의 불가능할 것이다. 쉽게 이해하기 위해서, 동영상 파일 여러 개를 수행하면 여러분의 컴퓨터가 얼마나 느려지는지 많이 느껴보셨을 것이다.

눈의 망막 세포에 움직임을 탐지하는 기능이 있다는 것은 눈은 동시에 단순 움직임을 지각하고, 그 결과를 망막 세포 수준에서 무시하고, 뇌로 움직임 정보 전달을 하지 않는 기능도 함께 수행하는 것을 의미한다. 즉, 망막의 신경구조가 판단할 때,

원인이 있는 움직임인지(운동이라 함) 원인이 없는 움직임인지(단순 움직임) 판단하고, 단순 움직임이면 무시하는 것이다. 그렇지만 뇌가 갑자기 이 움직임을 인지하게 되어 놀라는 경우가 있다. 예를 들어, 나란히 주차된 고속버스 속에서 옆 차가 뒤로 움직일 때, 내가 탄 차가 앞으로 진행하는 것으로 느껴지면서 공포가 엄습함을 느껴보았을 것이다. 이런 상대적 운동은 갑자기 뇌가 움직임을 지각하면서 주변 상황을 파악할 여유가 없을 때 나타나게 된다.

이런 원인이 없는 단순 움직임은 무시해도 좋다는 것이 뉴톤 운동 법칙의 제 1법칙(관성법칙)이다. 즉, 정지하거나 일정 속도의 이동은 운동 원인이 없는 단순 움직임이며, 운동 원인이 없으니 주의 집중할 필요가 없다. 따라서 특별히 뇌로 정보 전달할 필요가 없다는 것이다. 따라서 눈에 움직임 판단 기능이 있는 것은 당연하다.

물리적으로 볼 때, 망막에 있을 것으로 예상되는 기능은 위치 지각과 움직임 지각 및 판단하는 기능이다. 이런 기능을 수행하기 위해서 필요한 층위를 생각하여 보자.

단순 움직임(속도)을 파악하기 위해서는 처음 하나의 위치를 파악한 후에 잠시 후에 다시 그 위치를 어떻게 변했는지를 파악해야 된다. 즉, 두 위치를 파악하는 기능의 세포들과 이 파악된 결과를 비교하는 세포들이 필요한 것이다. 따라서 2개 세포 층위가 움직임을 파악하기 위해서 필요하다.

반사 행동에서 보듯이 단순하게 움직임의 원인을 파악하는 기능이 망막에 있다는 것을 알 수 있다. 따라서 단순하게 운동 원인을 파악하기 작업을 해야 된다. 이 작업을 위해서는 움직임 사이의 비교를 해야 된다. 따라서 다시 비교하는 층위가 하나가 더 필요하다.

단순 운동의 원인 파악까지 2 + 1 = 3개 세포 층위가 있을 것이다.

마지막으로 비교의 중간 중간에 검증하는 층을 도입하면, 세포의 오작동에 의한 실수를 보정할 수 있을 것이다. 따라서 검증하는 층위가 위 3개 층위 모두에 작동하는 방식으로 필요하게 된다.

따라서 전체적인 층위는 3 + 1 = 4 층위가 된다. 즉, 뉴턴 운동 법칙에 따르면, 적어도 4개의 세포 층위가 필요하다고 판단된다. 글쎄!

망막에서 단순 움직임을 판단하고 있다는 결과로 우리의 의식 세계에 무의식적인 판단을 만들 것으로 예상된다. 예를 들면, 조용히 흐르고 있는 강물에 대해서 우리는 위기감을 느끼지 않는다. 평화롭고 안정된 느낌을 얻는다. 이런 느낌이 의식적으로 생기는가? 아니다 무의식적으로 그렇게 느끼는 것이다. 우리의 의식은 뇌에서 일어나고, 이 뇌가 판단하는 기반을 주는 것이 무의식이라 하면, 이 무의식은 뇌로 정보가 전달되기 전에 형성된 것이다. 따라서 망막에서 형성된 단순 움직임은 우리에게 무의식적으로 운동 원인이 없어서 신경 쓸 필요가 없는 안전한 것이 되고, 이런 결과가 무의식적으로 투영되어서 평화와 안정감을 느끼게 하지 않을까? 좀 더 생각하는 것은 여러분의 판단이지요.

3.4.4 빛 에너지의 모델링 : 구간 은유

눈에 입사한 빛은 망막에 입자적으로 영향을 줄 것이다. 빛은 망막에 충돌하여 자신이 갖고 있는 입자적 성질을 망막의 광수용기 세포에 전달하게 된다. 이 입자적 성질이 빛이 갖고 있는 에너지이다. 달리 말하면 입자적 형태로 표현된 에너지이다.

입자적 관점에서 에너지는 위치 변화 과정 중에 흡수한 힘으로 정의하였으며, 간단하게 (힘)과 (저장구간)의 곱으로 표현된다.

$$(\text{에너지}) = (\text{힘}) \cdot (\text{저장구간})$$

여기서 위치 변화는 다른 말로 저장구간이라고 한다. 저장구간이 모여서 3차원 저장공간을 만들고, 이 3차원 모양이 사물이 된다.

에너지에 대한 다양한 경험은 많이 있지만, 예로 밥을 먹고, 불로 물을 끓이는 등, 실제로 에너지를 쉽게 이해하지 못한다. 왜냐하면 우리가 쉽게 볼 수 있는 대상으로 시각화하지 않았기 때문이다. 즉, 눈에 보이는 대상으로 만들지 않았기 때문에 에너지 개념을 활용하기도 어렵고, 활용해도 실수하는 경우가 많다.

입자적 관점에서 에너지의 특성에는 부분적으로 저장구간의 개념이 있다. 이 저장구간은 쉽게 눈으로 볼 수 있고, 상상할 수 있다. 따라서 에너지를 시각화가 가능한 저장구간을 중심으로 모델링하여 설명하자. 이를 에너지의 저장구간 은유라고 할 수 있다. 즉, 에너지는 저장구간에 비례한다.

$$(\text{에너지}) \propto (\text{저장구간})$$

빛의 입자적 에너지는 형식적으로 나타낼 수 있다.

(빛 에너지) = (빛의 힘) (빛 저장구간)

여기서 형식적이라는 의미는 실제로 그런 형식으로 표현할 수 없지만, 어느 정도 설명력을 가질 수 있게 모델링한 것을 말한다.

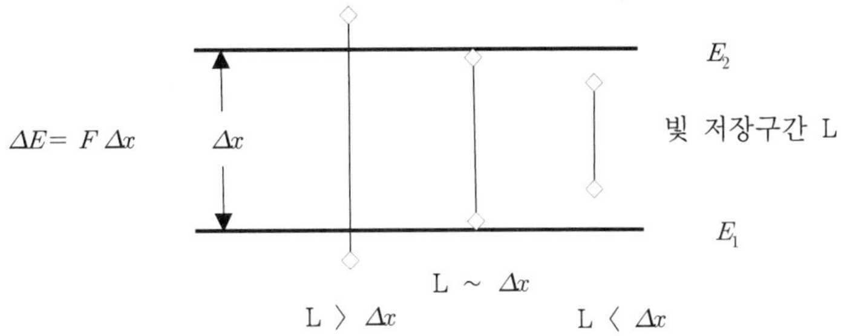

흡수체의 저장구간 Δx에 대해서 빛의 저장구간 L의 비교

이 저장구간 은유(모델)를 이용하면, 빛 에너지를 세포들이 흡수하는 메커니즘을 쉽게 설명할 수 있다.

빛의 에너지가 달라지면, (빛 저장구간)의 크기가 달라진다. 빛의 에너지가 크면, 저장구간은 커지고, 작으면 작아진다. 따라서 빛 에너지를 흡수하기 위해서는 (빛 저장구간)과 동일한 구간이 세포에 필요하다. 만일 너무 작으면, 넣어 둘 수 없기 때문에 흡수할 수 없을 것이며, 너무 크면 넣어 둔 것이 쉽게 빠져나가기 때문에 흡수되어 있을 수 없다. 따라서 같은 크기일 때만 한번 흡수되면, 빠져나가지도 않고 안정되게 있을 수 있으므로, 에너지 흡수 메커니즘을 만들어 낼 수 있다. 이런 메커니즘으로 광수용기를 살펴보자.

3.4.5 광수용기

망막의 가장 깊은 세포층에는 광수용기가 있다. 광수용기에 도달한 빛은 흡수되어 전기 신호를 발생시킨다. 디지털 방식이 아닌 아날로그 방식으로 반응한다. 디지털 방식은 두 종류의 반응인 on-off 형태이지만, 아날로그 방식은 연속 값으로 변한다는 것이다. 빛을 많이 받으면 더 많은 출력을 내고, 빛을 조금 받으면 더 적은 신호를 내는 것이다.

광수용기는 모양과 기능에 따라 간상체와 추상체로 분리되며, 명암을 구분하는 간상체(rod)는 원통 모양으로 되어 있으며, 빨강, 녹색, 파랑의 3색 색채를 구분하는 추상체(cone)는 원뿔 모양이다.

입자적 에너지 모델로 보았을 때, 원뿔 모양은 수용할 수 있는 저장구간의 모양이 제한적임을 알 수 있다. 반면에 원통 모양은 좀 더 다양한 저장구간을 수용하는 것을 볼 수 있다.

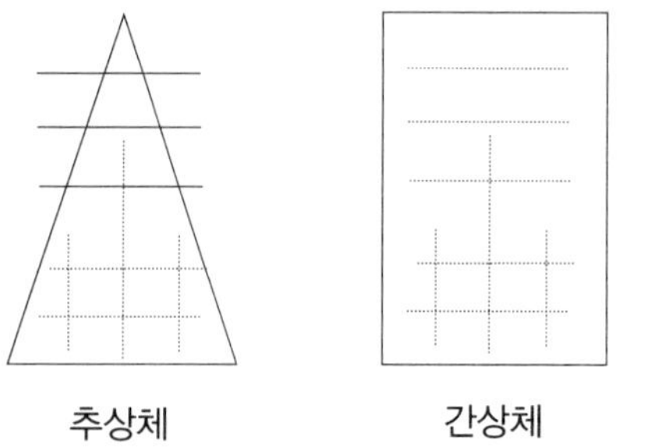

저장구간 : 점선은 흡수된 구간
실선은 흡수되지 않은 구간

간상체는 망막의 주변부에 주로 분포되어 있으며, 희미한 빛에 반응하지만 밝은 빛에는 탈색되어 별로 반응하지 않는다. 따라서 흑백을 구분하는 기능을 주로 한다. R, G, B 삼색 빛을 합치면, 백색 빛이 된다. 앞에서 보았듯이 추상체의 모양은 일부 빛 에너지를 흡수할 수 없지만, 간상체는 모든 형태의 빛을 다 흡수하는 구조를 갖고 있기 때문에 R, G, B 3색을 흡수하여 백색에 반응할 수 있음을 보인다.

추상체는 빛 에너지 중에서 가시광선 영역을 3개 부분 영역으로 나눠서 서로 다른 세포가 흡수하게 된다. 이 서로 다른 에너지 대역을 Red(빨강), Green(녹색), Blue(파랑색)의 3색이 되며, 이 색은 뇌가 에너지를 해석한 내용이 된다. 추상체는 중심와(fovea)와 그 주변에 주로 분포하며, 희미한 빛에는 별로 반응하지 않지만, 밝은 빛에는 유용한 색채를 만들어 낸다. 추상체가 주로 분포한 중심와 영역은 고도의 해상도(resolution)와 예민성(acuity)을 나타낸다. 어떤 물체에 눈을 고정할 때, 그 물체의 상이 중심와에 맺히도록 눈을 이동하며, 해상도를 최대로 높인다.

추상체는 3가지 서로 다른 에너지 저장구간을 갖고 있고, 이 저장구간은 각 추상체 내에 있는 화학물질이 만들어 낸다. 각 저장구간은 대응되는 빛 에너지를 흡수할 수 있게 된다. 이를 도식화하여 정리하면, 다음과 같다.

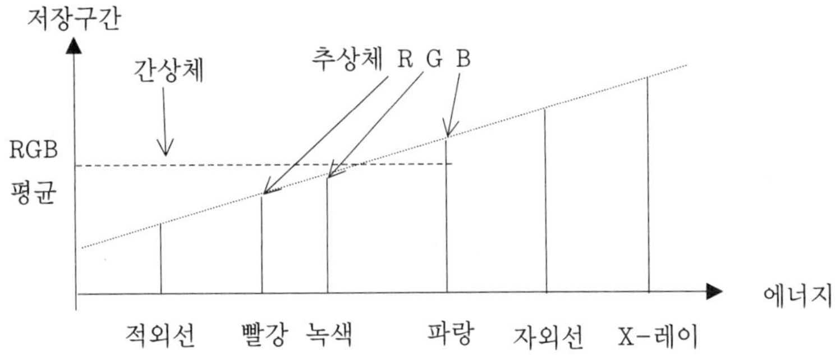

에너지의 저장구간 은유와 광수용기

3.4.6 수용장 : 점의 형성

각 신경절 세포는 약 100개 정도의 광수용기 세포에서 입력을 받아들인다. 이 광수용기세포의 모임은 신경절 세포의 수용상(receptive field)을 만든다. 이 수용장의 두 가지 유형이 있다. 점-멸 세포(on-center cell)와 멸-점 세포(off-center cell)이다.[6, 12]

점-멸 세포는 수용장의 가운데 영역에 빛이 비추고, 수용장 주변에는 빛이 비추지 않을 때 최대로 작동한다. 즉, 밝은 점을 형성한다. 역으로 멸-점 세포는 수용장 주변에 빛이 비춰지고 중심에 빛이 비추지 않을 때 최대로 작동한다. 즉, 어두운 점을 형성한다. 따라서 점-멸 세포와 멸-점 세포에서 수용장 전체에 빛을 비추면, 빛을 비추지 않은 것처럼 반응하지 않는다.

수평 세포는 활성화된 세포 주변의 세포에 억제적으로 작용한다. 비슷하게 무축삭 세포도 활성화된 양극 세포에 대해서 주변 양극 세포를 억제하는 작용을 한다. 이를 외측 억제(lateral inhibition)이라 한다.

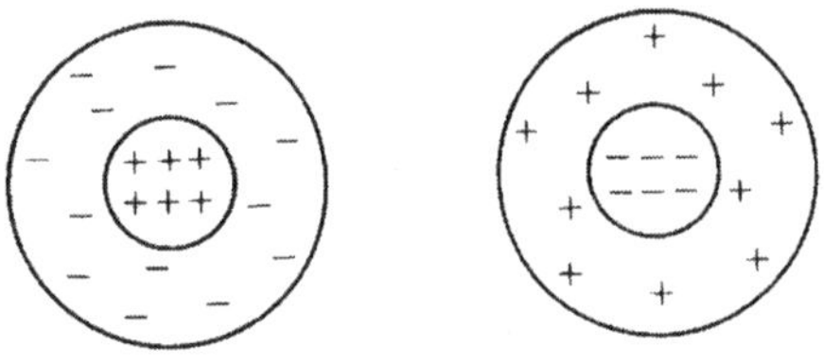

점-멸 세포　　　　멸-점 세포

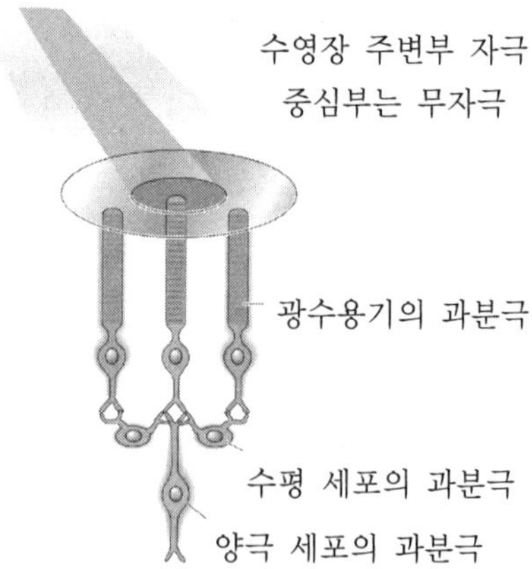

멸-점 세포에 대해서 빛을 비췄을 때 반응하는 모양은 다음 그림과 같다. 그림(a)에서 보듯이 수용장 전체에 빛을 비추면, 반응이 거의 없다. 수용장의 중심은 어두움에 대해서 반응하는데 빛이 비추었으므로, 반응이 없다. 또한 수용장 주변의 외측 억제도 반응이 없으므로 세포가 나타내는 반응은 없다. 그림(b)에서 보듯이 수용장의 중심을 어둡게 하고 주변을 밝게 하면, 수용장 중심에서 강한 반응이 나타나며, 외측 억제에 의해서 더욱 강화된 반응이 나타나게 된다. 즉, 수용장의 중심(멸 영역)만을 어둡게 할 경우에 최대의 반응이 있다. 그림(b)에서 보듯이 수용장 전체를 어둡게 하면 멸 영역의 반응을 주변 세포들에 의한 외측 억제가 감소시켜서 약한 반응을 나타낸다.

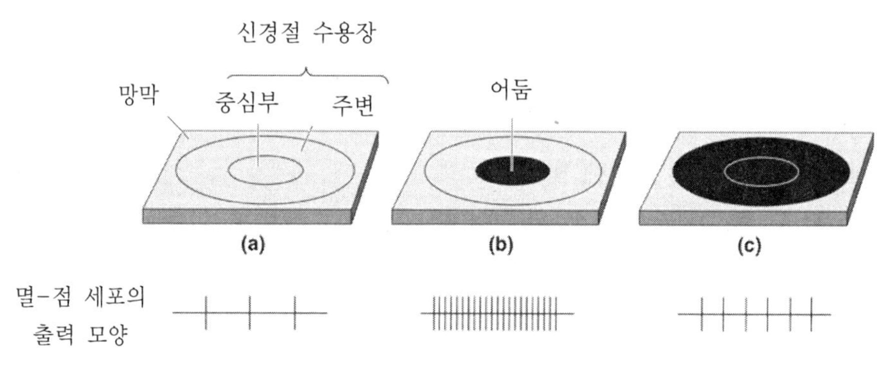

외측억제를 수학적 대응을 찾으면, 일차 공간 미분(공간 일차 편미분)에 해당한다. 따라서 수평 세포와 무축삭 세포에 의한 외측 억제가 두 번 연속적으로 반복되므

로 전체적으론 이차 공간 미분(이차 편미분 즉 라플라시안)을 나타낸다.

수용장은 두 가지 형태의 점을 만들어 점의 정보를 뇌로 보내고 있다. 뇌로 보내진 정보는 어떤 경로를 거쳐서 우리의 인지 체계를 만드는지 살펴보자.

3.5 뇌에서

3.5.1 점을 구간으로 : 막대와 모서리 탐지기

뇌는 눈에서 입력된 점의 집합들을 다시 외부 세계의 연속적 영상으로 대응시켜야 한다. 외부 세계가 눈을 거쳐 후에 뇌 속 영상을 만드는 과정까지를 모식도로 그리면 다음과 같다.

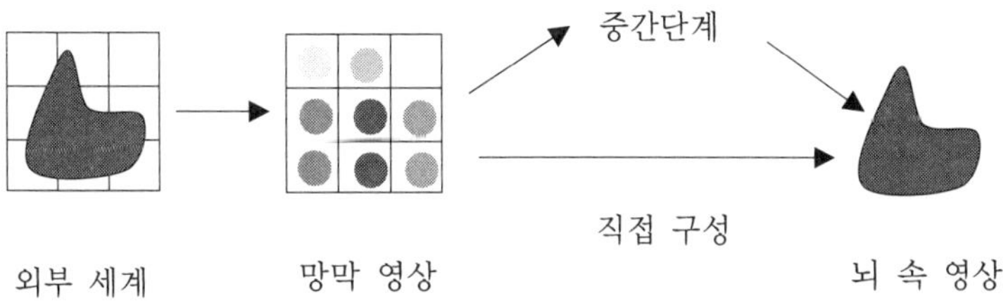

외부 세계에서 망막을 거친 후 뇌 속 영상까지

망막의 이미지를 직접 재구성해서 외부 세계에 대한 뇌 영상을 만드는 작업은 이 과정 중에 나타나는 오차를 수정할 기회를 갖지 못하기 때문에 선택하지 않는다. 따라서 여러 단계의 중간 과정을 거쳐서 뇌 속 영상을 만들어 간다.

외부 세계에 대한 뇌 속 영상을 구축하는 첫 단계는 외부 세계의 전형적인 세부 특징을 만드는 것이다. 막대 탐지기(slit or line detector)와 모서리 탐지기(edge detector)가 대표적이다. 이는 외부 세계의 모양이 경계와 내부 표면으로 이루어지기 때문으로 보인다. 이 세부특징 탐지기의 구성을 보자.

점-멸 세포와 멸-점 세포가 반응한 결과는 흰 점과 검은 점의 정보를 뇌의 시각 피질 세포에 전달된다. 시각 피질 세포는 이 정보를 모서리 탐지기와 막대 탐지기 형태로 반응한다. 모서리 탐지기와 막대 탐지기는 점-멸 세포와 멸-점 세포의 선형 조합으로 다음 그림과 같이 형성된다.[12]

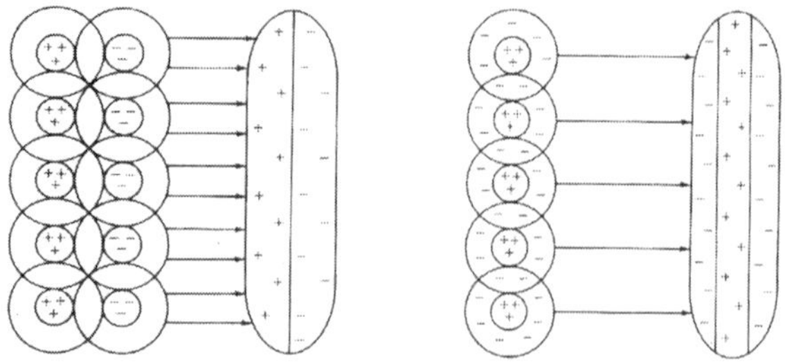

모서리 탐지기 구성　　　　막대 탐지기 구성

점-멸 세포와 멸-점 세포의 선형 조합

막대 탐지기와 모서리 탐지기의 종류는 각각 2개씩 4가지가 되며, 시각 피질은 이런 4가지 유형의 세포로 구성된다.

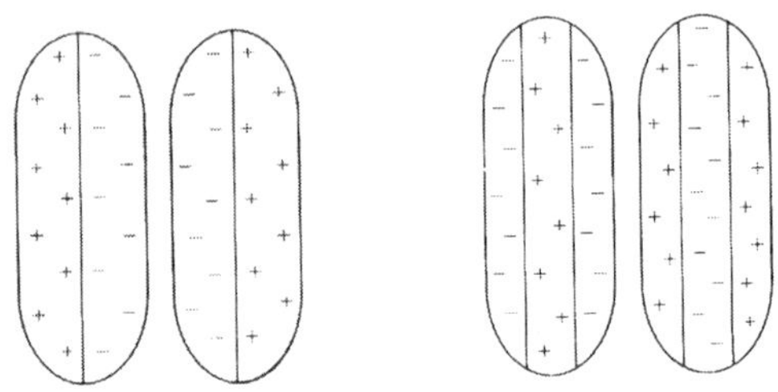

모서리 탐지기　　　　막대 탐지기

모서리 탐지기는 선분의 한 쪽에서는 밝은 빛에 반응하고, 반대편에서는 어두움에 반응한다. 따라서 명암이 바뀌는 모서리에서 최대로 반응한다. 만일 빛이 선분 위에서 경계를 만들면 최대한으로 반응한다.

막대 탐지기(중심이 +인 막대)는 빛이 가는 막대의 중심부에 비추게 되면 최대한 반응하게 된다. 역으로 중심이 -인 막대 탐지기는 중심부가 어둡게 되면 최대로 반응하게 된다. 막대 탐지기에서 가운데가 흥분성이고 양쪽이 억제성일 때를 홈 탐지기(slit detector)라고 하며, 가운데가 억제성이고 양쪽이 흥분성일 때를 선분 탐지기(line detector)라고 부른다.

이 모서리 탐지기와 막대 탐지기는 모두 위치, 방향 및 넓이에 민감하며, 이 변수들은 뇌의 수직 구조를 형성한다.

3.5.2 세부 탐지기의 간단한 활용 예

막대 탐지기와 모서리 탐지기는 시각 자극의 세부 특징을 탐지하는 기능을 하는 것으로 볼 수 있다. 예를 들어, 글자 A는 두 빗변(/ 와 \)과 수평선(-)로 구성되어 있으며, 글자 H는 두 직선(| 와 |)과 수평선(-)의 세부 특징을 갖는 것으로 생각할 수 있다. 따라서 A를 지각하려면, 예각의 막대 탐지기(또는 모서리 탐지기)와 수평의 막대 탐지기가 필요하다. 이렇게 세부 특징에 의한 문자 구분을 모식도로 그리면 다음과 같다.

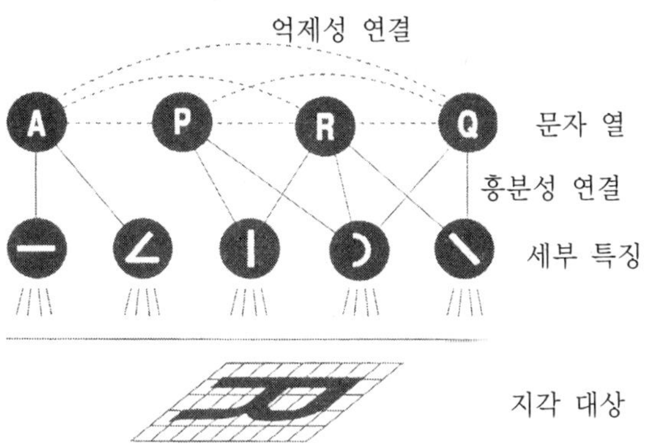

3.5.3 논리(AND, OR) 회로

막대나 모서리 탐지기 기능을 하는 세포를 원형적 대칭 세포라고 부르며, 이 원형적 대칭 세포의 역할로 세부 특징을 만드는 세포를 단순 세포라 한다.

단순 세포는 입력 신호를 AND 게이트로 인식한다. 즉, 모든 입력 값이 TRUE가 될 때만 값을 출력하는 논리 게이트로 작동하는데, 이는 부분의 조합으로 완전한 모양이 만들어져야 반응을 한다는 것을 의미한다.

단순 세포에서 입력된 값(세부 특징 값)은 좀 더 복잡한 복합 세포에 전달되며, 단순 세포의 값에 대해서 OR 게이트로 반응한다. 즉, 입력 중에 어느 하나라도 활성화되면 이 복합 세포가 활성화된다.

막대와 모서리 탐지기로 구성된 시각 피질은 효율적인 업무 수행을 위해서 다음과 같은 작동 원칙을 가질 것으로 예상된다.

첫 번째, 모든 시각 피질의 세포가 동시에 작동하는 병렬 처리 방식을 갖고 있다.

두 번째, 최소한의 세부 특징으로 최대의 효율을 올려야 하는 경제성을 갖고 있다.
세 번째, 크기, 방향, 그리고 입력 문자의 모양 등에서 미세한 차이는 무시한다.
이런 시각피질의 작동 특성은 인간의 무의식적인 판단의 기반을 제공하는 것으로 보인다.

3.5.4 뇌 속에서 일어나는 일을 정리하면

정리하면, 망막의 광수용기 세포에서 빛 에너지를 받아서, 외측 억제를 일으켜서 정확하게 한 지점에 도달한 빛을 양극 세포와 무축삭 세포를 거쳐 신경절 세포로 전달한다. 신경절 세포는 점-멸 세포와 멸-절 세포의 두 종류로 분류된다.
뇌는 이 세포들이 일렬로 조합되어 막대 탐지기와 모서리 탐지기를 구성한다. 이 세포를 원형적 대칭 세포라 부른다. 원형적 단순 세포들은 AND 게이트로 작동하여 세부 특징을 인식하게 된다. 단순 세포들은 서로 OR 게이트로 작동하여 복합 세포가 된다. 문자를 인식할 수 있는 기반이 된다. 이를 종합해서 도식화하면 다음과 같다.

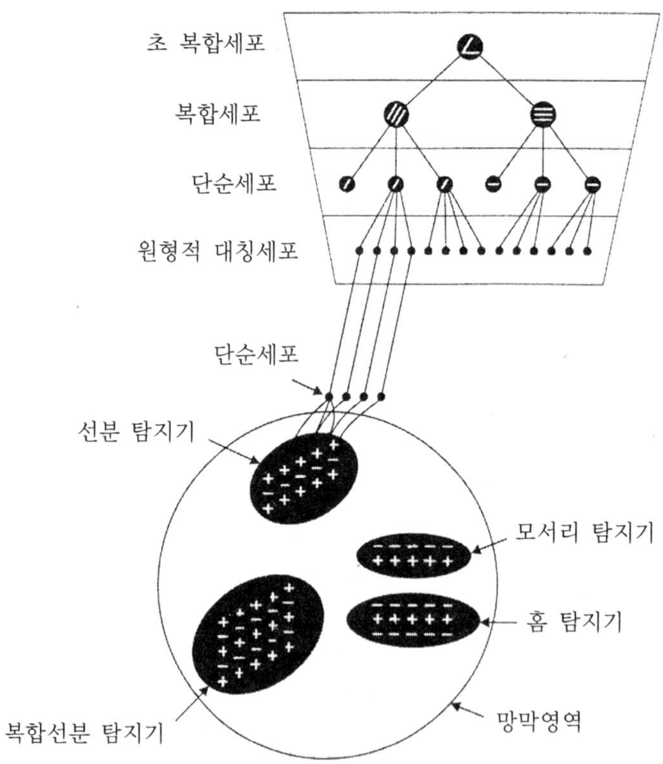

눈에서 입력된 정보가 뇌에서 처리되는 간단한 과정을 살폈다. 인지된 정보를 다른 정보와 비교하고 지식을 창출하는 등의 더 다양한 정보 처리 과정이 남아 있지만, 많이 밝혀져 있지 않다. 따라서 이 뇌 속에서 일어나는 문제는 여기까지 정리하고, 뇌의 전체적인 반응의 결과로 보이는 문제를 다뤄 보자.

3.6 게슈탈트 지각과 무의식

3.6.1 게슈탈트 지각의 종류

망막에는 약 1억 2천만 개의 간상체와 6백만 개의 추상체가 있다. 매우 많은 개수지만, 그래도 유한하다. 유한개의 시각 세포로 외부 세계를 점들의 집합으로 뇌에 전달한다. 이 점들을 조합해서 유한개의 세부 특징으로 분해하고 조합해서 외부 세계를 재구성한다. 구체적으로 뇌 속의 신경 세포 군들이 어떻게 반응하여 외부 세계의 영상을 구성하는 메커니즘은 알 수 없지만, 재구성한 결과는 느낄 수 있다. 즉, 부분의 조합으로 전체를 재구성하는 지각적 특징을 게슈탈트 지각이라 하고, 다음과 같은 성질이 대표적이다.[16]

(1) 근접성

서로 가까이 인접해 있는 것끼리 간추려서 지각한다.

(2) 연속성

단순히 연결된 모양보다는 연속되어 보이는 쪽으로 간추려서 본다.

(3) 유동성

같은 종류끼리 간추려 지각한다.

(4) 좋은 모습

대칭성을 보이고 규칙적이고 단순한 형이 얻어지도록 간추려서 본다.

(5) 폐합성

닫힌 공간을 구성하는 쪽으로 간추려서 지각한다.

이 특성들을 그림으로 표시하면 다음과 같다.

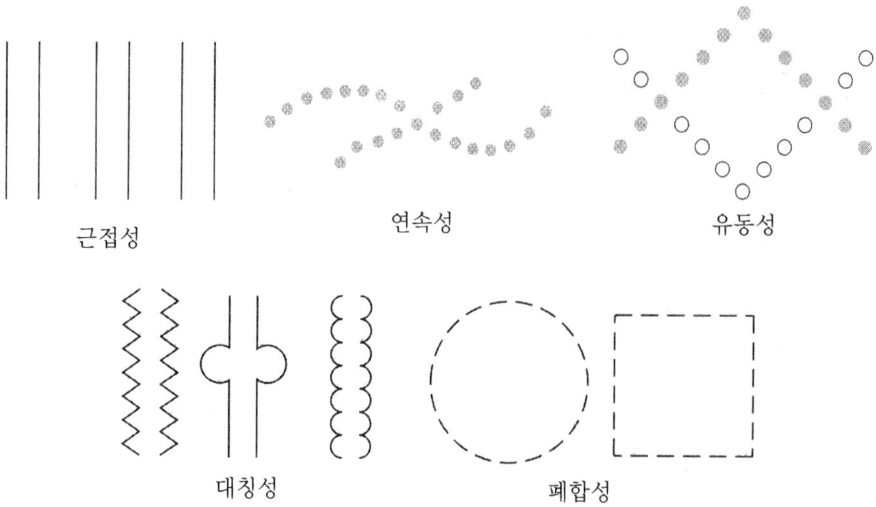

게슈탈트 지각의 대표적 성질

여기에 제시한 성질 외에도 다양한 게슈탈트 지각이 있지만, 공간 지각에 대한 부분을 중심으로 표시하였다.

3.6.2 게슈탈트 지각의 추론 규칙들

이 게슈탈트 지각은 시각 세포가 유한하게 감지하면서 빠진 부분을 뇌가 자동적으로 채워서 전체 모양을 구성하고 있다. 즉, 뇌의 자동 추론 메커니즘이 작동하고 있는 것이다.

이 게슈탈트 추론 메커니즘은 논리적 추론과는 다르다. 논리적 추론은 AND, OR, NOT 등의 논리적 연산을 통하여 결과를 만들어 낸다. 주어진 내용을 재조합해서 만들어 낸 결과이므로, 논리적 추론은 주어진 내용의 한계를 벗어날 수 없다. 이를 연역적이라 한다.

그렇지만, 게슈탈트 지각은 없는 것을 추가해서 전체를 완성하고 있다. 이것은 논리적 추론으로는 해결할 수 없는 영역이 된다.

게슈탈트 지각은 없는 것을 새로 추가해야 하고, 추가한 결과로 새로운 내용을 만들어 내야 한다. 새로운 것을 추가하는데 제한이나 원칙이 없다면, 추가 대상은 무한할 것이고, 추가된 결과로 만들어진 내용도 무한할 것이다. 즉, 추가와 추가된 결과를 예측할 수 없다. 따라서 우리는 어느 정도의 제한이 필요한데, 추가할 대상으로 선택하는데 당위성이 요구되며, 이 당위성에 기반을 두고 개념적 점프를 해야 한다.

이런 추론 규칙 중에 하나가 귀납 추론이다. 귀납 추론은 유한한 예에서 만들어진 원칙을 전체로 확장한다. 근접성, 유동성, 연속성, 폐합성 등이 귀납 추론에 속한다.

단지 대칭성은 약간 다른 차원에 속한다. 아마도 반복된 경험이 굳어져서 만들어지는 영상도식의 영역에 속할 것으로 보인다.

3.6.3 무의식의 작동 메커니즘

논리적 추론은 대표적인 의식의 작동 메커니즘 중에 하나인데, 이 논리적 추론은 게슈탈트 지각을 설명할 수 없기 때문에 게슈탈트 지각은 의식의 영역 밖에 위치하게 될 것으로 예상된다.

또한 게슈탈트 지각이 만드는 추론 메커니즘은 자동적으로 일어나기 때문에 의식 영역보다는 무의식 영역에 있을 것이다. 따라서 무의식의 작동 메커니즘 중에 하나가 게슈탈트 지각의 작동 메커니즘이 될 것이다. 이런 무의식의 작동 메커니즘이 추가된 결과로 부분의 합 이상이 되는 전체를 구성하고 있다. 즉, 부분의 정보에 뇌의 상상이 추가되어 전체가 만들어 지기 때문에, 전체를 단순한 부분의 논리합이 아니라 논리합 이상이다.

이런 과정에 작동하는 무의식의 작동 메커니즘 중에 하나가 귀납 추론인데, 이 귀납 추론의 구체적인 형태는 알 수 없지만 그 존재는 확인할 수 있다.

3.6.4 게슈탈트 지각의 음운 단위로 확장

게슈탈트 지각은 뇌 세포의 여러 단계에서 나타나는 것으로 보인다. 세부 특징의 조합으로 문자 단위를 분석하고, 이 문자들을 조합하여 단어를 만들며, 이를 음운 단위와 연결시키고 기호와 연결시키는 과정에서도 게슈탈트 지각은 중요한 역할을 하는 것으로 보인다.

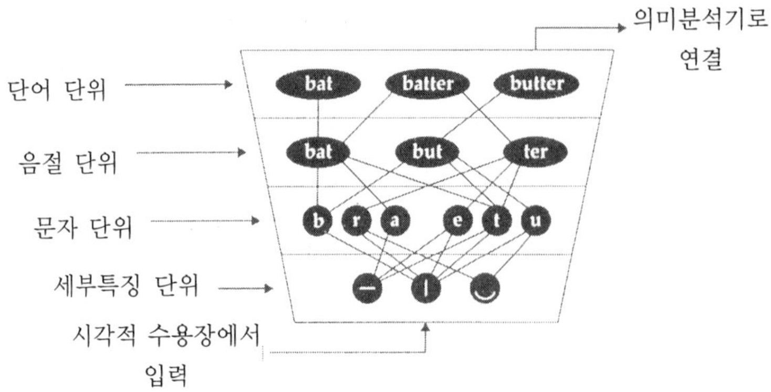

3.7 뇌 속에 있는 지식 구조 : 연결주의 모델

뇌의 병렬 분산 처리를 기반으로 지식들은 뇌 속에서 서로 연결된다. 이런 단어들의 연결망은 단어 하나의 의미가 아닌 전체적 지식 속의 단어로 존재하게 된다. 지식 사이의 연결을 중심으로 연결주의 지식 모형을 만들면 다음 그림과 같다.

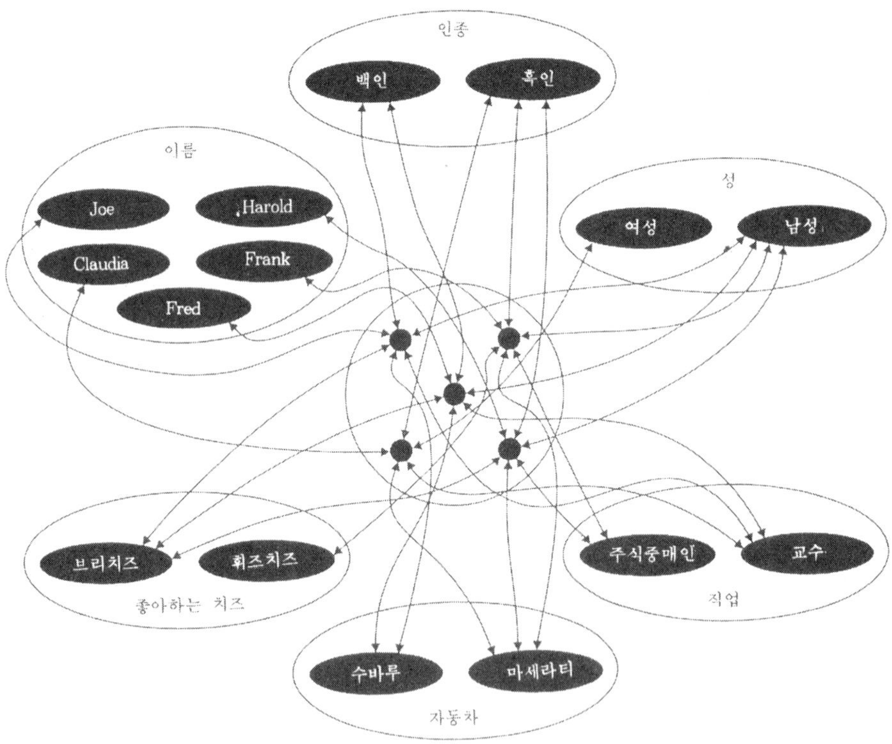

이런 방식으로 지식을 보는 것을 백과사전적 지식이라 한다. 이런 백과사전적 지식을 바탕으로 우리는 언어를 만들고, 의사소통한다.

인간의 지각에서 출발하여 언어가 만들어지는 과정을 살펴보았다. 이 과정들은 어느 정도 정립된 이론이지만, 아직도 해결해야 될 문제점을 많이 갖고 있다. 그렇지만, 인간 밖에 존재하는 외부 세계가 인간의 뇌에 어떻게 하나의 지식으로 저장되고 활용되는가에 대한 대략적인 설명은 된 것 같다. 이제는 이런 지각과 인지 과정 중에서 만들어 지는 무의식의 법칙을 추론하여 보고, 그 결과를 다양한 영역에 적용하여 비교 분석하여 보자.

4장 현상에서 원리를 찾아가기

4.1 학문의 위계 구조

4.1.1 동일한 원리를 사용하기

우리의 목표는 외부로 나타난 여러 개의 서로 다른 학문 영역에서 나타나는 현상들을 설명할 수 있는 공통된 근본적인 원리를 찾는 것이다.[19]

과학적 영역은 객관적 대상을 주로 다루기 때문에 과학적 방법을 비교적 쉽게 사용하여 그 현상을 설명할 수 있는 적절한 과학적 원리나 법칙을 찾고 그 원리를 응용하여 다양한 공학을 발전시키고 있다. 그 결과 물리학, 생물학, 화학 등의 자연과학이 각 영역에 맞게 발달하고 있다.

이런 성공적인 과학적 방법을 인문학으로 확장하는 데는 어려운 점이 많이 있다. 인문학은 다루는 대상이 과학적 대상에 비해서 매우 복잡하고, 그 대상의 특성이 객관적으로 명확하게 정의하는 것이 매우 어려울 경우가 많기 때문에 과학적 도구를 직접 사용하기가 매우 어렵다. 그렇다고 인문학이 근본 원리를 찾는 작업을 거부하는 것은 아니다. 여러 시도를 하였지만, 과학에서처럼 성공적하지 못했다는 것이다.

이런 과학과 인문학의 심각한 차이에도 불구하고, 나의 입장은 동일한 원리를 바탕으로 서로 다른 영역의 학문을 하나의 고리로 뭉치는 작업을 시도하려는 것이다.

이 작업에는 큰 어려움이 있는데, 각 학문마다 서로 다른 논리와 원칙을 갖고 있기 때문에, 각 학문이 현재 추구하고 있거나 전통적으로 인식된 영역을 모두 포함시키기에는 담아야 될 그릇이 너무 크다는 점이다. 따라서 여기서는 하나의 원칙으로 각 학문의 중심적인 핵심 영역을 하나로 뭉치는 작업에 만족할 예정이다.

이 작업에 가장 선결되는 개념은 학문들의 위계 구조이다. 즉 한 학문의 핵심 개념이 다른 학문의 원리를 제공하는 개념적 종속에 따른 위계 구조를 생각하는 것이다. 따라서 원리적으로 동일한 학문의 위계 구조를 생각할 수 있고, 이 위계 구조에 속하는 학문들은 공통된 원리로 설명이 가능하리라 예상된다. 그렇지만, 어느 정도 깊이까지 적용 가능한가는 또 다른 문제점으로 나타난다. 이 문제는 여기서는 다루지 않을 예정이다.

4.1.2 인접 학문들의 특성과 관계

앞에서는 내 밖에 있는 세계가 어떻게 나의 속으로 들어오는 과정을 살폈다. 이제는 외부 세계를 받아들이는 나는 어떻게 만들어지고 있는가를 대략적으로 살펴보자. 물질적인 입장에서 작은 원자들이 모여서 인간이 되는 과정에 대한 대략적인 단계를 만들고, 각 단계에서 나타나는 학문과 각 학문의 원리들 사이에서 나타나는 관계를 중심으로 학문들 사이의 위계를 만들어 보자.

몸은 물질로 구성되어 있다. 이 물질을 구성하는 궁극적 입자를 소립자라 하며, 아직도 궁극적인 소립자가 무엇인지 찾는 중이다. 이런 궁극적인 소립자에서 출발하는 것은 너무 생소한 점들이 많기 때문에 우리에게 많이 알려진 원자부터 출발하여 보자.

1) 원자와 양자 역학

일반적으로 볼 때, 물질의 기본 단위는 원자(atom)로 보는 것이 편하다. 원자는 핵(nucleus)과 전자(electron)로 구성된다. 수소원자는 전자 1개와 핵으로 구성된다. 원자들은 양자 현상을 나타내며, 양자 역학(quantum mechanics)으로 설명된다.[20]

양자 현상이란 원자 수준의 물질들이 입자성과 파동성을 동시에 나타낸다는 것을 의미한다. 이 양자 현상을 체계적으로 설명하는 학문을 양자 역학이라 하며, 입자성과 파동성을 동시에 설명하기 위한 복잡한 수학을 많이 사용하여 원자들의 상태와 상태변화를 정확하게 예측하고 검증한다.

현대 전자 문명은 이 양자 역학을 기반으로 발전하였다. 양자 역학의 원리는 우리도 모르게 우리 생활 속에서 뿌리 깊게 숨겨져 작동하고 있다. 아마도 우리의 언어활동 속에도 투영되어 있을 것이다. 무엇일까?

2) 분자와 화학

원자들이 모여서 분자가 만들어진다. 즉, 분자들은 분자를 구성하는 원자들 사이의 상호작용으로 구조와 기능을 만든다. 원자의 다양한 조합으로 무수히 많은 분자들이 만들어지고, 이 분자들을 좀 더 보편적으로 화학물질이라 한다. 이 화학물질의 특성과 화학물질 사이의 상호작용을 체계적으로 다루는 학문은 무엇인가.

화학물질은 원자의 조합이고, 원자를 다루는 학문은 양자 역학이다. 따라서 화학물질을 다루는 학문은 양자 역학이 된다. 화학물질은 양자 현상이 예측하는 결과를 만족해야 된다. 그럼 양자 역학으로 화학물질을 잘 설명할 수 있을까? 이 문제는 또 다른 문제이다.

간단한 예를 들자. 커다란 통나무를 자르려면, 우리는 쉽게 톱을 사용하는 것이 좋다고 생각한다. 그렇지만, 톱보다 더 날카롭고 더 세밀하게 자를 수 있는 면도칼이 있다. 톱보다 더 날카롭고 더 세밀하니까 더 좋은 도구일 것이다. 그런데 이 면도칼로 통나무를 자르겠다고 하면, 어떨까. 모두 웃을 것이다. 원칙적으로 면도칼로 통나무를 자르는 것은 가능하겠지만, 아마 너무 너무 힘들어서 중간에 포기할 것이다. 따라서 통나무를 자르는 데는 여러 면에서 면도칼보다는 톱이 적당하다.

이런 이유로 화학물질을 다루는 데는 화학물질을 효율적으로 잘 다룰 수 있는 새로운 학문인 화학이 나타나게 된다.[21]

화학은 양자 역학과 다른 내용을 갖고 있을까. 당연히 그렇다. 예를 들어보자. 수소원자와 산소원자를 합치면, 물이 된다. 물에는 물만의 독특한 성질이 있다. 물에는 물맛이 있고, 냄새도 있으며, 생명 활동의 기본이고, 쉽게 모양이 변하면서, 시냇물도 되고, 강물도 되며 등등. 이런 물만의 독특한 성질이 수소와 산소에 있을까? 명확치는 않다. 아직 누구도 그런 설명을 하지 않았으니까. 그렇지만, 아마 불가능할 것이다. 왜냐하면, 산소와 수소가 화학 반응해서 물이 된 후에는 반응 전 단계와는 완전 다른 물질이 되기 때문이다.

이런 현상을 '전체가 부분의 합 이상이 된다'는 게슈탈트 현상이라 한다. 따라서 원자와는 완전히 다른 화학물질 수준에서 적용되는 새로운 화학 법칙이 존재하게 되고, 화학은 양자 역학과는 다른 학문이 된다. 그렇다고 양자 역학적 설명을 포기하는 것이 아니다. 양자 역학이 화학물질 특성의 큰 틀을 아직 설명하고 있기 때문이다. 다만, 양자 역학으로 설명하기에는 적합지 않거나 설명할 수 없을 것으로 예상되는 영역이 화학에는 더 있다는 것이다. 이 영역이 더 있다고, 이런 영역이 양자 역학의 핵심 원리를 깰 수 있다는 것은 아니다.

따라서 화학은 양자 역학의 틀 속에서 존재하는 학문이라 말할 수 있다. 즉, 양자 역학의 핵심 원리는 화학에 모두 적용되지만, 화학 법칙이 양자 역학으로 그대로 옮겨오지 못한다는 것이다. 이를 다이아 그램으로 표시하면,

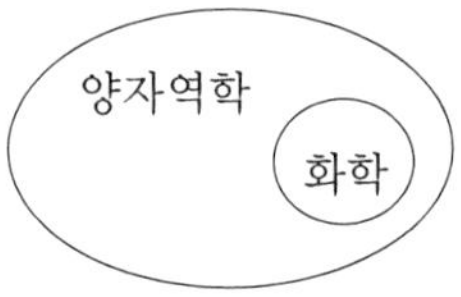

핵심 원리의 포함관계

여기서 포함관계는 양자역학의 핵심 원리(법칙)를 화학이 위배할 수 없다는 것을 의미한다. 즉, 원리(법칙)적 측면에서 양자 역학의 틀 속에서 화학이 존재한다는 것이다.

3) 세포와 생물학

분자들이 다시 모여서 세포와 같은 생물적 기능 단위가 만들어 진다. 세포는 단백질과 같은 여러 가지 종류의 분자만을 제한적으로 사용하여 구조를 만들고 기능을 수행한다. 세포 단위에서 화학물질은 대부분 하나의 단위로 작동하며, 이 단위들이 깨어지고 새로 만들어지고 하는 과정은 없다. 따라서 양자 역학과 화학의 관계와 유사한 관계가 화학과 생물학 사이에 나타나게 된다.

생물학은 하나의 세포에서부터 무수히 많은 세포들이 연합하여 작동하는 생명체까지 다양한 영역에 걸쳐있다. 따라서 분자 수준에서 주로 역할을 하는 생물학을 분자생물학이라 부르게 된다.[22]

거대한 생물체에 대한 생물학 법칙은 세포의 법칙이 만드는 큰 틀 속에서 만들어진다. 또한 세포의 법칙은 화학적 법칙의 틀 위에서 작동한다. 간단하게, 생명체가 병에 걸리면, 약(화학물질)을 먹으면 병을 치료할 수 있다. 화학적 법칙으로 생물적 기능을 조절하는 것이다.

4) 운동과 역학

세포 크기 이상이 되면, 양자 역학을 그대로 적용하기에는 대상의 크기가 너무 크게 된다. 이런 크기 영역을 고전적 영역이라 한다. 따라서 양자 역학보다는 고전 역학(classical mechanics)을 사용해야 한다.[17]

고전 역학은 시간과 공간 내에서 운동하고 있는 물체에 대한 세 가지 법칙으로 이루어진다. 뉴톤(Newton)이 처음 제시하였기 때문에 뉴돈 역학이라 부르기도 한다.

뉴톤 제 1법칙 : 외부에서 힘이 가해지지 않는 한 물체는 그 상태를 유지한다. 즉, 정지한 물체는 정지한 상태로 있고, 일정한 속도로 움직이던 물체는 계속 같은 속도로 움직인다.

뉴돈 세 2법칙 : 물체에 작용하는 외력 $\vec{F}$은 물체에 가속도 $\vec{a}$를 일으킨다.

$$\vec{F} = m\vec{a}$$

여기서 m은 질량이며, 가속도는 속도의 시간 변화율을 나타낸다. 기호 위의 화살표는 벡터를 의미한다. 즉, 크기와 방향을 갖은 양이다. 힘을 가하는 방향에 따라 그 방향으로 가속도가 힘의 크기에 비례해서 발생한다.

뉴톤 제 3법칙 : 물체에 작용해서 힘을 가하면, 물체는 힘을 가하는 대상에게 동일한 크기와 방향으로 반작용을 한다.

이 세 개의 법칙이 나타내는 의미는 다음과 같다.

2법칙은 외부 원인인 힘을 받아 질량 m인 주체가 가속도라는 결과를 만든다는 인과율을 나타낸다. 원인인 힘이 결과인 가속도를 만든다. 강조할 점은 이 원인이 내부에서 발생하는 것이 아니라 외부에서 들어오며, 내부와 외부를 구분하는 것이 질량 m이라는 것이다. 즉, 질량 밖에 있으면 외부이고, 질량 안에 있으면 내부가 된다.

제 1법칙은 제 2법칙을 보조하기 위해서 정의된다. 외부에서 원인이 들어왔다는 상황이 무엇인지를 정의한다. 즉, 결과가 무엇인지를 정의한다. 결과를 정의하기 위해서 그 역인 상태인 결과가 아닌 상태는 무엇인가를 정의하고, 이런 상태가 아니면 모든 물체는 외부에서 원인이 유입되었다는 것이다. 결과가 아닌 상태를 관성이라 부르고, 정지하거나 등속 움직임을 하는 상태를 말한다.

마지막으로 제 3법칙은 운동의 원인인 힘이 스스로 발생하지 않고, 반드시 외부에서 유입되며, 유입되는 양도 외부에서 준만큼만 유입된다는 것을 나타낸다. 그리고 운동 원인이 유입되려면, 유입되는 주체가 그만큼 견디지 않으면 안 된다는 것이다. 따라서 작용과 반작용이 크기가 같고 방향만 반대로 된다.

따라서 우리는 운동의 원인이 없이 이동하는 것을 단순 움직임으로 정의하고, 운동의 원인이 있는 이동을 운동이라고 분리해서 말할 예정이다.

뉴톤 역학은 세포 정도 이상의 모든 물체가 운동을 하게 되면, 반드시 만족해야 될 법칙이 된다. 시간과 공간 내에서 살고 있은 생명체는 모두 운동법칙을 만족하게 되며, 이 운동법칙이 다양한 형태로 다른 학문 속에 그 모습을 숨기고 있게 된다.

세포보다 작은 대상은 고전 역학을 적용하기에는 무리가 많이 있다. 따라서 간단하게 양자 역학 영역이라 말하고, 양자 역학을 적용해서 다뤄야 한다. 대략적인 구분이기 때문에 상황에 따라 약간씩 다를 수 있음을 주의하자.

5) 기관과 심리학

세포가 모여서 조직이 되고, 그리고 다시 조직들이 모여서 기관(organ)이 된다. 기관은 뇌와 연결되면서 기관계를 형성하게 된다.[16, 6]

인간의 다양한 심리 현상이 기관에 영향을 주기도 하고 받기도 한다. 사랑하는 사람 앞에서 가슴이 두근거리는 현상은 심리적 현상이 기관으로 나타나는 것을 보여준다.

이런 심리 현상은 기관 수준에서 쉽게 느낄 수 있지만, 기관을 형성하는 조직이나 세포에서는 그 현상을 느끼기 어렵다. 너무 미세하기 때문에 감지하기 어려운 것 같다. 그렇지만 그 영향이 없다고 할 수 없다. 스트레스 받으면 뒷목이 뻣뻣한 것을 쉽게 볼 수 있다. 원인 없이 아픈 현상들이 우리도 모르게 스트레스가 몸의 조직이나 세포 속에 각인되어서 나타난다고 예측하고 있다. 스트레스 결과로 암세포가 만들어진다는 말도 있으니까.

같은 잡초라도 기름진 땅 위에서 자라는 것과 메마른 사막 가운데서 자라는 것은 매우 다른 결과를 만든다. 즉 거시적 환경이 미시적으로 개체의 행동에 커다란 영향을 미친다. 따라서 사람들이 스트레스 환경에 있으면 작은 조직이지만 영향을 받아 고생하고 있을 것으로 판단할 수 있다.

이런 입장에서 우리가 느낄 수 있는 심리적 현상도 있지만, 우리가 느낄 수 없지만 심리 현상이 있다는 것을 알 수 있고, 이를 의식과 무의식이라 분리한다.

여기서 의식과 무의식의 개념을 확장하여 학제적 의식과 학제적 무의식이라는 개념을 도입하자. 즉, 인접한 학문 사이에서 한 학문에 원리를 제공하는 다른 학문을 하위 학문이라 하고, 원리를 제공받는 학문을 상위 학문이라 하자. 이때 상위 학문은 원리를 제공하는 학문을 학제적 의식을 한다고 말하자. 원리를 제공하는 학문을 2단계를 넘어간 학문을 보자. 즉, 상위 학문이 하위 학문을 볼 때를 학제적 무의식이라 하자. 예를 들면, 생물학은 화학을 학제적 의식한다. 또한 생물학은 양자역학을 학제적 무의식한다.

학제적 의식과 학제적 무의식의 개념은 학문의 위계 구조를 다르면서 다시 논의한다.

6) 몸과 언어학

사람들은 혼자서는 이 환경 속에서 살아가기 매우 어렵기 때문에 사회를 형성하여 살아간다. 서로 다른 역할을 하면서 하나의 공동체를 만들고, 각 공동체 내에는 서로 의사소통을 하기 위한 언어가 발달한다. 이 언어의 기반은 심리 현상이 될 것이다. 한 인간의 내부에서 나와 다른 인간과 교감을 얻기 위해서 가장 먼저 심리적으로 동일한 느낌을 받아야 하기 때문이다. 그렇다고 언어가 심리 현상만에 매달려 있지는 않는다. 인간 밖의 외부 환경을 알아야 하기 때문이다.

7) 정리하면

물질적 관점에서 원자에서부터 인간의 몸이 구성되는 과정 사이에서 발생하는 학문에 대해서 간략히 정리하면 다음 그림과 같다.

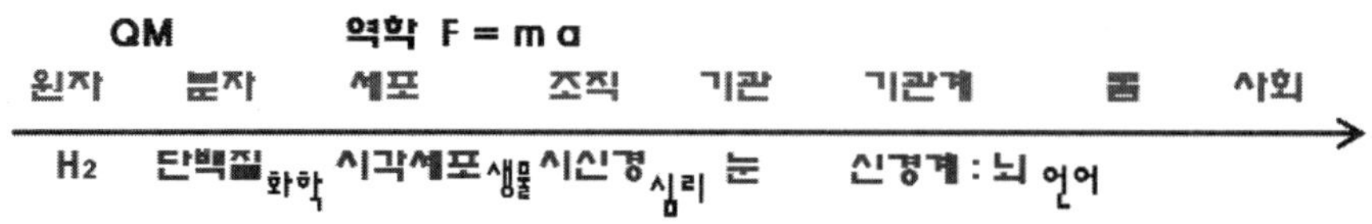

여기서 QM은 양자 역학(quantum mechanics)이며, 역학은 고전 역학을 나타낸다. 세포를 중심으로 세포보다 크면 뉴톤 역학(F=ma로 대표되는)이 적용되고, 작으면 양자 역학이 적용된다고 하자.

4.1.3 학문의 위계 구조와 학제적 무의식과 학제적 의식

위에서 대략적으로 학문의 특성을 설명하면서 인접한 학문 사이의 관계를 다뤘다. 인접한 학문 사이의 관계를 중심으로 볼 때, 한 학문이 다른 학문에 원리를 제공하는 관계가 생긴다. 원리를 제공받는 학문은 제공받은 원리를 위반할 수 없는 제한이 생기게 된다. 따라서 학문 간의 위계 구조를 만들 수 있다. 앞에서 다룬 학문을 중심으로 다음과 같은 위계 구조를 생각할 수 있다.

학문 위계 구조 : 양자 역학 〈 화학 〈 생물학 〈 심리학 〈 언어학
핵심 원리 수용 : 양자 역학 ⊂ 화학 ⊂ 생물학 ⊂ 심리학 ⊂ 언어학

중간 단계를 세분화하는 학문들이 많이 있겠지만, 핵심적인 학문의 원리의 변화 정도에 따라 정리한 결과이며, 일반적으로 받아들일 수준의 위계 구조이다.

여기서 '〈' 관계는 학문의 핵심 원리(법칙) 사이의 관계를 나타낸다. 즉 '양자 역학 〈 화학'의 관계는 양자 역학의 핵심 원리가 화학에 그대로 적용되어 화학 현상이 양자 현상을 위배하는 것은 불가능한 것을 나타낸다. 따라서 양자 역학의 핵심 원리가 화학의 큰 틀을 만든다고 보는 것이다. 화학은 양자 역학보다 1층 상위 층위에 있고,

화학은 양자 역학을 학제적 의식한다고 말한다. 즉, 일반적으로 하나의 대상을 의식한다는 것은 알 수 있다는 뜻이 되는 것처럼 화학이 양자 역학을 알 수 있다는 것을 뜻한다. 화학적 현상들이 양자 역학의 원리를 의식적으로 알고 있기 때문에 그 원리를 위배할 수 없다는 뜻이다.

비슷하게 화학의 핵심 원리는 생물학에 그대로 적용된다. 생물학 현상이 화학적 원리를 위배할 수 없다는 것이다. 따라서 생물학은 화학을 학제적 의식한다. 생물학은 화학을 알고 있기 때문에 화학의 핵심 원리를 위배할 수 없는 것이다.

화학과 양자 역학 또는 생물학과 화학처럼 인접한 경우에는 이런 비교가 쉽다. 왜냐하면 학제적 의식이 있기 때문이다. 즉, 생물학의 의식으로 화학을 알 수 있기 때문이다.

그렇지만, 양자 역학과 생물학같이 인근 인접이 아닌 경우는 매우 곤란하다. 생물학은 양자 역학을 의식하지 않고 있다. 그렇다고 그 원리를 무시하는 것은 아니다. 무의식적으로 만족한다고 하는 것이다. 즉, 생물학의 입장에서 보면, 양자 역학은 학제적 무의식의 영역에 속한다고 있다. 그렇지만, 화학은 학제적 의식 영역에 속한다. 화학이 생물학의 원리를 제공하고 있기 때문이다.

생물학의 유전 법칙은 양자 역학의 원리가 그대로 반영되어 있지만, 양자 역학의 틀이 너무 크기 때문에 그것을 만족해야 된다는 것을 의식하지 않고, 자연스런 자연 법칙으로 무의식석으로 따르고 있는 것이다.

이런 학제적 무의식적의 결과는 첸텔족의 식물 분류가 과학적 결과와 유사하다는 것에서 무의식의 영역을 만들고 있음을 알 수 있다.

또한 인문학으로 구조주의 철학에서 추구하고 있는 구조가 학제적 무의식을 해석하고 있던 것으로 보인다. 이런 문제는 다시 다룰 예정이다.

이런 의식과 무의식의 개념은 범주 구조를 다룰 때, 매우 유용해 보인다. 언어의 개념 구조를 만들 때, 상위 층위의 언어가 하위 층위의 언어를 볼 때 무의식이라고 말할 수 있을 것이며, 기본 층위의 언어가 하위 층위의 언어를 볼 때 의식적이라고 생각할 수 있는 것이다.

물질적 관점에서 원자에서부터 인간의 몸이 구성되는 과정 사이에서 발생하는 학문에 대해서 다음과 같이 간략히 정리하였다.

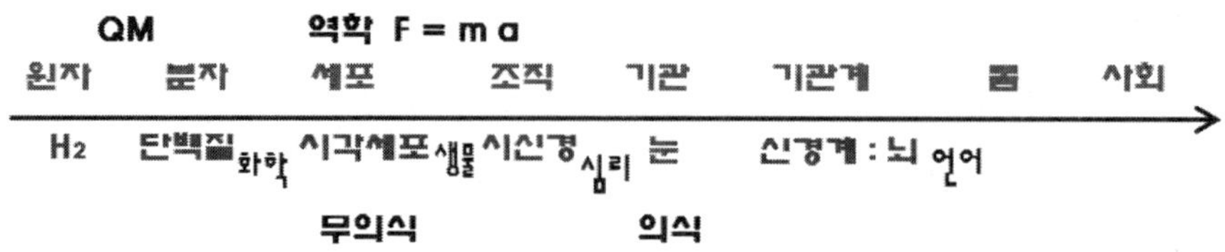

이 그림으로 보았을 때, 좌측에 있는 학문은 우측에 있는 학문에 기반 원리를 제공하고 있으며, 따라서 좌측의 학문이 위계 구조의 하위 층위에 속하고 우측에 있는 학문이 상위 층위에 속한다. 이 위계 구조에 따라 바로 1층 상위 층위에 속하는 학문은 0층의 학문(기본 층위)을 의식할 수 있고, 그 학문이 제공하는 원리를 쉽게 따르는 것이 보이지만, 2층 이상 깊이에 있는 학문은 쉽게 의식되지 않고 0층위의 학문이 작동하는 거시적 틀을 제공하게 된다. 따라서 학제적 무의식이라 불렀다.

자연 속에서 자연스러운 삶에서 경험한 내용이 과학적 원리를 자연스럽게 느끼게 하고 이해하게 한다. 이것이 학제적 무의식으로 만들어지고 있음은 더 말할 나위 없다. 이런 무의식을 찾아 움직인 철학자들이 구조주의를 만들었다.[23] 구조주의가 현상의 내부 구조인 원리를 찾아가는 방법은 앞으로 논의한다.

4.1.4 인식되는 원리와 인식되지 않는 원리

학제적 의식과 무의식을 인식되는 원리와 인식되지 않는 원리로 볼 수 있다. 화학과 양자 역학은 학문적 위계 구조 속에서 인접한 학문이다. 따라서 양자 역학의 많은 지식과 원리가 화학에 바로 적용된다. 그렇지만, 게슈탈트적 특성 때문에 양자 역학으로 화학의 모든 내용을 다 설명할 수 없다. 화학의 입장에서 양자 역학을 잘 알 수 있다. 그러나 이 양자 역학은 분자적 입장에서 보는 양자 역학이지, 양자 역학

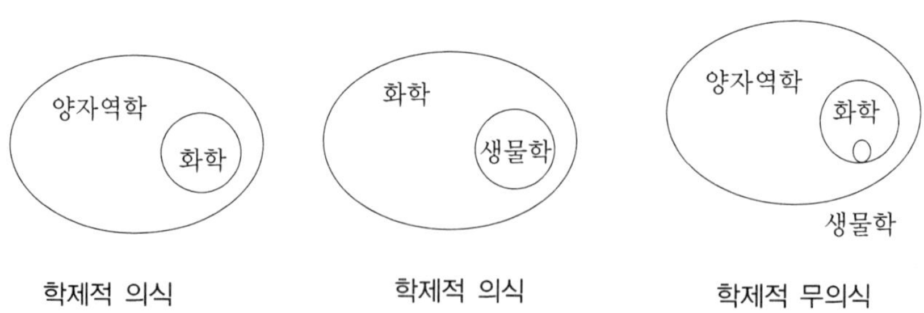

학제적 의식 학제적 의식 학제적 무의식

그 자체는 아니다. 더욱이 다른 화학적 법칙이 양자 역학을 이해하는 것을 방해하게 된다. 이런 상황을 화학은 양자 역학을 의식한다고 하였다.

비슷하게 화학과 생물학의 관계도 해석된다. 생물학의 영역이 너무 넓기 때문에 실제로 연결 고리가 매우 작아진다. 그렇지만 화학을 잘 이해하면, 분자 생물학을 잘 이해할 수 있는 기반이 된다. 분자생물학을 잘 이해하면 생물학을 이해할 수 있는 기반이 된다.(실제로는 아주 작은 영역이지만) 분자생물학을 잘 이해하면 화학을 잘 이해할 수 있는 기반이 되지만, 세포 현상의 입장에서 보는 것이다. 결국은 제한된 각도로 보게 된다.

이런 위계 단계를 한 번 더 넘어가면, 즉 2층이 되면, 어떤 일이 벌어질까? 생물학을 잘 이해한다고 양자 역학을 잘 이해할까? 불가능하다. 간단하게 생물학자들은 양자 역학을 싫어한다. 분자 생물학자들도 양자 역학을 싫어한다.

좀 더 넘어가보자. 생물학에 바탕을 둔 심리학은 양자 역학을 어떻게 생각할까. 잘 알려진 소설책이 있다. "이상한 나라 앨리스"라고 생각할 것이다. 여기에 더해서 심리학에 기반을 둔 인지언어학은 양자 역학을 어떻게 볼까? 말하지 말자.

이런 구조는 무엇을 말하는가? 학문의 위계 구조가 있다고 할 때, 인접한 위계 구조는 서로가 약간의 인식을 주고받는 상황이다. 심리학적으로 의식한다고 말할 수 있다. 그러나 학문의 위계가 2층 이상 벌어지게 되면, 서로가 인식할 수 있는 단계를 넘어서기 시작한다. 서로 인식이 안 되는 단계가 생기는 것이다. 즉, 무의식을 만든다고 볼 수 있다. 크게 학문의 활동 무대를 제공하지만, 실제적으로 인지되지 않는 상황이다.

학문들의 입장에서 보았을 때, 한 학문이 다른 학문을 의식한다는 것은 바로 인접한 학문을 말한다. 거의 의식하지 못한다는 것은 인접한 학문에 다시 인접하는 학문들 사이의 관계에서 나타나는 것 같다. 즉, 2층 이상의 위계 단계가 차이나는 학문들 사이의 관계에서 나타난다. 이런 두 학문 사이에는 무의식이 발생한다고 말할 수 있을 것이다.

각 학문들의 위계는 서로에게 의식과 무의식의 역할이 나타나는 것을 볼 수 있고, 이를 학제적 의식과 학제적 무의식으로 정의하였다.

4.2 인간 속에 녹아 있는 자연법칙의 모습

4.2.1 자연법칙에 순응하는 삶

학문의 위계 구조는 어떻게 인간 삶 속에 투영될까? 학제적 의식 영역은 잘 활용하고 있을 것이지만, 학제적 무의식 영역은 자연에 순응하는 자연스런 삶으로 나타날 것이다.

자연에 순응하여 살고 있는 원주민의 삶을 살고 있는 첸텔족의 식물 분류가 과학적 분류와 유사한 결과를 보여준다. 첸텔족은 과학적 핵심 원리를 무의식적으로 이해하고 있는 것이다. 즉, 학제적 무의식을 넘어서 핵심을 꿰뚫어 보고 있는 것이다. 어떻게 이런 일이 가능하게 되었는가?

식물 분류를 위해서는 유전 법칙을 알고 있어야 하며, 유전 법칙은 화학적 결과이면서 양자 역학적 결과이다. 따라서 식물은 생물학 영역에 속하고, 식물 분류는 양자 역학 영역이다. 따라서 생물학의 입장에서 보면, 학제적 무의식 영역으로 커다란 틀을 만들고 있다. 이 틀은 의식적으로 이해할 수 있는 영역이 아니고, 무의식적으로 순응해서 느낄 수 있는 영역이 된다. 자연에 순응하는 삶을 사는 첸텔족은 이 학제적 무의식이 만든 틀을 자연스럽게 느끼고 순응해서 과학과 동일한 결과를 얻었다고 볼 수 있다.

4.2.2 자연스런 삶은 학제적 무의식을 느낄 수 있게 한다.

학문은 인간이 만들어낸 체계적인 지식이다. 지식들은 다양한 형태로 존재하지만, 그 중에서 자연 현상에 기반을 둔 지식은 벗어날 수 없는 기본 원칙을 갖고 있다. 즉, 자연이 스스로 존재하는 원칙인 자연 법칙이다. 이 법칙을 인간의 인지 능력이 허용되는 한에서 찾아내고 잘 활용하면서 과학이 발전하고 있다. 이런 활동은 인위적이라고 볼 수 있다.

또 다른 방법으로 자연법칙에 순응해서 느끼는 방법이 있을 것이다. 설명할 수 없지만, 그렇게 행동하는 것이 자연스럽다고 판단하는 것이다. 이것이 학제적 무의식이 만든 큰 틀에 따라 살아가는 것이다. 인간은 자연스럽게 살아서 자연에 적응하고 현재에 이르렀다고 생각된다. 적어도 과학문명이 발달하기 전까지는 말이다. 왜냐하면, 자연법칙은 범우주적으로 적용되기 때문에 우주 속에 있는 한은 자연법칙을 거슬러 살아가기는 어렵다.

예를 들어, 지상에 있은 모든 만물은 지구 중력의 영향으로 아래로 끌어 당겨진다. 즉 아래로 힘을 받고 있다. 이런 중력 법칙에 반대로 행동하고 산다고 상상해보자. 어떻게 살까. 즉 모든 물질은 아래로 떨어지지 않고 항상 위로 솟아오른다고 판단하는 사람이 있다고 생각해 보자. 이 사람은 절벽에서 과감히 뛰어내릴 것이다. 절벽 아래로 떨어지지 않고 절벽 위로 날아 갈 것으로 생각할 것이니까. 이 사람은 얼마나 살까? 그리 오래 살지 못할 것이 확실하다. 수명이 짧은 것은 당연하고 그렇게 생각하면서 사는 사람들은 자연 도태될 것이다.

따라서 우리 인간을 포함한 모든 사물들은 자연법칙에 순응해서 살고 있고, 스스로 자연 법칙에 맞춰서 살고 있다는 것조차 잊고 살고 있을 것이다. 즉, 자연스런 삶이 되고, 무의식이 만든 틀에 순응하는 삶이 된다. 그래서 노자(老子)가 상선약수(上善若水)라고 했나 보다. 물이 이 세상에서 가장 으뜸가는 선(善)의 표본이라는 말로, 물이 항상 아래로 흐르고 어떤 형태로든 자신을 바꿀 수 있어 자연에 가장 잘 순응하는 모습을 보고 한 말이 아닌가 싶다.[24]

자연 속에 살고 있는 인간은 자연법칙에 순응하고 있고, 순응한 결과를 인간의 삶 속에 녹여 놓았을 것이다. 따라서 이 자연법칙은 인간이 보고 있는 사물 속에, 인간의 모습 속에, 인간의 생활 속에, 인간의 관계 속에, 인간의 말 속에, 인간이 생각하는 모든 곳에 숨어 있을 것이다. 마치 첸텔족의 식물분류법이 과학과 유사하듯이.

4.2.3 인공적 삶은 학제적 무의식을 가리고 있다.

과학문명이 발달하면서 인간은 자연스런 삶을 더 이상 살지 않는다. 자연 속에서만 살고 있지만, 과학 문명으로 자연을 극복하는 인공 환경 속에서 살고 있다.

겨울이면 추워서 옷을 두껍게 입고 몸을 움츠리고 다니는 것이 당연해 보이지만, 도시 생활에 익숙한 인간들은 따뜻한 실내를 오가면서 살기 때문에 겨울의 두꺼운 옷을 입지 않는다. 그래서 겨울이면 반드시 겨울옷을 준비해야 한다는 것을 잊고 살 수 있다. 가끔 외출할 때만 겨울을 느낄 수 있기 때문이다. 따라서 자연스러운 겨울의 삶에는 인공 환경에 의해서 가려지게 된다. 우리들에게 겨울 동안의 생활이 겨울답지 않게 되었다. 따라서 우리들이 겨울 법칙(약간 이상하지만)을 도시의 인간 삶에서 찾으려면 매우 많은 인공의 장벽을 걷어내야 가능할 것이다. 그렇다고, 자연의 법칙이 인간의 삶 속에서 완전히 사라져 있는 것이 아니기 때문에 어느 곳엔가는 잘 간직되어 있을 것이다. 이렇게 잘 숨겨져 있는 자연 법칙을 우리는 어떻게 찾아낼 수 있을까?

4.3 학제적 무의식화된 원리를 찾는 방법

학문의 위계 구조를 보면, 현상을 일으키는 것은 하위 위계에 속하는 학문에서 대부분의 원리를 제공하고, 그 밑의 학문은 학제적 무의식의 틀을 만든다. 인접한 경우에는 쉽게 그 원리를 찾아낼 수 있지만, 학제적 무의식이 속해 있는 학문에서 발생하는 원리를 찾는 것은 매우 어려운 작업이 된다.

현상을 일으키는 원리를 찾으려면, 학문의 위계 구조의 사다리를 내려가든지 아니면 밑에서 위로 올라가는 두 가지 방식으로 가능하다.

4.3.1 기반 학문의 원리를 다른 학문으로 확대하는 방법

학문의 체계화는 위계 구조를 올라가는 방법을 통해서 실현 가능하다. 하위 층위 학문과 상위 학문을 비교하면, 하위 학문은 상위 학문보다 객관성이 높다고 볼 수 있다. 상위 학문인 생물학과 하위 학문인 화학을 비교하면, 생물학은 화학과는 비교도 될 수 없을 만큼 복잡하다. 복잡하다는 것은 학문을 적용할 대상의 종류 그만큼 많다는 것이고, 생물학의 대상을 선택하는 것이 사람마다 다르게 된다. 따라서 주관성이 증가되었다고 말할 수 있다. 반면에 하위 학문은 화학은 생물학에 비해서 단순하며, 그만큼 객관적이 된다. 누가 선택하든지 비슷해질 확률이 높다.

따라서 이 방법은 자연 법칙을 가장 많이 따르고 있는 하위 학문을 기준으로 인위적인 장막을 걷어 내고, 하위 학문의 원리를 중심으로 현상을 일으키는 원리를 추론해 가는 방법이다.

일반적으로 과학자들은 자연을 탐구할 때 이 방법을 사용한다. 복잡한 현상을 그대로 보는 것이 아니라, 단순하고 핵심적인 현상만을 파악할 수 있게 이상적인 조건을 만족하는 상황을 설정하고 문제에 접근한다. 이런 조건은 머릿속에서 진행할 수도 있고, 실제로 실험 조건을 만족하는 실험 장치를 설계하여 실험을 하기도 한다. 실험 결과로 나온 데이터도 이런 이상적인 조건을 중심으로 정리한다.

과학자들이 찾아내는 원리나 법칙은 만능이지 않다. 항상 상황에 가장 적절한 법칙을 구성하는 것이다. 원자 세계에선 양자역학이란 물리학 분야지만, 분자 수준에선 화학 법칙을 찾고, 화학 분야로 된다. 세포에선 당연히 생물학적 법칙을 찾아낸다.

이 방법은 개념 구조의 입장에서 보면, 환유적 방법이다. 기준을 중심으로 정리해 가는 방법이기 때문이다.

1) 등속 회전 운동으로 F = ma 검증 실험

실험을 통해 자연 법칙을 찾고 검증하는 예로, 간단한 뉴톤 운동 제 2법칙인 $F = ma$를 검증하는 회전 실험을 보자.[5, 17] 새로운 개념과 용어 그리고 약간의 수식이 나오는데, 인내하자. 회전 운동에 대한 모식도는 다음과 같다.

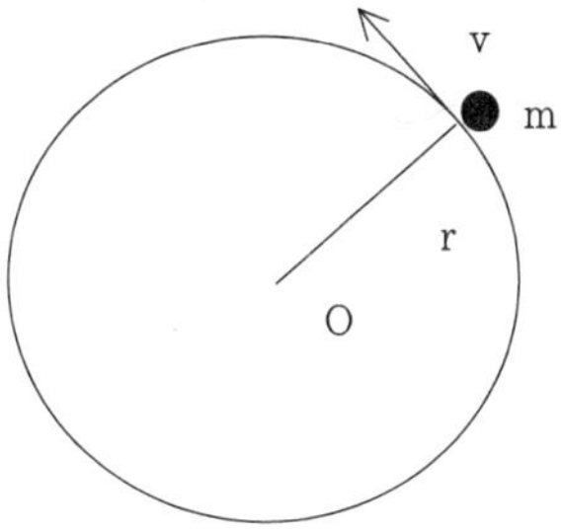

실험을 위한 이론으로 먼저 구심가속도 a가 회전 속도 v와 반경 r에 따라

$$a = \frac{v^2}{r}$$

로 주어지는 것을 알아야 한다. 따라서 뉴톤 운동 제 2 법칙은

$$F = m\frac{v^2}{r}$$

으로 된다.

우리는 3개의 변수 F, r, v가 변할 때 뉴톤 운동 법칙이 성립하는 것을 알아야

한다. 한 개의 변수는 관계식으로 결정된다. 각 변수를 3개씩만 실험한다고 해도, $3^3 = 27$번의 실험을 해야 된다. 너무 많은 실험을 해야 되기 때문에, 그 중에 잘 알려진 부분은 고정하고, 다른 변수들만 바꿔가면서 실험을 한다. 가장 간단하게 반경 $r = 12.5cm$을 고정한다.

회전 속도 v는 직접 측정하기 어렵기 때문에, 1회전하는데 걸리는 시간 T를 측정하여 환산한다. 즉, 시간 T 동안 이동한 거리가 전체 원주율 $2\pi r$이므로, 회전 속도 v는

$$v = \frac{2\pi r}{T}$$

로 계산할 수 있다. 또한 1회전하는데 걸리는 시간을 측정하는 것은 오차가 많이 발생하므로 30회 회전하는데 걸리는 시간 T_{30}을 측정한다.

결국 T_{30}와 F 값만을 측정하고, 수학적 환산을 통해서 뉴톤 법칙이 성립하는지를 검증한다.

실험 결과를 정리한 표는 다음과 같다.

횟수	T_{30}	T	v	a	F
1	26.97	0.90	0.87	6.11	166.84
2	27.45	0.92	0.85	5.89	160.09
3	27.21	0.91	0.86	6.00	162.92

이 결과를 회전가속도 a와 구심력 F에 대한 그래프를 그리면,

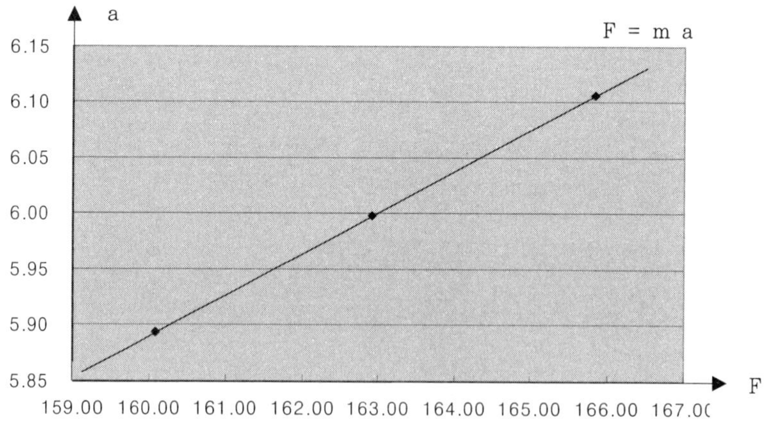

실험 데이터는 선형적 상관 관계식

$$F = m a$$

을 만족하고, m = 27.16g의 값을 얻을 수 있다. 따라서 우리는 뉴톤 운동 제 2법칙이 성립하는 것을 검증하였다.

4.3.2 거시적 공통점으로 찾는 방법

학문의 위계 구조를 내려가는 방법이다. 하나의 현상에서 나타나는 다양한 표현들을 살펴서 그 공통적이고 거시적인 개념을 찾고 원리를 찾아가는 방법이다. 이 방법은 은유를 활용한 방법이 된다.

주어진 상황 속에서 개인마다 다르게 경험하게 되고 따라서 개인마다 다른 견해를 가질 것이다. 예를 들어, 개미가 느끼는 '크다'는 개념과 사람이 느끼는 '크다'는 개념은 매우 다르다. 개미가 정말 크다는 개념을 가질 수 있을까? 따라서 개인마다 다른 견해를 갖으며, 주관적 경험이 된다. 객관적인 대상에서 완전히 멀어진 주관적인 경험을 살피는 것이다.

이 주관적인 현상을 분석하고 그 의미를 살펴서 공통점을 찾아내면, 자연법칙과 유사한 법칙을 재구성한다는 것이다. 예전에 현자들이 자연 법칙을 찾아내는 방식이 아닐까 생각한다.

문제는 이렇게 구성한 법칙이 객관적인 자연법칙이 되는가이다. 이를 위해서는 객관적인 공인의 절차를 거쳐야 된다. 그렇지 않으면 하나의 궤변으로 끝날 것이며, 개인의 주관적 견해로 될 것이다.

이런 오류는 현대에서 매우 빈번히 일어난다. 한 예를 보면, 서로 다른 학문이 동일한 단어를 사용할 경우에 그 학문들 사이의 개념 오용이 발생하게 된다. 각 학문마다 학문의 배경이 다르고, 다루는 대상도 다르다. 물리와 화학이 같은 대상을 다루지만, 배경이 다르기 때문에 약간 다른 방식의 접근법을 사용하므로 동일한 말이라도 약간 다른 의미가 나타난다. 그러나 이에 대한 이해가 없이 동일하게 사용하면, 개념의 혼선이 생기고, 이런 일을 몇 번 반복하여 새로운 개념을 만들면 완전히 틀린 개념을 만들 수 있다. 이런 일이 종종 아마추어 과학자들 사이에서 가끔씩 일어난다.

대표적으로 영구 기계(에너지 유입 없이 작동할 수 있는 기계)를 구상하는 분들에게서 볼 수 있다.

그럼 이렇게 황당한 방식을 취하는 학문이 있을까.

따라서 주관적 견해에서 출발하여 객관화시키는 방법은 매우 신중한 접근이 필요하다. 그렇지만, 이런 방법으로 객관적인 결과를 만드는 학자들이 있다. 언어학자들이다. 언어학자들은 각 나라마다 문자도 다르고 상황을 표현하는 방식도 다르지만, 그렇지만 이들 언어가 갖는 공통적인 내용이 있고 이를 객관적으로 찾아가는 작업을 하고 있다. 매우 이상하지 않은가? 완전히 주관적인 대상 속에서 객관적인 현상을 찾아내고 있으니까.

그 결과, 언어학자들은 언어 속에서 자연법칙과 유사한 결과를 많이 찾아내었다. 왜 이런 일이 가능한가? 당연히 인간의 삶속에 자연법칙이 녹아 있고, 그 법칙은 전 우주적으로 동일하기 때문에 언어와 문화가 다르다고 다른 결과를 만들지 않을 것이기 때문이다. 그렇지만, 인간이 수용한 자연법칙이기 때문에 실제 자연법칙과는 약간의 차이를 가질 것이라는 것은 명확하다. 그래도 이런 결과가 없는 것보다는 있는 것이 자연법칙을 찾는데 큰 역할을 할 수 있다. 적어도 자연법칙을 찾아가는 방향을 가늠할 수 있기 때문이다.

1) 복희의 전설

전설의 학문인 주역(周易)에서 괘(卦)를 그릴 때 상황을 표현한 계사전(繫辭傳)의 내용을 보면,[24] "옛날 복희씨가 천하를 다스릴 때에, 위로는 하늘에 있는 형상들을 관찰하고, 아래로는 땅에 있는 여러 형상들을 관찰하고, 새와 짐승들의 모습과 땅에 있는 (식물들의) 마땅히 그런 모습들을 살폈다. 그리하여 가까이로는 몸에서, 멀리로는 다른 사물에서 상을 취하여서 8괘를 그려, 깊고 오묘한 덕을 통하고, 만물의 상태를 나누어 구별하였다."

복희라는 인물이 주관적으로 경험한 자연 현상에서 유추하여 객관적인 자연 법칙을 괘라는 형태로 표현하였다는 의미로 대략 이해할 수 있다. 주관적 경험에서 객관적인 자연법칙을 만들었으니, 상상을 초월한 직관력을 갖고 있을 것으로 예상된다. 따라서 복희라는 사람은 성현으로 추앙의 대상이 될 인물이 된다.

2) 언어 경험 속의 물리 법칙 찾기 : 회전 운동

일상적인 경험을 잘 살펴서 거시적인 특징을 찾아내고, 그 현상의 원리를 찾아내는 방법의 예를 들어 보자. 수학적으로 약간 복잡하지만, 모든 결과가 앞에 있으므로, 앞에서 다룬 회전 운동의 법칙을 유도하여 본다.[5, 17]

먼저 '회전'에 대한 국어사전적 의미를 살펴보자.[25] 국어사전은 일반인들이 갖고 있는 단어의 의미를 잘 정리하여 놓았다. 따라서 좀 더 편하게 출발할 수 있다. 〈민중국어사전〉에서 '회전'의 의미는

1. 빙빙 돌아서 구름. 또는 굴림.
2. 방향을 바꾸어 움직임.
   - 차가 오른쪽으로 회전했다.
3. 한 물체가 어떤 점이나 다른 물체의 주위에 일정한 궤도를 그리며 이동함.
   - 달은 지구 주위를 회전한다.

로 나타난다.

그럼 국어사전에 나타난 의미를 해석해 보자.

먼저, '빙빙 돌다'의 개념은 시간에 따라 자꾸 반복하여 도는 모양을 나타내며, '팽팽'은 '빙빙'보다는 더 빨리 돌고 있는 것을 뜻한다. 따라서 돌고 있는 속도를 나타내는 변수 ω가 필요하다. 이 변수 ω를 각속도라 부른다. 또한 회전은 약간 늦은 속도로 돌고 있는 상황을 주로 의미하는 것으로 보인다.

두 번째로 '방향을 바꾸어 움직임'이란 회전의 주 의미가 방향을 바꾸는 것이다. 방향을 바꾼다는 것을 표현하는 변수는 각도이다. 따라서 각이 변하는 운동을 회전이라 말하고 있다. 따라서 각을 나타내는 변수 θ를 도입하자. 이 각 변수가 시간에 따라 변한다는 것을 나타낸다. 따라서 $\theta = \omega t$형태의 의미를 표현하고 있다.

세 번째로 '한 물체가 다른 물체 주위를'이라는 의미는 회전하는 대상인 회전체와 회전 중심이 필요하다는 것을 나타낸다. 회전 중심을 기호 o로 표시하고, 회전체를 기호 m으로 표시한다.

동일한 모양을 반복하려면, 회전한 전체 모양이 동일해야 한다. 따라서 원을 의미하고 있다.

사전적인 의미에서 유추한 회전은 등속원운동의 개념이 되는 것 같다. 따라서 일반적으로 갖고 있는 회전의 의미는 등속원운동이 되고, 원형적 의미의 회전은 등속원운동으로 보인다.

정리하면, 사전적 의미에 나타난 회전은 단순하게 원을 그리며 돌고 있다는 뜻이며, 이 의미를 구성하는 요소 개념으론

회전 중심 : O

회전체 : m

회전체까지의 거리 : r

회전 속도(각속도 ω 또는 회전체의 이동 속도 v)

회전각 : θ

가 필요하다. 이 요소 개념들은 회전을 나타내는 그림에 모두 표시할 때 우리는 그림이 완전하다는 느낌이 든다. 회전하는 모양을 도식화하면,

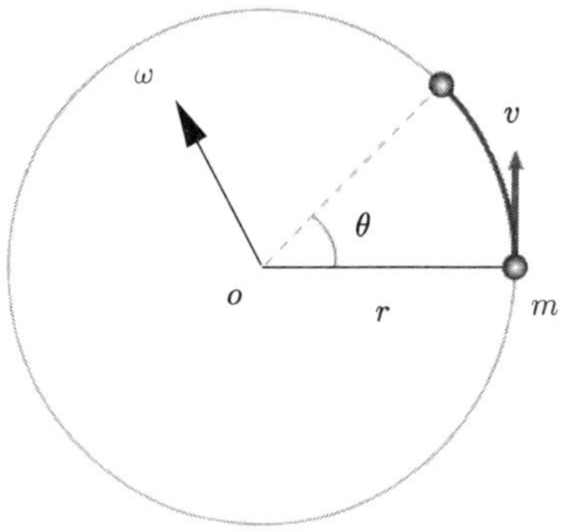

반면에 회전반경, 기호 r과 관련된 개념은 전체적으로 약하기 때문에 부각되어 나타나지 않으며, 비슷하게 회전축의 개념도 약하다. 사전에 나타난 회전은 정적인 상태를 주로 표현한다. 즉 동일한 모양을 반복해서 시간과 관계없이 모양이 동일한 움직임을 부각하고 있다. 또한 가장 중요한 운동의 원인이나 이와 관련된 변수들에 대해서는 나타나지 않으며, 회전과 관련된 개념들 사이의 관계에 대해서도 나타나지 않는다.

사전을 통해서 회전을 설명하는 여러 요소들은 회전을 설명하는데 충분하지 않지만, 그래도 기본적인 개념들을 제공한다. 여기에 우리의 경험을 추가해 보자. 어린 시절에 재미있었던 추억 중에 하나가 대보름날 깡통에 나뭇가지 등을 넣고 돌리던 쥐불놀이다.

쥐불놀이는 구멍이 뚫린 깡통에 불에 잘 타는 나무 등을 넣고, 깡통을 줄로 연결하여 줄을 손으로 잡고, 깡통을 돌리면 불이 활활 타게 하면서 아름다운 불꽃이 만들어진다. 밤 늦는 줄 모르고 배고픈 줄 모르고 놀던 놀이다. 깡통을 빨리 돌리려면, 손에 힘이 더 들어가고 손이 아팠다. 그러면 깡통을 반대 방향으로 돌리면서 조금 분위기 전환을 한다. 또한 깡통에 탈 것들을 많이 넣고, 줄을 길게 할수록 힘은 더 들지만 불꽃은 더 화려해서 힘든 줄 모르고 놀았다. 줄이 길수록 깡통은 천천히 돌려도 더 화려한 불꽃이 생긴다. 줄이 짧은데, 이런 화려한 불꽃을 내려면 빨리 돌릴 수밖에 없었다. 생각하면 많은 일들이 있었던 것 같다.

이 경험을 정리하면

1) 회전하는 회전체가 있다.
2) 회전에는 회전 중심이 있다.

3) 손에서 줄의 길이만큼 회전체가 떨어져 있다.
4) 손을 빨리 돌리면, 회전체도 빨리 움직인다.
5) 회전체와 회전 중심은 줄로 연결되어 있다.
6) 회전체가 멀리 떨어질수록 회전이 천천히 일어난다.
7) 회전체가 중심에서 가까울수록 빨리 돈다.
8) 회전체를 빨리 돌리려면, 손에 힘이 더 든다.
9) 손을 반대 방향으로 회전시켜도 비슷하게 힘이 든다.
10) 회전체가 무거울수록 손에 힘이 더 든다.
11) 회전체가 멀리 떨어질수록 돌리기 힘들다
12) 팔이나 어깨가 회전축을 만든다.

여러분들은 더 많은 경험을 말할 수 있을 것이다. 이들을 모두 하나씩 살피면 더 풍요로운 운동 관련 법칙을 얻을 수 있다.

쥐불놀이는 우리들이 직접 경험했던 회전운동 실험이다. 이 실험결과는 우리의 감각으로 알 수 있는 값이 되며, 정량화하기엔 어렵지만 개인적으로 그 값이 크거나 작다와 같은 판단을 하게 된다. 이런 판단은 언어적으로 나타낸다. 따라서 언어 표현은 지각된 량의 대략적인 크기 즉 대략적인 범위를 나타낸다. 따라서 거시적 변수를 주고, 거시적인 운동에 대한 정보를 준다. 즉, 정확한 값인 자연수, 유리수 또는 실수 값으로 표현될 수 있는 변수의 대략적인 윤곽을 언어 표현이 갖게 된다. 이런 사실을 이용하여 회전을 나타내는 기본 요소들 사이의 관계를 예상하여 볼 수 있고, 이 대략적인 관계식을 실험을 통해 검증하면 자연법칙이나 원리를 얻을 수 있다.

경험 내용에서 예상할 수 있는 회전 관련된 개념(변수)는

1) 회전체 → 질량 m
2) 회전 중심 → 중심점 O
3) 줄의 길이 → 반경 r

앞에서 사전적 의미에서 살핀 변수가 주로 나타난다.

4) 손을 빨리 돌리면, 회전체도 빨리 움직인다.

손을 빨리 돌리는 것과 회전체가 빨리 움직인다는 것은 서로 연동되는 사실을 나타낸다. 손을 돌리는 것은 회전 중심에서 방향을 바꾸는 것으로 앞에서 각속도 ω를 나타낸다. 반면에 회전체가 빨리 움직인다는 것은 회전체의 이동 속도 v를 나타낸다.

4-1) 손의 회전 → 각속도 ω

4-2) 회전체의 움직임 → 이동 속도 v

4-3) 손과 회전체의 연동성 → v와 ω 사이의 관계

4-4) 손과 회전체의 일치성 → 선형적 관계(일차식) $v \propto \omega$

5) 줄로 연결 → v와 ω 사이의 관계에 r이 필요

4-4)와 5)를 정리하면,

$$v = r\omega$$

여기서 회전체의 이동 속도 v는 회전체에 속한 속성이고, 각속도 ω는 회전중심(손)에 속한 속성이다. 회전체와 손은 서로 떨어져 있는 데, 줄이 하나로 연결시킨다. 이를 표현한 식이 위 식이 되며, 우리의 말 속에서 잘 나타난다. '돌다'의 의미에 각속도 ω와 이동 속도 v가 중첩되어 나타나는 이유도 v와 ω가 하나의 관계식으로 연결되었기 때문에 생기는 것으로 보인다.

5)의 해석과는 서로 연결될 것 같지만, 다른 내용을 나타내는 두 경험 사실이 6)과 7)이나.

6) 멀면 천천히 돈다 → v는 r에 반비례

7) 가까우면 빨리 돈다 → v는 r에 반비례

회전에 필요한 힘을 나타내는 경험 사실을 정리하면,

8) 손에 힘 → 힘 F와 손의 회전 ω의 관계

9) 반대 방향도 비슷한 힘 → $F(\omega) = F(-\omega)$: 우함수

예상되는 가장 간단한 모양 $F \propto \omega^2$

10) 회전체 무게 → $F \propto m$

11) 멀리 떨어질수록 → $F \propto r$

이 결과를 정리하면, 힘은 손에 걸린다. 회전체를 손의 안쪽으로 끌어당긴다. 이런 힘을 구심력이라 한다. 8), 9), 10)과 11)을 정리하면,

$$F = m\ r\ \omega^2$$

의 형태를 취하는 것으로 보인다. 이 모양이 정확하게 등속원운동의 구심가속도의 모양이다. 이 식을 $v = r\ \omega$의 관계식을 이용하여 v에 대한 식으로 변환하면,

$$F = m\frac{v^2}{r}$$

가 되며, 앞에서 실험으로 검증한 식이 된다. 문제는 마지막에 남은 말이다.

12) 팔이나 어깨가 회전축 → ω의 방향 결정

손과 연결된 팔이 축이 되어 돈다는 말인데, 이 축을 나타내기 위해서 각속도 ω의 방향을 축방향으로 설정한다. 각변화를 단순하게 표현하는 양으로 생각했는데, 심오한 뜻이 포함되어 있고, 우리는 벌써 경험으로 알고 있었다. 다만 이 경험 사실을 과학적 방법으로 표현할 수 없었을 뿐이다.

5장 무의식의 메커니즘

5.1 학문의 융합 영역

5.1.1 학문의 위계 구조

물질적 관점에서 원자에서부터 인긴의 몸이 구성되는 과정까지를 정리하여 학문의 위계 구조를 나타내고 있는 그림부터 보는 것으로 시작하자.

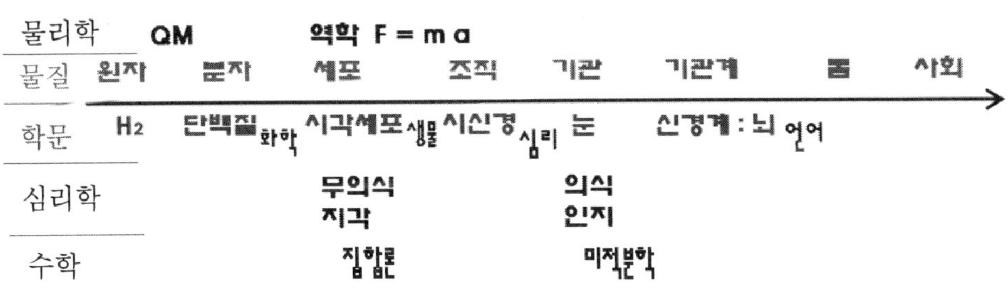

좌측은 하위 층위이며, 우측은 상위 층위이다. 좌측에 있는 학문은 우측에 있는 학문에 기반 원리를 제공한다. 제공받은 학문의 원리는 위배할 수 없기 때문에 위계 구조를 만들고 있다. 이 위계 구조에 따라 바로 상위 층위에 속하는 학문은 바로 아래층의 학문을 의식할 수 있고, 그 학문이 제공하는 원리를 쉽게 따르는 것이 보이지만, 2층 이상 깊이에 있는 학문은 쉽게 의식되지 않고 0층위의 학문에 대한 거시적 틀을 제공한다. 따라서 학제적 무의식이라 불렀다. 이런 거시적 틀 위에서 활동은 자연스럽다는 의미로 느껴진다. 이런 거시적 틀을 구조라고 하며, 구조주의 철학자들이 추구하던 방향이 된다.[22]

생물학적 입장에서 보았을 때, 인간의 심리에서 의식과 무의식은 대략적으로 세포에서 조직으로 바뀌는 경로에서 발생할 것으로 보인다. 감각 기관이 수집한 정보가 뇌로 들어가기 전 단계를 지각이라 하면, 이 지각은 거의 자동적으로 일어나고 있으며, 아직 뇌에 정보를 전달하지 않았기 때문에 무의식으로 판단하자. 지각된 정보가 뇌로 들어가면서 뇌의 인지가 시작된다. 뇌가 지각한 정보를 활용하여 다양한 기능을 수행하기 시작하였기 때문에 일단 의식이라 정의한다.

5.1.2 학문의 융합 영역과 변화 내용

학문의 융합 영역은 학문의 위계 구조 속에서 서로 다른 흐름이 나타난다.

첫 번째는 물리학의 흐름이다. 물리학은 다른 과학의 기반 원리를 제공하는 분야이다. 따라서 물리학의 흐름이 바뀌면, 물리학에 뿌리를 두고 있는 여러 학문들이 그 흐름에 영향을 받아야 한다.

두 번째는 물리학에 기반을 두고, 물리학의 원리가 제공하는 기반 원리를 바탕으로 발전하는 학문의 계열로서, 화학, 생물학, 심리학과 언어학 등을 들 수 있다. 이들은 학문적 위계 구조를 만들고, 학제적 무의식과 학제적 의식을 만들어 낸다.

세 번째로는 물질적 관점으로, 인간의 몸이 만들어져 가는 단계를 보여주는 분야이다. 원자에서 분자, 세포를 거쳐 몸과 사회까지 크게 분류된다.

수학은 모든 단계에서 적용되는 논리적 언어(메타언어)를 제공한다. 또한 심리적으로 뇌로 정보가 전달되었는가에 따라 구분하는 무의식과 의식이 있다.

학제적 무의식과 학제적 의식은 심리적 무의식과 의식의 개념과는 완전히 다른 개념이고, 이들은 또한 물리학과도 다른 개념들이다. 그렇지만 이런 많은 분야들은 인간이 만들어 낸 결과물들이라는 점에서 공통점을 갖는다.

이런 여러 개념들이 변화를 일으키는 영역이 세포 주변에서 일어난다.

(1) 생물학적 개념의 변화이다. 세포는 생명의 출발점에 있다. 세포가 조직으로 변하면서 생물의 메커니즘이 시작된다고 말할 수 있고, 세포는 생물과 무생물

을 구분하는 분기점이고, 생물학이 시작되는 영역이 된다.

(2) 무의식에서 의식으로 심리적 변화의 메커니즘이 발생한다. 우리의 생각의 커다란 틀을 제공하는 무의식은 개념적 위계가 몇 단계 아래인 영역에서 나타난다. 심리 현상 중에 의식이 기관 수준에서 발생한다고 하면, 세포는 무의식의 수준이 된다고 볼 수 있다.

(3) 인문학과 자연과학이 서로 분리되어 학제적 무의식으로 되는 영역이다. 물리학, 화학, 생물학 등과 같은 자연과학과 심리학을 거쳐 언어학으로 확장되는 인문학으로 크게 분리할 수 있다. 따라서 자연과학이 인문학의 학제적 무의식 영역으로 넘어가는 단계로 보인다. 인문학은 더 이상 자연과학을 의식하지 않고, 큰 틀 속에서만 자연과학을 무의식적으로 갖고 있게 된다. 구조주의 학자들이 이런 관점을 가진 것으로 보인다.

(4) 이 영역에서 양자 역학에서 고전 역학으로 역학의 변화를 일으킨다. 양자 역학은 파동성과 입자성을 동시에 갖는 대상을 다루었지만, 고전 역학으로 바뀌면서는 파동성과 입자성이 분리된다.
입자성은 운동의 특성을 설명하면서, 힘과 운동, 가속도, 움직임, 위치, 속도 등의 개념이 나타나며, 언어학의 힘 도식으로 발전하게 된다. 반면에 파동성은 많이 다뤄지고 있지 않다. 양자 역학의 개념은 학제적 무의식의 영역으로 숨게 되고, 고전 역학이 학제적 의식으로 주변 학문에 영향을 준다.

(5) 수학적으로 시지각은 연속적인 외부 세계를 점(point)으로 분해하여 정보를 만들지만, 이 정보가 뇌로 들어가면서 구간들의 조합으로 변환된다. 점들은 집합론을 형성하며, 구간의 개념은 미분학과 적분학으로 된다. 따라서 집합론과 미적분학으로 분리되는 영역이다. 사물을 개체로 인식하는 것은 점의 개념의 확장이고, 사물의 변화, 차이 등으로 인식하는 것은 관계적 개념이고 미적분학적 개념들이다. 사물을 크게 개체(object)와 관계(relation)로 분리하는 영역이 된다.
이 영역에서는 학문들의 큰 개념들이 크게 변화를 일으키는 영역이 되며, 이 학제적 의식과 학제적 무의식이 겹치면서 비슷하게 혼재하고 있다가 각 학문의 특성으로 분리되는 영역이 된 것이다.

5.1.3 학문의 분화

융합 영역을 설명할 수 있을까. 우리에게 익숙한 물(water)의 상태변화를 살펴보자.

물은 액체, 기체(수증기), 고체(얼음)의 3가지 상태로 존재한다. 이들 상태는 온도, 압력으로 설명할 수 있다. 대기압에서 물은 0도와 100도 사이에서 액체 상태로 있고, 100도가 넘어 가면, 수증기로 된다. 이를 기화라고 하죠. 수증기 상태에서 압력을 높이면, 액화라고 해서 다시 액체로 됩니다. 반대로 압력을 낮추면, 낮은 온도에서 물은 수증기가 됩니다. 압력이 낮은 산 위에서는 밥을 할 때, 물이 끓어도 쌀이 안 익는 이유가 되죠. 또한 온도가 영하로 되면, 물은 얼음으로 되면서 고체가 됩니다. 물은 온도와 압력에 따라 서로 다른 상태로 된다.

물의 세 가지 상태가 혼재하는 영역이 존재합니다. 이를 물의 삼중점이라 합니다. 어느 특정한 온도와 압력에서 물은 얼음이면서 동시에 기체이고 그리고 액체가 된다. 여기서 온도나 압력이 약간만 변하면, 세 상태 중에 하나로 바뀌지만, 오직 이 삼중점에선 공존하게 된다. 이 삼중점에서 상태변화는 압력과 온도의 변화로 어느 상태가 된다고 설명할 수 있다. 즉 각 상태가 나타나는 것을 설명할 수 있는 변수가 되는 것이다.

학문적 위계에서 세포 주위의 영역은 물의 삼중점과 같은 영역이다. 서로 다른 학문들이 아직 자신들의 모습을 만들기 전 상태에 속하고 여러 학문이 동시에 변하기 시작하는 영역이다. 따라서 변수를 찾을 수 있는 학문을 중심으로 변수를 만들 수 있고, 이 변수의 변화로 각 학문의 변화를 설명하는 것이 가능하리라 예상된다. 학문의 생성 메커니즘을 구성할 수 있고, 상위 층위 모든 학문에 기반 원리를 제공할 것이다.

따라서 이 장에서는 시지각을 중심으로 이 영역에서 발생하는 메커니즘을 찾아내고, 다음 장부터는 이 메커니즘을 각 학문의 분화에 적용하여 각 학문에 내재된 기본적인 원리를 다룰 예정이다.

5.2 개념의 과정

5.2.1 심리적 무의식과 학제적 무의식의 융합

학제적 무의식을 발생시키는 대표적인 학문은 언어이다. 학문의 위계 구조에서 언어와 자연과학(물리, 화학, 생물)의 중간에는 심리학이 있다. 따라서 언어는 심리학을 학제적으로 의식하게 되며, 심리학의 결과와 많은 일치를 보인다. 심리학은 다시 자연 과학과 학제적으로 의식하게 된다. 따라서 언어학은 자연 과학과 학제적 무의식이 된다.

언어의 개념 형성 메커니즘으로 은유와 환유, 혼성 그리고 영상도식이 있다. 이런 개념 형성 메커니즘은 심리적으로 무의식 영역에서 발생한다. 의식과 무의식의 차이는 무의식은 그 원리를 그대로 순응해서 따라야 하지만, 의식적인 대상은 우리가 의식적으로 바꿀 수 있다. 따라서 이런 개념 형성 메커니즘은 무의식 영역에 속하게 된다.

개념 형성 메커니즘을 설명하려면, 심리적 무의식 영역이면서 학제적 무의식 영역에 있어야 한다. 그래서 이 두 영역이 겹치는 영역을 찾아야 한다. 즉, 학제적 무의식과 심리적 무의식이 겹치는 영역을 찾아야 되며, 이 영역을 시지각을 중심으로 찾아간다. 시각은 입자적 특징을 갖는다. 청각은 파동적 특징을 갖는다. 촉각은 열역학적 특성을 갖기 때문에 우리는 입자적 관점의 논리를 만들게 된다. 따라서 우리는 입자성에서 발달한 학문의 원리를 다루게 된다. 앞에서 다뤘지만, 양자 역학에서 고전 역학으로 전환되면서 입자성과 파동성으로 분리되며, 그 중에 입자성으로 제한되는 것이다.

5.2.2 개념 발생 경로의 출발점

언어와 시지각의 연결 내용을 살펴보자. 언어의 중요한 기능 중에 하나는 생각을 표현하는 것이다. 즉, 우리의 생각을 부호화하고 그것에 형체를 부여한다.[26] 이런 구조 즉 형태-의미 쌍을 상징이라 부른다. 형태는 발화나 글자이거나 몸짓일 수 있다. 언어적 상징과 연상되는 의미는 개념(concept)이라는 정신적 표상과 연결되며,

이 개념은 지각 대상(percept)과 연관된다. 예를 들어, 사과라는 말은 사과의 색깔, 모양, 크기, 맛 등에 대한 정보를 생각나게 하며, 이런 다양한 정보는 사과에 대한 정신적 영상으로 되어 개념이 된다.

외부 세계와 지각, 뇌 속의 개념 형성과 상징에 대한 대략적인 관계를 그림으로 그리면 다음과 같다.

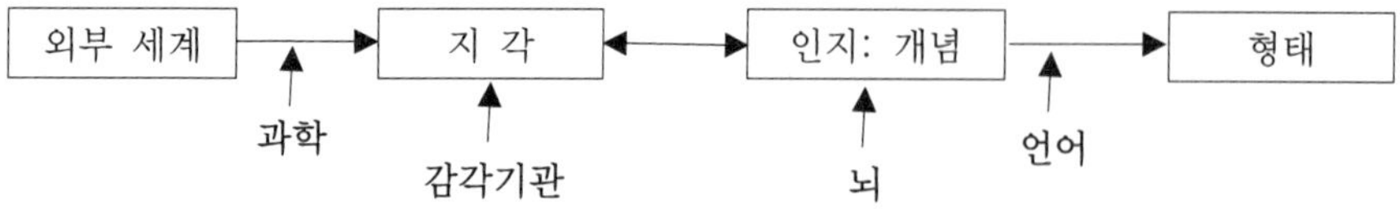

감각기관을 통해서 우리는 외부 세계를 지각하고, 지각된 결과를 뇌 속에서 정신적 영상을 만들며, 이 영상에 형태를 부여하는 과정에서 언어는 나타난다.

인간의 감각은 시각, 청각, 촉각 등으로 다양하다. 이런 감각 기관의 한계를 극복하고, 분석력을 높이는 과정에서 과학이 나타난다. 뇌 속에서 일어나는 일은 의식이라고 하면, 뇌에 입력을 만드는 감각기관에서 일어나는 일은 무의식적이라 말할 수 있다. 눈은 자동적으로 외부 세계를 지각하고 있기 때문에 직관적으로 보아서 의식을 사용하지 않는다. 그렇지만, 우리가 원하는 것을 보기 위해서 주의 집중을 하면서 우리는 의식을 사용하여 시각을 활용하기 시작한다. 따라서 감각기관이 작동하는 규칙은 뇌 활동의 무의식적 기준을 만든다고 볼 수 있다. 시각, 청각, 촉각 등의 감각기관은 각각의 특징이 다르기 때문에 서로 다른 작동 규칙을 갖는다. 따라서 감각기관에 기반을 둔 무의식적 판단 기준은 서로 다른 특징을 가질 것이다.

감각 기관 중에 입자성으로 작동되는 시각은 크게 외부 세계와 눈 그리고 뇌의 시각 피질로 나눌 수 있다. 외부 세계는 눈의 수정체를 통해 망막에 상을 만든다. 외부 세계는 망막의 광수용기를 거쳐 신경절 세포에 의해 광수용장을 형성하고, 점들의 집합으로 된다. 각 광수용장이 만들은 점들은 시각피질의 세부 특징 탐지기로 전달되면서 구간(선분)으로 조합된다. 시각피질은 형태를 파악하기 위해서 작동하므로, 의식 영역이 된다.

광수용장에서 세부탐지기로 정보 전달은 무의식에서 의식으로 기능 전이에 해당하며, 수학적으로 점에서 구간으로 변화가 일어나는 지점이다.[6, 12] 점은 개체가 되며,

개체의 모임을 집합이라 한다. 반면에 구간은 두 지점 사이를 연결하므로, 두 지점 사이의 차이를 나타내면, 미분이 되고, 두 지점 사이의 합을 나타내면 적분으로 된다.

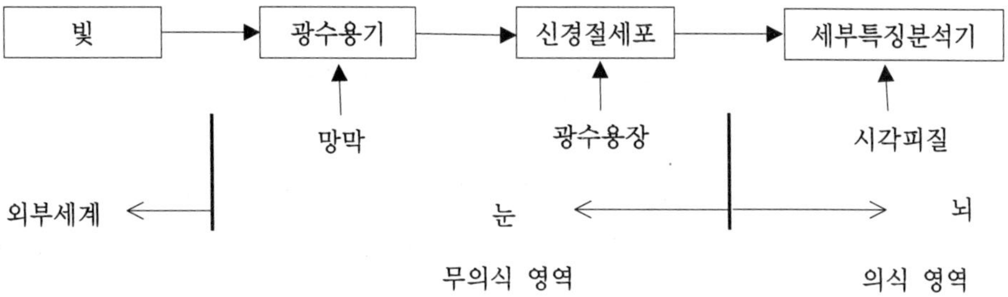

광수용장에서 세부탐지기로 변화되는 메커니즘은 인간의 무의식적인 사고 패턴을 만들어 낼 것이다. 이를 살펴보고, 다양한 학문 분야에 적용하여 보자.

5.3 시각 내의 점

5.3.1 점의 구현 : 광수용장

수학적으로 점은 크기와 면적이 없다. 그렇지만, 일상적으로 사용하는 점이란 단어는 '작고 둥글게 찍힌 모양'을 나타낸다. 작지만 크기나 면적이 있다. 언어적 의미의 점과 수학적 의미의 점이 매우 다르다.

인간의 시각 체계가 만드는 점은 어떤 형태일까? 언어적 의미의 점에 가깝다. 이를 살펴보자. 망막에는 광수용기(추상체와 간상체) 세포는 유한하고, 아날로그 방식으로 작동한다. 광수용기가 받은 정보는 몇 개의 단계를 거친 후에 신경절 세포로 전달된다. 신경절 세포는 전무율(on-off방식) 방식으로 최종 정보를 시각피질로 전달한다. 신경절 세포는 약 100여개의 광수용기를 모아서 정보를 만든다. 신경절 세포는 멸-점 수용장과 점-멸 수용장의 두 형태로 점을 형성한다.[6, 12]

점-멸 세포는 가운데 영역(+ 표시)에 빛을 비추고, 주변 영역(- 표시)을 어둡게 할 때 반응이 가장 크게 나타나며, 그에 따라서 점을 형성한다. 반면에, 점-멸 세포 가운데 영역을 어둡게 하고, 주변 영역에 빛을 비출 때 가장 강하게 반응한다.

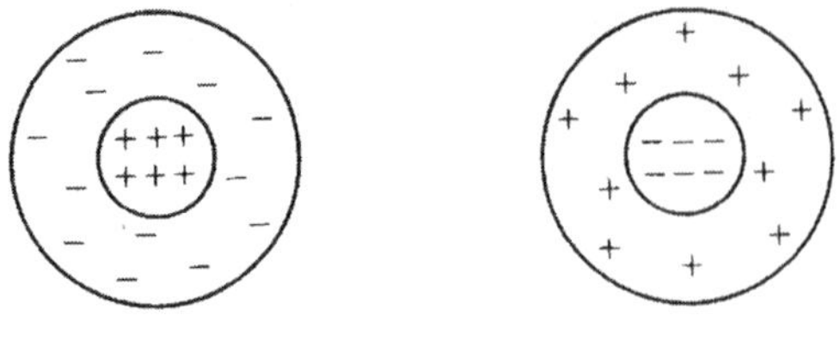

점-멸 세포　　　　　멸-점 세포

따라서 무의식적 반응의 최종 단계는 신경절 세포의 반응으로 판단할 수 있다. 망막에 분포한 신경절 세포들은 외부 세계를 이런 점의 집합으로 인식하게 된다.

5.3.2 구현된 점의 내용

신경절 세포가 감지하는 점은 외부 세계의 점을 망막의 점으로 1대1 대응시키는 것은 아니다. 외부 세계는 연속적이고, 신경절 세포는 불연속적이므로, 수정체를 통해서 적당한 면적을 하나의 점으로 대응시킨다.

시력 1.0인 눈은 5m 거리에서 직경 1.45mm인 원판을 하나의 점으로 인식하는 것을 나타내며, 하나의 신경절(광수용장)에 점으로 지각되는 영역이 된다. 모식도로 그리면,

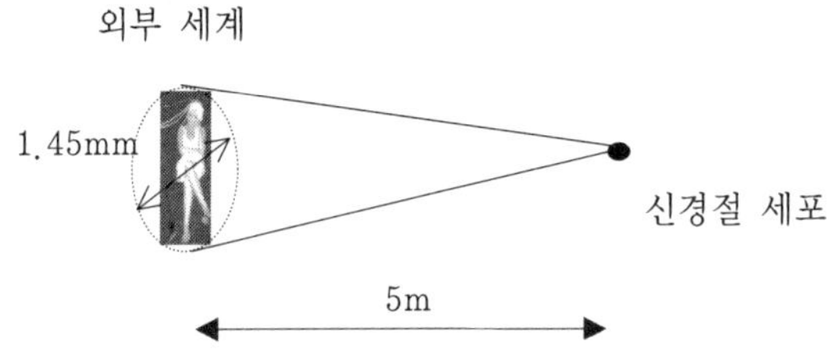

직경 1.45mm 내에 어떤 내용이 있더라도 정보가 없는 하나의 점으로 지각한다는 것은 진화론적으로 다음과 같은 것을 추론하게 한다. 인간 주변의 환경에서 그 정도 크기 내에서 발생하는 현상이 인간을 거의 위협하지 않기 때문일 것으로 판단된다.

한 점으로 인식되는 데 중요한 또 다른 요소는 시간이다. 일반적으로 인간의 눈은 하나의 장면을 대략적으로 0.05초 동안 유지시킨다. 즉, 1초에 약 20개의 서로 다른 장면을 구분한다. 즉, 인간은 연속적 영상을 보는 것이 뚝뚝 끊긴 영상을 하나로 복

원해서 연속 이미지로 이해한다는 것이다. 그런 이유로 고속으로 회전하는 선풍기 날개가 서서히 돌아가는 것처럼 보인다.

신경절 세포는 공간적으로 1.45mm 내의 어떤 내용도 인식하지 못하고 시간적으론 0.05초 내에서 어떤 변화도 인식하지 못하게 된다. 공간과 시간 지각에서 구분할 수 없는 영역은 인간의 지각 오차를 만들어 낸다. 이런 오차를 최대한 줄이는 방식으로 시신경은 구조를 만들고 기능할 것이다.

5.3.3 지각 오류 허용

지각되는 점은 시간과 공간적으로 불완전하다. 직경 1.45mm 원판의 내부를 구분하지 못하고, 0.05초 내의 현상을 지각하지 못한다. 불완전은 이런 점들 외에도 더 있다. 개인 간의 시력 차이가 있다. 시력이 더 좋은 사람은 더 세밀하게 볼 것이지만, 시력이 나쁜 사람은 더 대충 볼 것이다. 이런 사람의 개별 차이에도 동일한 점으로 인식할 수 있어야 한다. 비슷하게, 운동선수는 일반인들보다 더욱 반응시간이 짧다. 반면에 아이들은 더 늦다. 이런 반응시간 차이도 인시되어야 한다. 이런 지각의 불완전에도 불구하고 동일한 점을 지각할 수 있는 조건은 무엇인가?

우리는 시간과 공간 내에서 지각 대상(원판)을 동일한 신경절 세포가 지각하고 있다고 하자. 지각 대상은 시간적 지각 오차와 공간적 지각 오차 범위 내에서 동일하게 지각되어야 한다. 이는 지가되는 대상이 중간 지각 과정과 관계없이 동일하다는 것을 보이면 된다.

5.4 동일한 점의 지각 조건

5.4.1 대상함수와 지각함수

먼저 간단하게 상황을 정리하자. 신경절 세포가 대상 L을 지각하는 것을 표현하는 함수를 지각함수 F(x)라 하자. 시간이 지남에 따라 비슷한 대상이 동일한 신경절에 지각될 때, 시간에 따른 지각 대상 사이의 관계를 대상함수 G(x)라 하자. 즉, $y=G(x)$.

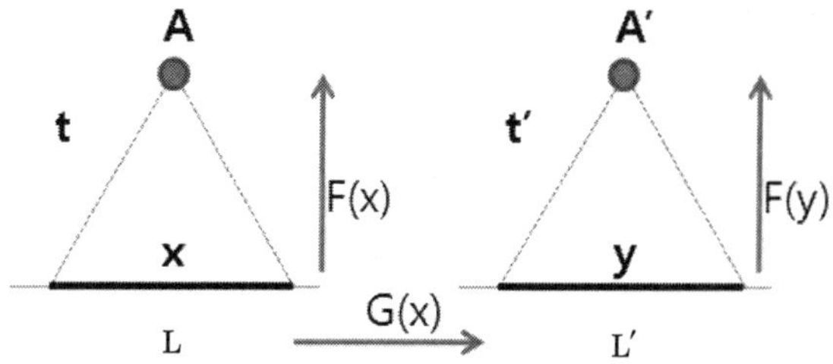

대상함수 G(x)와 지각함수 F(x)

즉, 지각 대상 사이의 관계와 지각되는 관계의 서로 다른 관계가 존재한다.

5.4.2 지각의 유사성

먼저 신경절 세포의 광수용장이 시간에 따라 지각 대상(원판)을 지각하는 과정을 모식도로 그리면 다음과 같다.

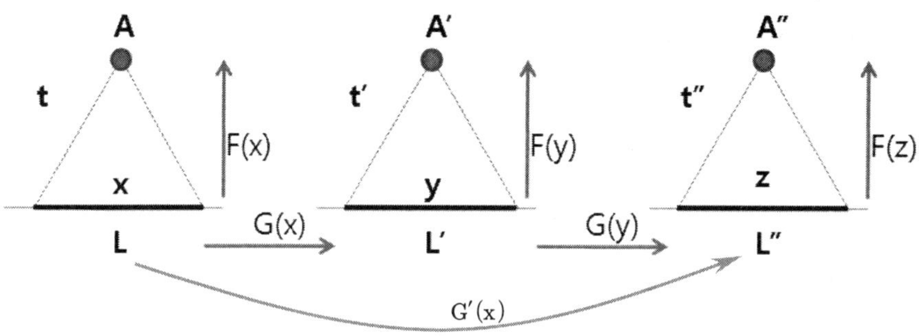

신경절 세포를 시간 t에 신경절 세포 A의 광수용장이 외부 세계의 지각 대상 L을 지각하였다고 하자. 지각 대상을 기술하는 변수를 x라 하면, 광수용장이 지각 대상을 지각하는 함수를 F(x)라 하자. 약간 시간이 지나서 t′시간에 대상 L′를 신경절 세포 A′가 지각한다. 비슷하게 시간이 좀 더 지나서 t″시간에 대상 L″를 신경절 세포 A″가 지각한다. 즉, 대상 L이 중간 과정 L′를 거쳐 최종 단계 L″를 지각한다.

간단히 예를 들어 표현하면, 어제 t에 본 나 L와, 오늘 t′ 본 나 L′ 그리고 내일 t″ 볼 나 L″는 같은 내가 있다고 하면, 어제의 나는 오늘의 나이고, 오늘의 나는 내일의 나이며, 전체적으로 보면, 내일의 나는 어제의 내가 된다. 이런 관계를 정리한 것이다.

지각하는 신경절 세포가 동일하므로

$$A = A' = A'' \quad : \text{ 신경절 세포의 동일성}$$

지각 오차가 있지만, 지각하는 원판은 거의 동일한 모양이 된다. 따라서 오차 내에서 두 원판은 유사하다.

$$L \sim L' \quad : \text{ 유사성}$$

두 원판이 유사하므로, 이 유사성을 공간 관계 함수 G라 하자. 즉,

$$L \sim L' \quad \Rightarrow \quad y = G(x) \quad : \text{ 대상 사이의 관계}$$

비슷하게 두 번째 지각 대상 L′는 세 번째 지각 대상 L″도 유사하고, 동일한 함수 관계를 만들 수 있다.

$$L' \sim L'' \quad \Rightarrow \quad z = G(y)$$

동일한 대상을 지각하고 있으므로, 중간 과정을 생략하면 처음 대상 L은 최종 대상 L″도 유사해야 된다.

$$L \sim L'' \quad \Rightarrow \quad z = G(x) \quad : \text{ 전체적 관계}$$

이런 관계를 추이성(transitive)이라 한다. 즉, 지각대상이 동일하려면, 중간 과정과 관계없이 동일하게 지각되어야 한다는 것을 의미한다.

연속적으로 지각되는 대상 사이가 유사하고, 중간 과정을 생략한 대상 사이도 유사하다면, 전체적으로 유사하게 되며, 우리는 동일한 대상을 지각한다고 말할 수 있다. 따라서 연속적인 유사성과 과정이 생략된 유사성이 같다는 표현은 다음과 같이 정리된다.

$$L \sim L' \;\&\; L' \sim L'' \rightarrow L \sim L'' \quad \Rightarrow \quad z = G(y) = G(G(x)) \sim G(x)$$

즉, 추이관계식

$$G(G(x)) \sim G(x)$$

을 얻는다. 여기서 두 함수 사이의 ~ 관계는 과정을 무시한 결과와 과정을 포함한 관계가 유사하여 동일한 지각을 만들면 된다는 것이다.

5.4.3 완벽하게 동일한 지각

함수 사이의 유사성 ~을 정의하기 전에 먼저 과정을 무시한 결과가 과정을 포함한 결과와 동일하다는 강한 조건을 생각해 보자. 즉 완벽하게 동일한 지각이 일어나는 경우를 살펴보자.

$$G(G(x)) = G(x)$$

여기서 x는 이차원 내의 변수이므로 실수 또는 복소수의 두 가지 방식으로 해석할 수 있다. 실수는 지각 대상인 원판을 2차원 평면 개체로 보고 풀이하는 가장 단순한 상황이고, 복소수는 2차원 곡면의 일부로 보는 경우이다. 약간 차이가 있어 보이지만, 수학적인 확장에서 완전히 다른 내용으로 된다. 이런 과정에 포함될 내용은 방대할 것으로 예상된다. 이런 복잡한 내용은 후일로 남기고 여기서는 단순한 예를 중심으로 다룬다.

$$\begin{aligned} G(x) &= x \quad : \text{항등함수} \\ &= b \quad : \text{상수함수} \end{aligned}$$

항등함수 x는 비교 대상이 항상 동일하다는 것이므로 과정과 무관하게 전체적으로 동일할 것이다.

상수함수는 결과가 상수로 변함없이 일정하다는 것이다.

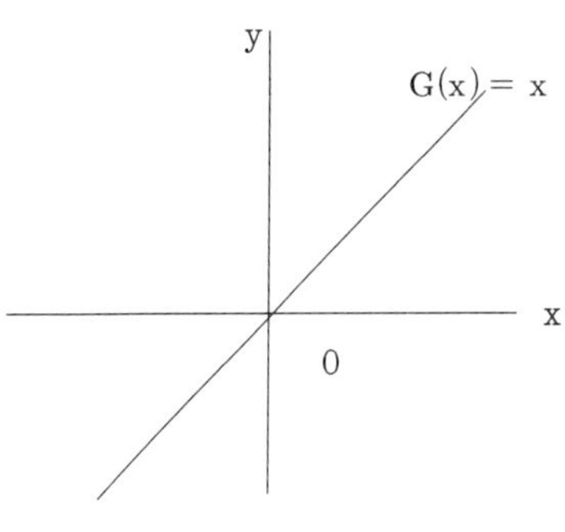

동일함수

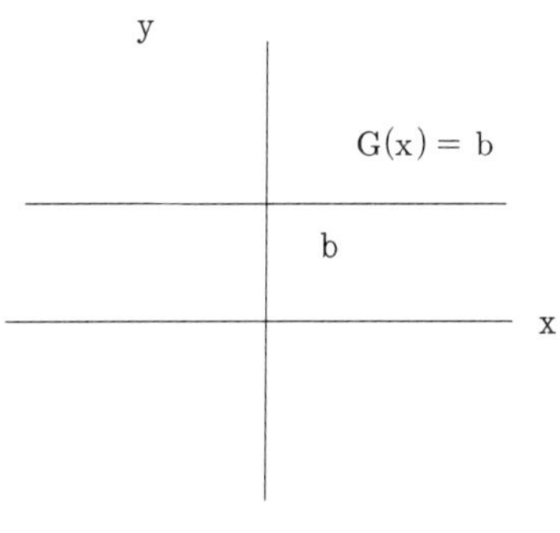

상수함수

신경절 세포가 동일한 대상을 지각한다는 강한 조건은 첫 번째로 지각되는 대상이 항상 완전히 동일하다든지, 두 번째로는 항상 지각된 내용이 시간과 관계없이 독립적으로 일정하다는 결과로 된다.

첫 번째 항등함수는 지각대상이 변함없이 동일한 것으로 쉽게 이해된다.

$$\text{항등함수 } G(x) = x \rightarrow \text{동일대상 } L = L'$$

따라서 지각된 대상 사이의 모양이 항상 동일하게 된다. 즉 모양이 동일할 때 동일한 대상으로 지각한다.

두 번째 상수함수는 이해하기 어렵다. 지각한 대상과 상관없이 항상 동일하다는 것은 무엇을 의미하는가? 이 함수는 동일한 점을 점으로 인식하고 있는 것이다. 이는 지각함수 F(x)가 항등함수라는 의미가 된다. 즉 외부 대상과 망막 내의 이미지가 동일하다는 것이며, 즉 항등지각이 된다. 외부 세계는 연속적이지만, 망막의 세포는 불연속적이다. 따라서 항등지각은 이상한 개념이다. 지각 대상의 선택이 동일하게 된다. 1개의 신경절 세포가 1개의 지각 대상을 선택한다.

$$\text{상수함수 } G(x) = b \rightarrow \text{항등지각 } F(x) = x$$

강한 조건 하에서 지각의 동일성은 시간에 따라 지각 대상이 동일하든지 아니면 지각 대상 선택이 동일하다. 따라서 이 상수 함수는 지각 대상이 선택하는 문제와 연결된다. 따라서 선택된 대상이 항상 동일하다는 것이나.

지각 대상을 선택하고 G(x)=b, 이 선택이 일정하게 유지되고, 그리고 대상의 모양을 동일하게 일치시키는 것 G(x)=x을 나타낸다.

대상 선택과 모양 일치를 그림으로 표시하면,

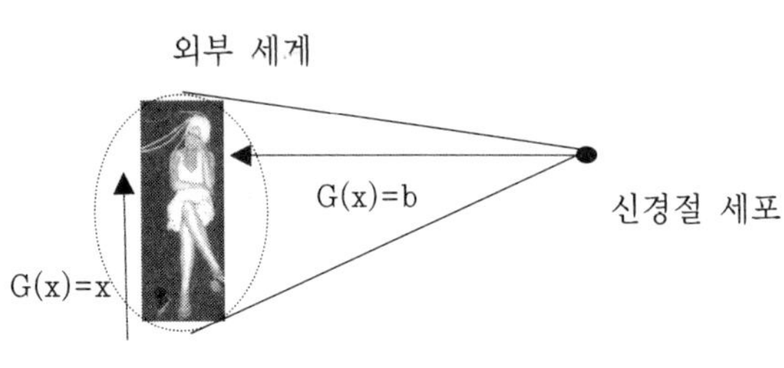

대상선택 G(x)= b와 모양 일치 G(x)= x

강한 조건 하에서는 대상 선택과 대상 모양이 항상 동일하다는 결과를 만들고, 대상 선택과 대상 모양은 서로 분리된 다른 조작으로 나타난다. 또한 지각 오차가 전혀 없는 완벽한 지각을 나타낸다. 따라서 이 조건을 약화시킬 필요가 있다.

5.4.4 신체화된 동일 지각 : 오류확장추이함수와 확장추이함수

지각 대상의 선택은 자연스럽게 결정되기도 하지만, 보고 싶은 것을 본다. 따라서 지각 대상 선택의 오차 ϵ를 허용해야 된다. 강한 조건의 결과를 다음과 같이 약화시킨다.

$$G(x) = b \rightarrow G_0(x) = b + \epsilon$$

여기서 ϵ는 선택 오류를 나타내며, 자연스럽게 나타나는 오류와 인위적으로 선택할 수 있는 가능성을 포함한다.

지각 대상의 모양에 대한 오류를 포함한다는 것은 다양한 모양 변화를 표현하는 함수로 표현하면 된다. 강한 조건을 약화시켜서 가장 간단한 크기만을 약간 변화시키는 것을 포함시키자.

$$G(x) = x \rightarrow G_1(x) = a\,x$$

모양 크기를 변화시키는 비례상수 a를 도입한다.

지각 대상의 선택과 지각 대상의 모양을 각각 분리하여 동일성을 판단하는데, 신체화된 동일 지각은 대상 선택과 모양 일치가 동시에 일어난다. 위 조건을 모두 합쳐 보자.

$$G_\epsilon(x) = a\,x + b + \epsilon$$

이 함수를 오류확장추이함수라고 하자.

위치 오류를 제거한 추이함수를 확장추이함수(ϵ=0)라 부른다.

$$G(x) = a\,x + b$$

이 함수를 아핀(Affine)함수라 하며, 이를 만족하는 기하학을 아핀 기하학이라 한다. 물리학적으로는 포앙카레 변환이라 한다.[27]

확장추이함수가 만족하는 유사성 관계를 보자. 먼저 두 함수의 연속적 조합을 보면,

$$G(G(x)) = G(ax + b) = a(ax + b) + b = a^2 x + (ab + b)$$

즉, 각 상수를 다시 정의하면

$$a' = a^2, \quad b' = ab + b$$

크기의 척도는 곱셈 규칙으로 변하고, 위치 선택은 덧셈 규칙과 유사하게 변한다. 이 상수 변화의 중심은

$$a = 1, \quad b = 0$$

이 된다. 곱셈 규칙은 1이 중심이 되고, 덧셈 규칙은 0이 중심이 된다.

그 결과 원래의 일차함수의 모양으로 다시 돌아간다.

$$G(x) = a' x + b'$$

따라서 확장추이함수는 유사성 관계를 만족하고,

$$G(G(x)) \sim G(x)$$

유사성을 만족하기 위한 상수들 사이의 관계는 곱셈 규칙과 유사 덧셈 규칙으로 나타난다.

5.4.5 확장추이함수와 범주 형성

1) 은유에 의한 범주 확장

확장추이함수의 일차함수 부분 $y = G_1(x) = a\,x$의 의미를 보자.

이 관계식은 변수 x와 y가 비례하고 비례상수가 a가 된다. x와 y가 포함된 공간을 x-축과 y-축이라 하면, 두 축이 서로 유사하다는 것을 나타낸다. a=1인 경우는 두 축이 완전히 일치한다는 것을 나타내며, $a \neq 1$인 경우는 두 축의 크기가 약간씩 다르다는 것을 나타낸다.

하나의 신경절 세포는 원판을 지각하므로, a=1은 비교 대상의 두 원판이 정확하게 일치하는 것을 나타내며, $a \neq 1$인 경우에는 모양이 약간 축소되거나 약간 확대된 원판을 동일한 원판으로 지각한다,

따라서 이 식은 하나의 범주를 형성한다. 왜냐하면, 동일한 점을 나타내므로, 하

나의 범주가 된다. 이 범주의 내부 구조를 표시하는 변수가 a로 되는 것이다. 이런 범주는 무엇일까.

모양이 약간씩 다른 유사한 대상을 동일한 대상으로 보는 방식을 우리는 은유(metaphor)라 한다. a가 변하면서 범주가 확대되므로, 범주 구조를 유사성으로 확대하는 것을 설명하고 있다.

유사성을 다른 표현으로 유동성이라 하며, 게슈탈트 지각의 유동성에 의해서 하나의 범주를 만든다는 것을 설명한다.

2) 환유에 의한 범주 확장

두 번째로 확장추이함수의 상수항 $y = G_0(x) = b$를 보자. b는 y-축 상의 한 점을 나타낸다. b값은 y-축을 대표하게 된다. 즉, b값이 다르면, 서로 다른 y-축이 된다. 범주를 한 값으로 대표하는 것을 환유(metonymy)라 한다. 서로 다른 y-축들을 하나의 범주로 만들고 있다. 즉, 하나의 신경절 세포가 선택한 서로 다른 대상도 하나의 점으로 되므로, 범주 확장의 메커니즘이 된다. 개념적 환유에 의한 범주 확장이 만들어지는 것을 설명하고 있다.

이는 위치에 의한 대표이므로 게슈탈트 지각의 근접성을 나타내고 있다.

5.5 확장추이함수

5.5.1 신체화 구현 : 세부특징탐지기

확장추이함수는 대상의 선택과 대상의 모양에 나타나는 변화를 하나의 범주로 포함시키고 있다. 범주의 내부 구조가 나타내는 변수는 a와 b가 된다. a를 유사성이라 하고, b를 인접성이라 하자.

이 확장추이함수와 추이함수 중에 어느 것을 선택해야 되는가? 간단하게 생각해서, 외부세계의 지각 대상은 한 점이 아니고 연속적 대상이다. 따라서 지각 대상의 한 점을 중심으로 비슷한 대상이 분포되어 있는 것이다. 아래 그림에서 보듯이 우리는 '다리'라는 동일 개념으로 다리 부위를 판단하고 있다.

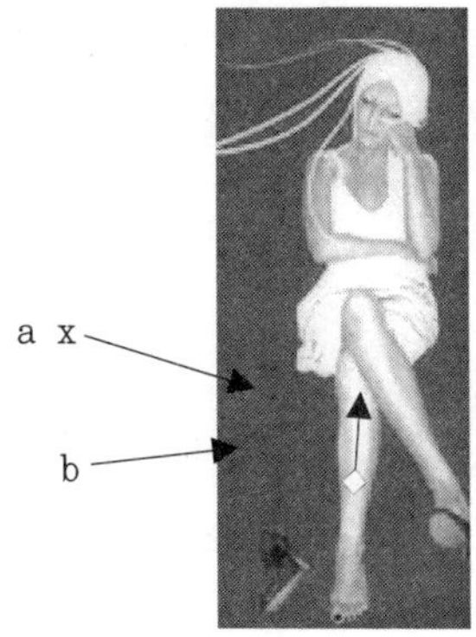

인접지역 확장 : 선택 b와 모양 a x

따라서 비슷한 영역을 동시에 하나로 묶어 지각하고 개념화할 필요가 있다. 이 기능은 더 이상 신경절에서는 수행할 수 없다. 왜냐하면, 신경절은 점을 지각하는 기능만을 수행하기 때문이다. 또한 비슷한 대상을 하나로 지각하기 위해서는 인지 기능이 필요하다. 우리의 의지에 의해서 하나로 묶는 작업도 수행할 수 있다. 따라서 이는 인지적 기능이 필요하기 때문에 뇌의 시각피질에서 이뤄져야 한다. 이것은 신경절 다음 단계에서 이뤄지고 있고, 이 기능을 수행하는 것이 세부특징 탐지기이다. 동일한 특징을 갖은 대상을 하나로 인지하는 기능이 나타난다.

확장추이함수와 세부특징 탐지기를 비교하여 보자. 그 중에 간단하게 막대 탐지기를 비교하여 보자.

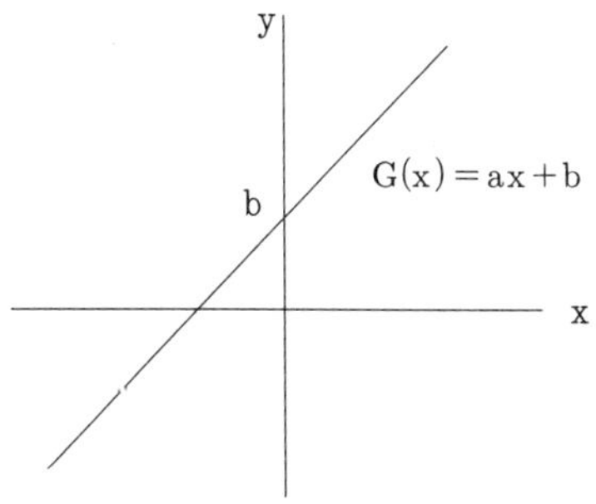

확장추이함수

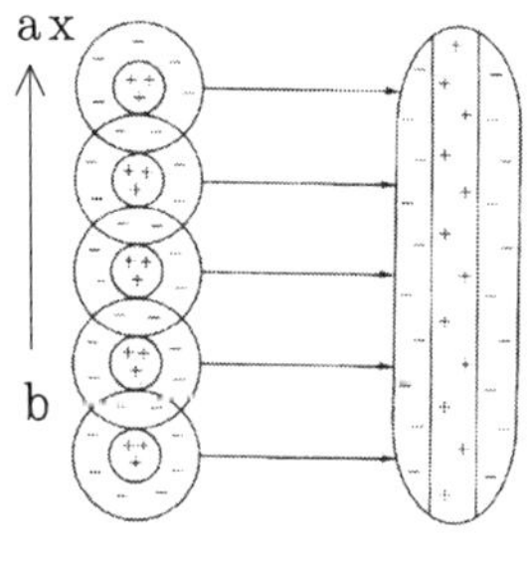

막대 탐지기

막대 탐지기는 신경절 세포들이 일렬로 나열되어 만들어 지는데, 이 일렬로 된 조립은 확장추이함수 $G(x) = ax + b$가 한 점 b를 중심으로 하여 길게 늘어서는 ax를 구조로 만들기 때문에 가능하다. 이런 일렬의 구조를 선형 구조라 한다. 따라서 막대 탐지기나 모서리 탐지기는 복잡한 모양에 대한 선형적 근사를 나타낸다.

5.5.2 외부세계의 모사 기능

확장추이함수는 외부 세계를 일차함수 모양으로 근사하고 있다. 예를 들어, 선형 함수가 복잡한 함수를 한 점 근처에서 근사적으로 모사하는 것을 보자.[27]

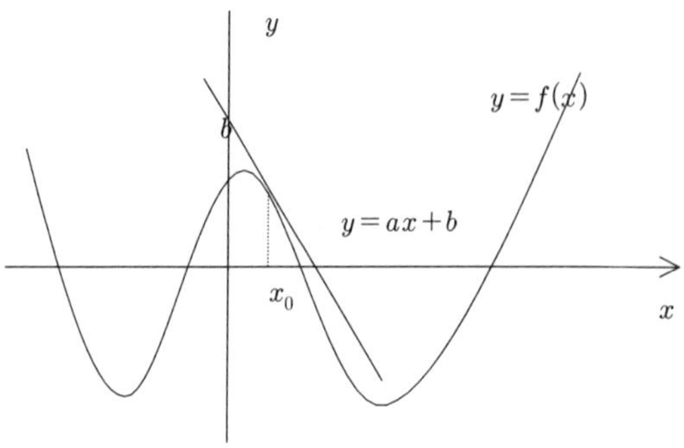

주어진 한 점 $x=x_0$근처에서 함수 $f(x)$의 근사적 표현은

$$y=f(x)\sim ax+b$$

이 된다. 기울기 a는 점 $x=x_0$에서 함수 $f(x)$의 미분값 $a=f'(x_0)$이 되며, $b=f(x_0)-ax_0$이다.

따라서 원점 $x_0=0$ 근처에서 보면, $b=f(x_0)$가 되며, 이 기능을 중심와에 초점을 맞추기 위해서 눈을 움직이는 기능을 나타내는 것으로 보인다.

5.5.3 게슈탈트 지각과의 관계

막대 탐지기와 모서리 탐지기는 복잡한 사물을 국소적인 관점에서 평면으로, 근사적으로 보고 있고, 이를 조합하여 복잡한 모양을 다시 만들고 있다. 복잡한 모양을 국소적으로, 평면으로 만들어 지각하는데 가장 중심이 되는 게슈탈트 지각은 인접성과 유동성이 되며, 이 특성은 세부특징 탐지기의 구조와 직접적으로 연계됨을 알 수 있다. 즉, 확장추이함수는 게슈탈트 지각의 기본 지각이 인접성과 유동성이라는

근접성 b　　　　유동성 a x　　　　연속성 a x + b

것을 의미한다. 따라서 대칭성, 폐합성, 연속성과 같은 게슈탈트 지각은 이차적으로 나타나는 지각으로 판단할 수 있다.

근접성은 대상 선택을 나타내는 확장추이함수 중에 b-변수와 관련되며, 유동성은 모양의 일치를 나타내는 a x와 관련된다. 연속성은 인접성과 유동성을 합쳐서 나타난다.

5.6 방향성

막대 탐지기와 모서리 탐지기는 방향에 따라 반응 상도가 다르다.[6]

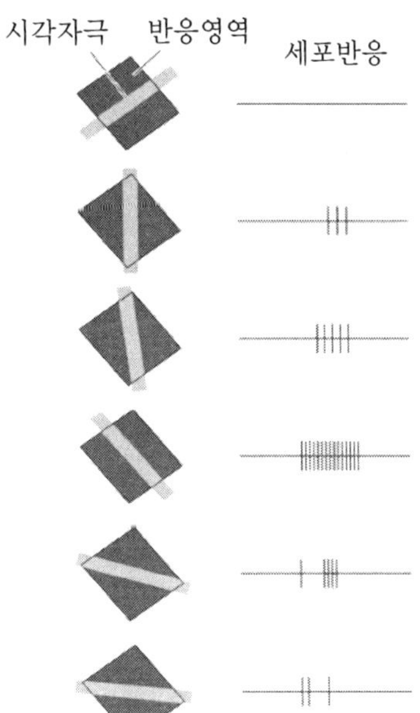

a) 막대형 시각자극에 대한 반응
(방향 일치 때 최대)

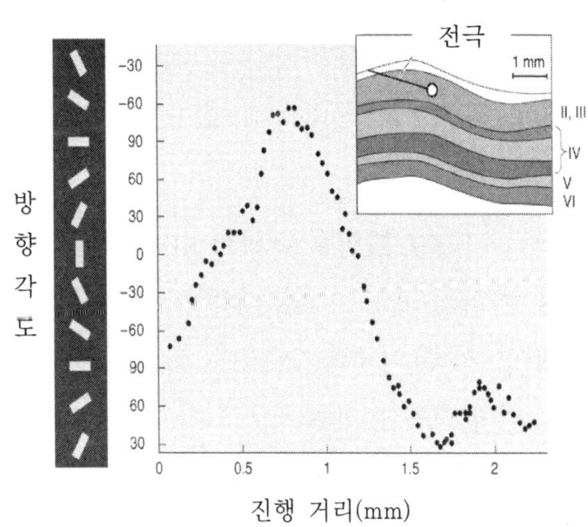

b) 피질 내에서 이동하면서 최대 반응의
방향을 탐지한 위치

세포의 반향과 자극의 반응이 일치할 때 반응이 가장 크다. 그림 a)는 막대 자극(노란 부분)에 대해서 막대 탐지기의 반응을 나타낸다. 막대 탐지기와 방향이 일치할 때 세포는 최대 반응을 보인다. 그림 b)는 시각 피질을 따라 미세 탐지 전극을 이동시키면서 최대 자극이 나타나는 방향을 탐지할 실험 결과이다. 약 2mm 정도 이동하면 최대 반응 각도가 360도 회전하는 것을 볼 수 있다.

수학적으로 이차원을 좌표로 표현하는 방법은 유클리드 좌표계인 직교 좌표 (x, y)를 주로 쓴다. 이차원 평면을 x-축과 y-축으로 분리해서 기술하는 방식이다. 그렇지만, 뇌가 선택하는 좌표계는 극좌표계(r, θ)이다. 원점에서 거리인 반경 r과 x-축에서 틀어진 각도를 나타내는 θ(방향각)으로 표현한다. 두 좌표 사이의 관계식은

$$x= r \cos \theta \ , \ y= r \sin \theta$$

으로 된다.

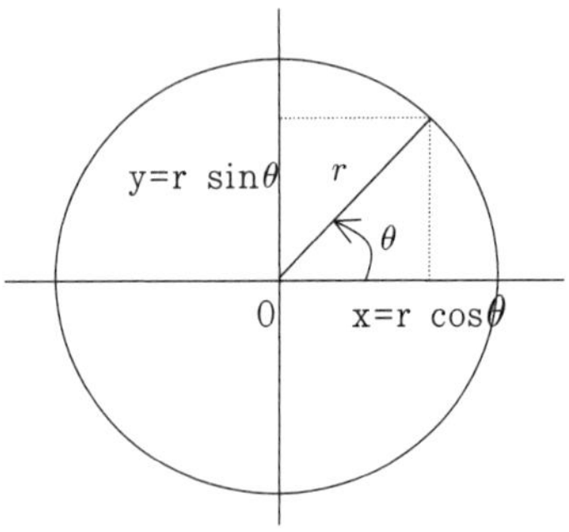

극좌표(r, θ)와 직교좌표 (x, y)

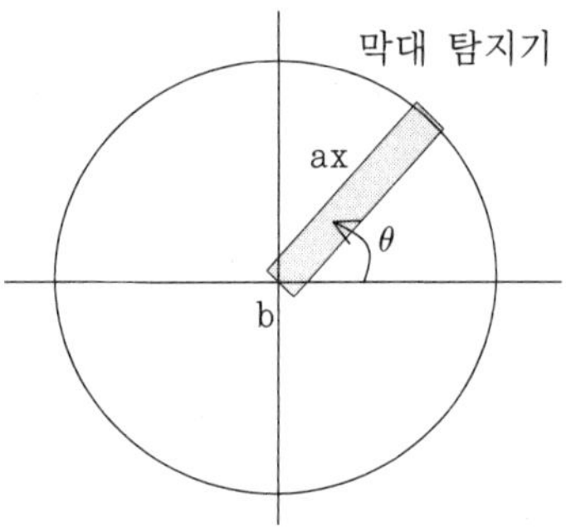

막대 탐지기(ax+b)와 방향

이런 극좌표 표현은 우리의 언어생활에서 매우 익숙한 개념이다. 우리가 어느 지점을 가리킬 때는 어디로 얼마만큼 가라고 말한다. 즉 방향과 거리를 말하는데 이 개념이 극좌표가 되는 것이다. 이 극좌표 개념이 뇌의 구조와 일치하는 개념이 되기 때문에 원형적인 표현으로 나타나는 것으로 판단된다.

비슷하게 이동 방향을 탐지하는 기능도 뇌에 있고, 이는 속도 벡터의 방향과 연관되어 있고, 언어생활에서 원형적으로 잘 나타난다.

5.7 오류확장추이함수

5.7.1 오류와 선형 제어 시스템

대상 선택 오류 ϵ에 대한 설명을 하자. 이 오류는 두 가지 방향에서 나타난다. 첫 번째는 시지각의 오류에 의한 자연스런 오류가 있고, 두 번째는 의식적으로 보려는 대상을 선택하는 의지를 나타낸다. 자연적 오류와 선택 의지 오류로 구분할 수 있다.

오류확장추이함수를

$$y = G_{\epsilon}(x) = ax + b + \epsilon$$

으로 정의하자.

이 오류 ϵ의 원인을 알 수 없을 때 우리는 일반적으로 노이즈(noise)라 하며, 통계적 처리에서 주로 나타난다. 가장 간단한 노이즈는 백색 노이즈로 가장 다루기 쉽다.[28]

이 지각오류 ϵ는 의지해서 발생하기 때문에 의미를 갖는다. 이런 오류를 우리는 피드백이라 한다. 즉, 원하는 복표를 달성하기 위해서 결과치를 보고 입력을 다시 바꾸는 시스템이 되며, 일반적인 제어 시스템에서 자주 나타난다. 따라서 오류확장추이함수는 선형제어 시스템이 된다.[29]

이 개념은 혼성이론에서 나타난다. 이질적인 두 개념을 히니로 합치면서 새로운 개념을 만드는 창의적 방법이다.

이 오류 ϵ의 또 다른 의미는, 이 책에서는 언급만 했지만, 한 세포의 반응에 대해서 주위 세포가 조율하는 기능과 연관된다. 이런 기능 중에 하나가 세포의 외측 억제이다. 한 세포가 반응하면 그 주변의 세포들은 반응이 억제하여 감도를 높이는 기능이다. 그 결과 어느 세포가 반응했는지 정확하게 알 수 있게 말입니다. 따라서 이 오류는 세포들 사이의 상호 관계와 연관된다. 이는 오류가 크지 않게 만드는 피드백(feed back) 구조를 생각해야 되며, 세포 구조가 갖는 선형 제어 시스템이 된다. 피드백이 존재하게 되면, 일단 시스템은 선형적 논리 구조를 벗어나게 된다. 처음 예측한 값을 계속 변형시키고 있기 때문이다. 따라서 비논리 영역에 속한다. 반면에 확장추이함수는 G(x)=ax+b는 논리적 추론 영역에 속하게 된다.[30]

5.7.2 오류확장추이함수에 의한 개념 구조

오류확장추이함수 $G_\epsilon(x) = ax + b + \epsilon$ 기반으로 형성된 개념 구조를 구성하여 보자.

먼저 b는 지각 대상의 선택을 나타내므로, 개념의 대표성으로 된다. 다음으로 모양의 동일성을 유사성으로 확장하는 항인 a x항은 유사성에 의한 개념 확장을 나타낸다. 따라서 G(x) = ax+b는 개념의 수평 구조를 결정한다. 즉, 원형적 의미를 중심으로 유사성에 의해서 수평적으로 개념이 확장되는 구조를 나타낸다. 이런 확장은 논리적 확장이라 할 수 있다.

이에 반해서 오류 ϵ은 서로 다른 개념을 인정하여 하나의 개념으로 확장하는 것을 나타낸다. 이는 여러 개념을 통합해서 하나의 개념을 만드는 구조이며, 개념의 추상화라 한다. 따라서 개념의 수직 구조를 형성한다. 개념의 수평 구조와 수직 구조에 대한 모식도로 그리면,

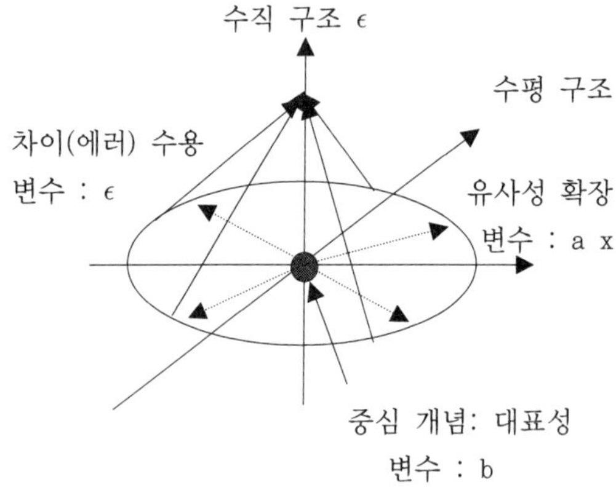

개념의 수평과 수직 구조 : $G_\epsilon(x)$ = ax+b+ϵ
유사성(a x), 대표성(b), 에러 (ϵ) 변수 도입

개념 '나무'에 대해서 바로 연상되는 개념이 '소나무'라면, '소나무'는 '나무'의 원형적 의미가 된다. 이 '소나무'를 중심으로 여러 종류의 나무들이 연상된다. '대나무', '은행나무' 등. 이들 나무는 소나무와 유사성으로 연결되며, '나무'라는 개념과 수평 구조를 만든다.

서로 다른 종류의 나무가 추상적인 개념 '나무'로 하나로 통합된다. 이 구조가 수직 구조이다. 이를 모식도로 그리면 다음과 같다.

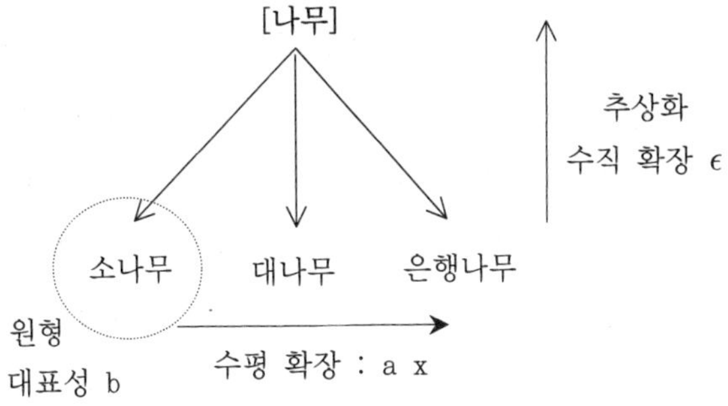

'나무'의 개념 구조

우리는 본능적으로 개념의 내부 구조를 형성하는 메커니즘을 살펴보았다. 이런 메커니즘을 활용하여 언어 현상을 다루는 언어학을 인지언어학이라 한다.

인지언어학에서 개념 구조의 획징 메커니즘은 환유(대표성 b)와 은유(유사성a x) 그리고 혼성(오차 ϵ)의 세 가지를 대표적으로 생각한다. 그 외에 영상도식이 있는데,[31] 이 부분은 약간 다른 방향에서 나타나기 때문에 여기서는 더 이상 다루지 않는다.

5.7.3 개념 구조의 실험적 검증

언어적 개념 구조가 세 가지 메커니즘으로 형성된다는 것을 앞에서 보았다. 이 세 가지 메커니즘이 범주 구조를 형성하게 된다. 범주 구조에 따라서 다른 반응이 있을 것이다. 이에 대한 실험 중에 하나는 반응시간 실험이다.[32]

컴퓨터 모니터에 제시한 알파벳 쌍이 동일한 지를 판단하는 실험을 통하여 오류확장추이함수가 갖는 의미를 살펴보자. 알파벳의 특징은 시각적으로 대문자와 소문자가 있고, 청각적으로 서로 다른 발음이 있으며, 문법적으로 자음과 모음이 있다. 따라서 문자 쌍은 이런 세 가지 특성 사이에서 비교하여 판단하게 될 것으로 예상된다. 그 중에서 다음과 같은 세 가지 범주로 문자 쌍을 분류하여 반응 시간을 측정하였다.

(1) 물리적 동일 : AA, HH
(2) 명칭동일 : aA, Hh
(3) 범주동일 : Ae, bH

물리적 동일 (1)은 시각적, 청각적으로 완전히 동일한 문자 쌍을 나타낸다. 따라서 문자 쌍이 하는 모든 기능도 동일하다. 명칭 동일 (2)는 청각적으로 동일하지만, 시각적으로 서로 다른 모양을 택하고 있다. 그렇지만 대부분의 기능은 동일한 경우이다. 범주 동일 (3)은 자음과 모음의 문법 범주로 동일한 경우를 나타내며, 문법 범주는 인위적으로 정의한 범주이다. 따라서 다른 문자 쌍들보다 감각적으로 가장 많은 차이가 있는 경우이다. 각 문자 쌍에 대한 반응 시간은 다음 표와 같다.

철자변별과제 반응시간 : (단위 msec)

물리적 동일	명칭 동일	인공범주 동일	완전 불일치
549	623	801	801

사실 실험 데이터가 너무 정교해서 믿을 수 있을지 의문스럽지만, 그래도 대략적인 판단을 하기에는 충분한 것으로 판단된다. 이 반응시간의 결과를 좀 더 쉽게 볼 수 있게 그림으로 만들면,

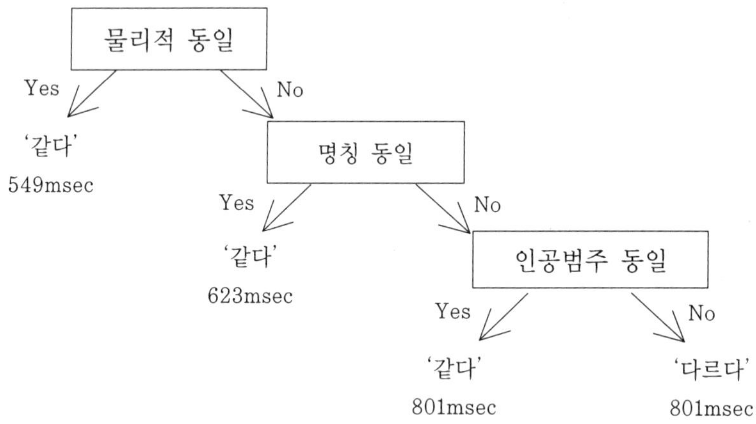

매우 간단한 실험이지만, 뇌가 형성하는 개념 구조를 보여 주고 있다. 따라서 개념의 기본적 내부 구조를 오류확장추이함수 $G_\epsilon(x) = ax + b + \epsilon$에 대한 확증을 보여 준다.

동일한 문자 쌍을 판단하는 데 가장 짧은 시간이 걸린다. 한 문자에 대해서 다른 문자를 비교하는 데 같은 문자가 나타난 경우이다. 따라서 문자들이 만드는 개념 구조의 모양에서 보면, 하나의 기준점이 처음에 만들고 그 주위에 있는 다른 문자와 비교를 하는 것이다. 따라서 동일한 두 문자를 비교하는 과정은 뇌 속에 하나의 개념의 기준점을 선택하는 과정이며, 오류 추이함수에서 대표점 b의 한 값을 선택하는 것이다. 대표점 b가 선택되면, 그 주위로 유사성에 의해 확장되는 개념들의 존재가 ax항에 의해서 예측된다. 뇌에서 개념 내의 한 위치를 선택하는데, 약 549msec가 걸린다. 이 시간을 기준 반응 시간으로 정하자. 이 기준 반응시간은 오류확장추이함수 $G_\epsilon(x) = ax + b + \epsilon$의 b 항의 특성을 선택하는 시간이 된다.

실험 결과를 기준 반응 시간을 중심으로 얼마나 서로 멀리 떨어졌는지를 살필 수 있세 반응 시간이 기준 반응 시간 뺀 결과로 다시 정리하여 보자.

(상대 시간) = (반응 시간) - (기준 반응 시간)

상대 저장 거리 : (단위 msec)

물리적 동일	명칭 동일	인공 범주 동일	완전 불일치
기준위치	동일 범주 원소	부분 일치 범주	불일치 범주
549	74	252	252

이는 실험 결과가 기준점에서 얼마나 인접했는가를 잘 볼 수 있다. 문자 쌍 A와 a은 기준 시간과의 시간 차이가 74msec로 현격히 작으며, 대부분의 기능이 같다. 따라서 서로 다른 범주에 있다고 판단하기보다는 같은 범주 내에 있는 서로 다른 원소로 볼 수 있다. 문자 쌍 중에 처음 문자에 해당하는 범주 내의 모든 원소는 같이 활성화되어 있기 때문에 빠른 접근이 가능한 것으로 볼 수 있다. 즉 기준점이 활성화되면서 주위에 인접한 개념들이 동시에 활성화된다. 이렇게 동시에 활성화되는 영역이 한 범수가 된나. 따라서 뇌 속에서 개념의 저장은 대문자와 소문자처럼 인위적인

시각적 구분으로 저장된 것이 아니라 의미적으로 유사한 개념을 인접하여 분포시킨다고 할 수 있다. 뇌 속의 저장은 의미 저장이라 말할 수 있다. 따라서 A와 a는 의미적 인접성을 나타내며, 의미적 인접성은 유사성을 의미하게 되며, 이 유사성은 오류확장추이함수 $G_\epsilon(x) = ax + b + \epsilon$ 내에서 ax 항의 특성을 나타낸다. y=ax일 때, x-축과 y-축이 비례상수 a에 따라 유사하다는 것을 나타내는 관계식임을 상기하자.

다음으로 완전 불일치의 경우를 보자. 완전 불일치는 시각적, 청각적으로 그리고 인공 범주의 정의에서 모두 불일치를 일으키는 경우를 나타낸다. 예를 들어, A와 c와 같은 문자쌍이다. A는 모음이며 대문자이고, c는 자음이고 소문자이다. A와 c는 서로 다른 개념 범주에 속한다. 그 결과 가장 큰 반응 시간을 보이고, 기준 시간과 가장 큰 시간 차이 252msec를 보인다. 따라서 서로 다른 범주 사이의 비교가 되고, 두 문자 쌍은 서로 다른 범주에 속한다. 오류확장추이함수 $G_\epsilon(x) = ax + b + \epsilon$에서 오류항 ϵ에 대응된다.

인공적으로 정의한 모음 범주 내에서 부분적으로 일치하는 A와 e도 역시 동일한 시간 차이 252msec를 보이는 것으로 보아 서로 다른 범주로 분리하고 있다는 것을 알 수 있다. 즉, 뇌는 감각에 기반을 두고 의미적으로 구분되어 저장되어 있다는 것을 나타낸다. 이 결과를 그림으로 정리하면, 다음과 같다.

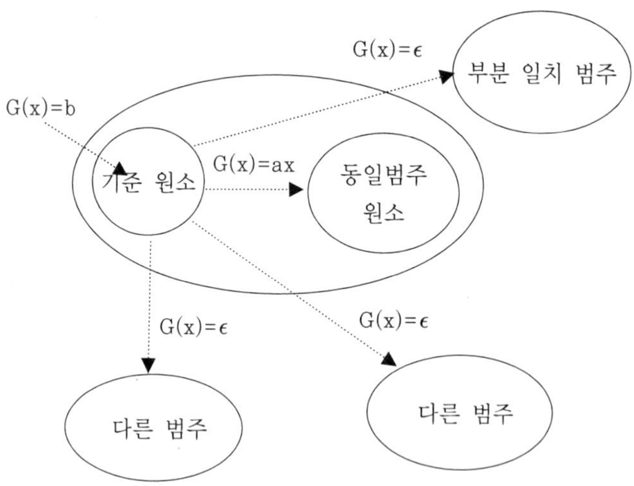

오류확장추이함수 $G_\epsilon(x)$에 따른 개념 구조 모형

한 개념은 중심점(기준 원소)를 중심으로 하여 유사성으로 연결됨으로써 확장되어 만들어지며, 이는 시각 세포가 동일한 대상을 지각하는 원리를 확장한 개념이다. 한 개념을 대표하는 중심 원소를 수사법으로 환유(換喩, metonymy)라 하며, 유사성을 수사법으로 은유(隱喩, metaphor)라 부른다. 따라서 언어적으로 한 개념의 내부 구조는 은유와 환유로 구성되어 있으며, 확장은 감각적 의미를 중심으로 된다. 인공적인 규칙은 감각적인 수준에선 다른 범주 규칙으로 분류한다. 감각적 수준에서 불일치가 일어나서 개념 확장의 한계에 도달하면, 새로운 개념 범주가 된다. 기존 범주를 확장시키던 메커니즘인 은유와 환유로 더 이상 적용되지 않기 때문에 기존 방식으로 예측할 수 없다는 개념인 오류 ϵ로 분류된다. 따라서 이 오류 영역을 하나의 개념으로 포함시키려면, 인위적인 규칙이 필요하다. 앞의 예에서 볼 수 있듯이 문법적 규칙(자음과 모음)을 도입하여 하나의 범주로 합친다. 또한 오류 영역은 기존의 확장 규칙으로는 포함시킬 수 없기 때문에 발생하는 영역이지만, 더 큰 범주에서 하나로 통합되어 더 큰 새로운 개념을 만든다. 이 새로운 개념은 서로 다른 기존 개념들을 통합하는 과정에서 발생하게 한다는 점이다. 즉, 언어적으로 기존 개념들을 통합해서 새로운 개념이 나타나는 수사적 기법을 혼성 이론(blending theory)이라 한다. 언어적 수사법과의 관계는 다시 논의하기로 하고, 여기서는 이만 줄인다.

6장 인간 사고의 기본 구조

앞 장에서 학문의 원리를 찾기 위해서 자연 과학의 원리를 이용하여 인문학의 원리를 찾는 작업을 주로 하였다. 시각의 입장에서, 무의식에서 의식으로 변환되는 영역에서 발생한 오류확장추이함수 $G_\epsilon(x) = ax + b + \epsilon$가 만드는 무의식의 기본 메커니즘으로써 언어학의 개념 확장 메커니즘인 은유, 환유 그리고 혼성이 발생하는 것을 살펴보았다. 이 메커니즘 중에서 은유와 환유는 개념의 수평 구조를 만들면서 논리적 구조를 만들지만, 혼성은 개념의 수직 구조를 만들고 개념 사이의 관계 속에서 발생하는 비논리적 구조를 보였다.

이제부터는 위 과정의 역으로 인문학에서 출발하여 인문학의 기반을 만드는 기본 원리를 찾아가는 과정을 살펴보자. 이 과정은 기호학을 중심으로 진행할 예정이다. 이 과정으로 만들어진 내용과 과학적 내용의 비교는 다음 장에서 하고자 한다.

6.1 인간에 대한 자연과학

6.1.1 무의식화된 인간 사고의 틀

1725년 이탈리아의 법률가 Giambattista Vico의 "새로운 학문"이라는 저서에서 인문학의 목표는 '인간에 대한 자연과학'(physics of man)이라고 주장한다.[33] 왜냐하면, 진실은 만들어진 것이라는 것이다. 즉, 인간이 진실이라고 인지하는 그것과 자신이 만든 그것이 동일하다는 것이다.

인간이 세계를 지각할 때는 자신의 정신이 그려내는 틀을, 스스로 만들어 낸 것인 줄도 모르고, 기반으로 지각하게 되며, 사물은 그 틀 안에서 자리를 차지함으로써만 의미를 지닌다는(혹은 진실인) 것이다. 따라서 인간은 제 자신을 창조하고 있는 것이다. 인간은 자기 자신이 갖고 있는 정신의 영상(image)에 맞춰 사회나 제도를 만들어 내고, 한편으로는 만들어 낸 그것들이 다시 인간을 만들게 된다. 따라서 인간은 전형적으로 만드는 자(maker)이며, 이 만들어내는 과정은 시적으로 일어난다. 만들어 내는 과정인 시화(poeticization) 과정을 주의 깊게 연구하는 일에 집중할 필요가 있다는 것이다.

만드는 과정(process)은 인지 가능하고 그리고 되풀이 되는 형태를 계속적으로 창조하는데, 이러한 창조 과정이 바로 구조화(structuring)의 과정이다. 관습이나 예식은 인간이 스스로 창조했음에도 불구하고, 익숙해지게 하고 또 묵묵히 따르게 하는 강력한 세뇌력를 갖는다.

만드는 과정을 살피려면, 비인위적이고 자연적인 것을 살펴야 되고, 이런 생활에 근접한 원시인들의 사고를 찾을 필요가 있다. 원시인(primitive man)은 외부세계에 대해 본능적으로 시적(poetic)으로 반응하는 것으로 보인다. 즉 외부 세계를 은유, 상징, 신화 등으로 기술한다.

인간이 구조화된 것을 알기 위해서는 신화학(mythology) 또는 우화(fable)의 해석에 집중할 필요가 있다. 왜냐하면, 모든 신화는 고대 민족들이 현실적으로 소유하고 있던 자연에 대한 경험에 기초하고 있으며, 또 그러한 경험을 납득할 수 있고 이해 가능한 인간적인 틀에 맞추어 넣으려고 그들이 시도했던 것을 표시한 것이기 때문이다. 이 신화에 대한 연구는 구조주의 학자들의 손을 거쳐서 기호학이라는 학문으로 발달하였다.[33, 34]

6.1.2 연구 방법 : 가설연역법

인문학을 과학적으로 분석하기 위해서는 가설연역법을 사용한다.[34] 주로 자연과학에서 이용된 이 방법은 추측에 의해 몇 개의 가설을 세우고 이로부터 연역적으로 추리된 명제를 통해 경험적인 현상을 설명하는 방법이며, 가설의 진위 여부는

가설로부터 연역되는 결과를 실험이나 경험을 통해 검증함으로써 이루어진다. 이 방법은 언어학자인 소쉬르가 사용하여 언어를 과학적으로 분석한 방법이다.

과학이란 객관적인 사실 위에서 출발한다. 이 중에서 우리에게 익숙한 언어를 생각해 보자.

6.1.3 기호, 기표와 기의

언어는 인간의 사고와 생각을 표현하는 기능을 갖는다. 즉, 우리의 생각을 부호화하고 그것에 형체를 부여한다. 이런 작용은 뇌 속에서 발생하기 때문에 모든 언어 형상은 뇌 속의 영상으로 생각한다. 이 언어 현상은 주관적인 부분과 객관적인 부분으로 나눌 수 있을 것이다. 주관적인 면은 사람마다 다르기 때문에 원리를 공통된 원리를 찾는 것이 어렵다. 언어의 객관적인 면을 살펴야 한다.

소쉬르는 언어를 물리적인 소리나 시각적 모양을 나타내는 파롤과 의미를 나타내는 언어기호인 랑그로 구분하였다. 랑그는 시니피앙(signifiant, Sa)과 시니피에(signifié, Se)로 나뉜다. 시니피앙은 기표(記標)라고 번역되며, 뇌 속에 형성되어 있는 발음에 대한 이미지(청각영상)를 나타낸다. 우리가 귀로 소리를 들으면, 뇌 속에서 무슨 소리인지를 판단하는 이미지를 말한다. 시니피에는 기의(記意)로 번역되며, 언어가 갖는 의미 또는 내용을 나타낸다.[33, 34, 35]

언어는 하나의 사물과 하나의 명칭을 연결하는 것이 아니고, 뇌 속에 있는 하나의 개념(concept)과 뇌 속에 있는 또 다른 하나의 청각영상(acoustic image)을 연결시키는 것이다. 다시 말해, 청각영상은 물리적인 소리를 의미하지 않고, 이 물리적 소리의 심리적 영상을 나타낸다. 물리적 소리보다는 심리적 영상을 택하는 이유는 우리가 입술이나 혀를 움직이지 않고도 마음속으로 글을 읽을 수 있다는 것에서 쉽게 알 수 있다. 아래 그림은 '시계'와 '자'라는 개념과 청각영상을 도식화한다.

청각영상 (기표, Sa)	시계	자
개념(내용) (기의, Se)		

개념과 심리적 영상을 연결하여 기호(記號, sign)라 하고, 기호 S로 표시한다. 기호 S를 시그니피앙(기표 Sa)과 시그니피에(기의 Se)의 연결로 다음과 같이 표현한다.

$$기호(S) = \frac{표현(기표\ Sa)}{내용(기의\ Se)} \quad or \quad sign = \frac{signifiant}{signifie}$$

여기서, 가로선은 두 요소 사이에 생기는 의미 관계를 나타낸다.

앞의 시계를 다시 보자. 시계의 청각영상(Sa)은 모든 사람들에게 거의 동일하다. 그 결과 '시계'라는 말을 알아들을 수 있다. 그렇지만 '시계'의 기의(Se)는 사람마다 다르다. 내 연구실에는 큰 괘종시계가 있으니까, 시계에서 상상되는 것은 큰 괘종시계이다. 그렇지만, 벽을 보면 벽걸이 시계가 있고, 그 모양은 일반적으로 원형이다. 그런데 어렸을 때는 시계하면 손목시계를 항상 떠 올렸는데, 요즈음은 핸드폰을 갖고 다니니까 손목시계는 잘 생각나지 않네. 이처럼 기의는 매우 다양하고 사람마다 다르므로, 보편적이지 않다.

따라서 기호에서 보편적인 내용을 찾으려면, 우리는 기표(Sa)를 살펴야 한다.

이 기표는 뇌 속의 심리적 영상이므로, 뇌 속의 신경 세포의 작동 규칙과 호환될 것이다. 예를 들어, 한국에 살면서 한국의 법을 따르지 않으면, 당연히 범죄자로 살기 힘들잖아요.

6.1.4 무의식과 기표

뇌의 기능은 크게 의식과 무의식으로 구분한다. 첫 번째는 데카르트의 '나는 생각한다. 고로 나는 존재한다.'로 대표되는 의식이며, 인간 사유와 인간 존재가 완전한 일치한다는 생각이다.[23]

간단한 일화를 보자. "승용차를 운전하면서 가다 보면, 주행 중 앞으로 확 끼어드는 용감한 운전자를 만난다. 이~크 부딪치면 큰일 나지. 브레이크 확 밟으면서 열이 확 올라간다. 뭐야! 나도 확 밟아서 운전 좀 똑바로 하라고 한마디 할까. 운전하는 것으로 봐서 용무늬 아저씨들일 거야. 공연히 시비 붙었다가 용무늬 아저씨들 건드리면 길 가운데서 창피당할 수 있어. 급격히 소심해지면서, 품위를 지키는 쪽으로 마음을 잡는다. 그래 나는 나잇살 먹은 사람인데 품위 있게 살아야지. 남 한다고 나도 똑같이 하면, 사회가 어떻게 되겠어. 이런 고상한 생각만으론 화가 안 풀리네. 그래 그렇게 난폭 운전하면, 언젠가는 너는 사고 날거야. 그래서 너 고생할 거야. 그러니 내가 참자."

데카르트의 입장에서 보면, 자동차 운전 중에 발생한 작은 일에 대해서 이렇게 복잡한 생각을 하는 그런 내가 바로 나라는 것이다. 이런 복잡한 대상이 나이고 의식이라면 여기서 어떤 규칙을 찾을 수 있을까?

두 번째는 무의식을 말하고 있는 루쏘이다. '나는 하나의 타인이다'(Je est un autre). 내 속에 내가 아닌 내가 있다는 것이다. 즉 내가 의식하지 못하는 3인칭인 그(he)가 있다는 것이다. 갑자기 감정이 솟아나고, 점잖 빼게 조절도 하고, 쌓인 스트레스를 환상을 이용하여 해소시키기도 하고 그러는 내 속에 존재하는 또 다른 나(he)가 있는 것이다. 이런 내 안에 존재하는 또 다른 나(he)는 데카르트적 생각과는 완전히 다른 존재이다. 데카르트의 생각을 의식이라 하면, 루쏘의 he는 무의식이라 한다.

모든 사람에게 동일한 청각영상(기표)을 만들기 때문에 의사소통이 가능하다. 청각영상은 무의식에 속한다. 이에 반해 기의(말의 의미)는 의식이 된다.

무의식적 법칙은 쉽게 변하지 않고, 과거나 현재나 거의 같다. 언어에서 보면 의미를 다루는 의미론보다 단어들의 조합 규칙을 만드는 통사 규칙을 살핀다. 단어의 의미는 상황에 따라 시간이 지남에 따라 다르게 나타나지만, 말을 통하여 의미를 전달하려면 통사 규칙은 어느 정도 맞추어야 하고, 이 통사 규칙은 시대가 변해도 변화가 거의 없다. 고대 한국어와 현대 한국어가 동일한 것으로 보인다. 따라서 무의식 법칙은 언어의 통사 규칙 속에서 찾을 수 있을 것이다. 역으로, 무의식의 법칙은 시공을 초월하여 동일하다. 즉, 변별적 차이의 관계를 따지는 의미론에 있지 않고, 사유 법칙의 동일성과 보편성에 기반을 두는 통사론에서 무의식은 있다. 이런 방식으로 무의식을 찾는 것은 가설연역법이라는 간접적인 방식이다.

6.1.4 구조의 의미

인간 사고의 가장 기본적인 구조가 존재한다고 할 때, 이 구조란 무엇인지 살펴보자.[35]

구조(structure)는 "하나의 조직화된 전체 안에서 부분들을 유기적으로 묶어주는 연계성들의 체계"를 의미한다. 이 구조에 따른 다양한 효과나 실현된 결과는 분명하게 관찰 가능하고 분석될 수 있지만, 구조 그 자체는 볼 수 있는 것이 아니다. 따라서 구조는 이론적 대상으로 존재한다. 그리고 이 구조가 어떤 발생 과정을 거쳐 실질의 형태로 실현되는가를 이해할 수 있다. 구조는 인간의 지성이 세계를 인식하는 골격이 되는 동시에 스스로 자신을 구조화하는 대상으로 삼고 있다고 할 수 있다.

레비-스트로스의 존재론적 구조주의는 언어학과 인류학 연구를 통해 드러나는데, 의사소통 구조는 실제로 존재하며 인간의 항구적이며 불변하는 태도 일 수 있다. 정신적 메커니즘을 표상하는 궁극적 구조가 있다고 보는 것이다. 구조란 하나의 가시적인 실제가 아니라 현상의 이면을 설명하는 데 사용되는 도구가 된다.

옐름슬레우는 추상적인 구조의 개념을 좀 더 구체적으로 정의한다. 구조란 "다양한 위계질서로 구성된 자율적이며 내적인 관계들의 실재"라고 한다. 이 정의를 좀 더 세분화해서 보면,

(1) 구조는 관계망으로서 그것의 교차점들은 구성항들을 성립시킨다.
(2) 구조를 정의하는 관계적 망은 하나의 위계질서, 즉 부분들로 분해될 수 있는 크기를 가진다. 이때 부분들은 자기들끼리 연결되어 있고, 그것들이 이루는 전체와 관계들을 맺는다.
(3) 구조는 자율적인 실재이다. 이것은 곧 자신보다 광범위한 총합과 관련하여 일반종속 및 상호종속의 관계들을 맺으면서도 자기만의 고유한 내적 조직을 갖추고 있다.
(4) 구조는 그 개념을 조작적으로 만들기 위해서 그것의 존재론적 위상에 대한 물음을 필요로 하지 않다.

따라서 구조는 관계로 된다. 또한 위계적 질서를 볼 때, 최소의 구조적 조직으로 기본 구조를 제시할 수 있고, 기본 구조는 단순 관계로 파악하는 유일한 관계이다. 또한 대상들은 그것 자체로는 인식될 수 없고, 오직 그들의 규정하는 관계를 통해서만 알 수 있다. 각 대상들의 속성이 설정할 수 있는 것은 오직 관계뿐이며, 속성들은 대상들을 규정하는데 사용되어, 대상을 인지할 수 있게 한다. 대상들에 대한 규정은

상대적으로 자리매김하기 때문에 이분법적 특성으로 나타난다. 따라서 기본 관계는 이분법적 양상으로 나타나며, 기본 구조는 이런 이분법적 토대 위에 구성된다. 기본 구조는 상반성, 모순성, 상보성 등의 기본 관계로 기호4각형으로 나타낼 수 있다.

6.2 이분법

구조를 만들기 위해서는 인간의 가장 보편적인 사고에서 출발해야 한다. 인간 사고의 패턴 중에서 가장 보편적인 것은 상황을 이분법(二分法)으로 분류하는 것이다.[23, 30]

6.2.1 신화 속 이분법

인간의 원초적인 사고는 신들의 이야기를 다룬 신화에 잘 나타난다. 신화에서 이야기 전개의 패턴은 보편적으로 이분법을 사용한다. 신화에 나타나는 이분법적 대립을 보면,

대립 범주	이분법 쌍의 종류
질적인 질서	'건조한/메마른', '신선한/썩은', '연속적/단절적'
형식적 질서	'텅 빈/가득 찬', '담는/담겨진'
공간적 질서	'위/아래', '가까운/먼', '좌/우'
시간적 질서	'빠른/느린', '주기적/비주기적'
사회적 질서	'결합된/분리된', '동맹/비동맹'
우주적 질서	'하늘/땅', '태양/인류'
수사학적 질서	'환유법/은유법', '고유명사/보통명사'

다양한 형태의 이분법이 존재하고, 그에 따른 서로 다른 질서가 존재한다. 이런 각 질서 위에서 우리는 기호4각형을 정의해야 한다.[33, 34, 35]

6.2.2 통합체와 계열체

문장 중에서 나타나는 이분법 특성은 통합체와 계열체라는 두 가지 부류로 구분한다.[23]

예를 들어, 다음 문장을 보자.

a) 말이 돌을 운반하다.
b) 노새가 목재를 운반하다.
c) 당나귀가 밀짚을 운반한다.
d) 황소가 고철을 운반한다.

통합체는 어휘들 사이의 관계를 뜻하는 '운반하다'와 같은 동사적 관계를 의미한다. 계열체는 '말/노새/당나귀/황소' 등이나 '돌/목재/밀짚/고철' 등의 집단을 뜻한다. 같은 계열체에 속하는 것들끼리는 서로 바꿔도 문장이 성립된다. 이런 기능을 대입 기능이라 한다. 즉, 같은 계열체끼리는 대입시켜도 문장 체계에는 변화가 없다. 이런 계열성은 명사들 사이에서도 성립된다. 의 · 식 · 주를 표현하는 기호에 적용해 보면 다음과 같다.

	통합체	계열체
옷	양복 한 벌: 상의+하의	상의 : 저고리/잠바/스웨터 하의 : 반바지/통바지
요리	식단: 찬 음식+양고기+콩	- 소시지/햄/새우 요리/야채 - 스테이크/안심구이 - 감자튀김/검은 콩/당근
가구	침대+식탁+옷장	여러 가지 스타일의 침대, 식탁, 옷장의 종류

통합체는 '말의 연쇄'속에서 그 말들의 '물질적 연속이 만드는 관계'이며, 계열체는 언어의 각 단위들이 '형식적 분류 체계에서 상호 대체 가능한 것들의 관계'이다.

추상적인 개념에 대해서 통합체와 계열체를 구분해 보면

계열체적 관계	통합체적 관계
은유법	환유법
대치와 연상	문맥의 연쇄
대립	대조
유사성	인접성
언어	말
동시성	통시성
교환	치환

이런 이분 구조는 다시 기호4각형을 구성하는 중요 요소가 되며, 은유와 환유에 대한 기호4각형은 앞으로 예에서 다룰 예정이다.

6.2.3 의소

하나의 어휘는 하나의 의미만을 갖는 것이 아니라, 문장 중에 포함되면서 다양한 의미를 부분적으로 갖는다. 이런 부분적 의미들이 합쳐져서 어휘의 의미가 된다. 의미를 일으키는 최소 단위를 의소라 하고, 어휘의 의미를 의소들로 분해하는 것을, 즉 어휘의 의미성분을 분해라 한다.[33, 34, 35]

이 의소는 내용 차원에서 의미를 분절하며, 스스로 의미를 나타내지 않고 다른 대립되는 어휘와의 관계 속에만 의미를 나타낸다. 예를 들면, 다음 두 어휘를 보자.

〈아들〉과 〈딸〉

두 어휘는 /세대/(하나 또는 두 양친에 대한 자식관계에서)라는 축에서 공통되는 의소를 가지고 있으며, /남성/ 또는 /여성/이라는 성별의 축에서 서로 다른 의소(/여성/과 /남성/을 단순요소라고 가정할 때)를 가진다.

(1)	(2)	(3)
남자	여자	아이
숫소	암소	송아지
수탉	암탉	병아리
숫오리	암오리	새끼오리
숫양	암양	새끼양

각 줄은 최소한 하나의 공통요소를 내포한다. 줄(1)은 /수컷/이라는 의소가 공통이고, 줄(2)에는 /암컷/이 그리고 줄(3)에는 공통요소(=작은 것〉)가 있는데, /세대/라는 축에서 든 또는 /비성인/이라는 축에서 이해될 수 있다. 따라서 각 어휘들이 의소들로 설명될 수 있다는 것을 대충 알 수 있다.

또한 이 어휘들은 다시 이분법으로 정리할 수 있다.

	남자	여자	아이	아비	어미	아들	딸
/인간/	+	+	+	+	+	+	+
/수컷/	+	−	0	+	−	+	−
/암컷/	−	+	0	−	+	−	+
/성인/	+	+	−	+	+	0	0
/비성인/	−	−	+	−	−	0	0
/생식/	0	0	−	+	+	−	−
/자식관계/	0	0	+	−	−	+	+

여기서 +는 그 속성을 갖는 것을 나타내며, 즉 '남자'는 /수컷/이라는 속성을 갖기 때문에 +기호를 주며, −는 반대 속성을 갖는다는 뜻이다. '여자'는 /수컷/에 반대 속성을 가지므로 −부호를 쓴다. 또한 속성이 없는 경우는 0을 준다. 의소를 분석하는 것은 임의성이 있기 때문에 문제점을 갖고 있는 분석 방법이다. 그렇지만, 각 언어마다 이 의소의 크기가 유한하며, 생각보다 매우 적은 의소들의 조합으로 어휘들이 만들어 진다는 것이다. 예를 들면, 프랑스어는 약 31개에서 33개의 의소들을 기반으로 무수히 많은 어휘들을 만들고 있다는 것이 보편적인 의견이다.[34]

6.3 의소핵과 문맥소, 동위성

6.3.1 의소핵과 문맥소

각 어휘들은 문장에 포함되면서 의미에 특성이 나타나고, 문장의 의미가 발생한다. 이 의미 중에는 문장과 상관없이 항상 의미를 주는 의소핵이 있고, 문장에 따라 의미가 다르게 표출되는 문맥소라는 의소로 분리할 수 있다. 의소핵은 어휘 내에서 독자적으로 의미를 갖는 의소이며, 문맥소는 여러 개의 어휘소가 결합되면서 의미가 나타나게 된다. 예를 들어 보자.[34]

(1) 머리를 쪼개다.
(2) 자신의 머리를 깨다.
(3) 죽음의 머리(해골)

등의 문장에서는 〈머리의 뼈 부분〉이 강조되고, 문맥소가 된다.

또 다른 예로, 형용사 〈좋은〉이 들어 있는 문장을 보자.

(1) 좋은 맥주
(2) 좋은 사업

(1)에서는 〈맛있는〉 맥주에 대한 것이며, /미각/이라는 문맥소가 있음을 알 수 있고, (2)에서는 〈이익을 많이 주는 사업〉이라는 의미로 문맥소는 /경제적/이라는 것이 들어 있다.

어휘 내에서 의소핵과 문맥소가 어떻게 결합되어 니타나는 지를 보기 위해서 어휘소 '머리'(프랑스어 tête(head))를 살펴보자. '머리'는 인간이나 동물의 목 위에 있는 부분으로 '몸의 가장 위에 있고, 털로 덮인 딱딱한 부분'으로 정의할 수 있다. 따라서 변하지 않는 의미 요소인 의소핵은 '신체의 일부'라는 것일 것이다. 그렇지만, 이 단어가 사용되는 문장의 맥락에 따라 분석해서 얻은 의소핵(意素核) /말단성(끝에 있음)/(末端性)과 /구상성(둥근 모양)/(球狀性)이 된다. 이상하게도 '신체의 일부'라는 의소는 나타나지 않는다. 여기서 구상성은 소극적으로는 〈점〉(點)으로 나타난다.

a) /말단성/의 핵

1. /말단성/+/상위성/+/수직성/

나무 머리(나무 꼭대기)

사업의 머리에 있다(사업이 시작되었다.).

머리 위에 빚을 지다(빚에 짓눌리다.).

2. /말단성/+/선행성/+/수평성/+/연속성/
마을의 들머리(마을의 입구)
시작 머리(시작점, 기점)

3. /말단성/+/선행성/+/수평성/+/불연속성/
선두 화물차(화물차의 앞머리)
행렬의 선두
선두에 서다.

의소 /연속성/을 /불연속성/으로 바꾸기만 해도 다른 의미가 된다.

b) /구상성/의 핵

1. /구상성/
혜성의 머리
못 대가리

2. /구상성/+/견고성/
머리가 깨지다.
딱딱한 머리를 갖다(머리가 나쁘다.).

3. /구상성/+/견고성/+/그릇/
머릿속에 들어서다(마음의 결정을 내리다.).
가득 찬 머리
머리를 쥐어짜다.

a)의 예문을 보면, '머리'가 들어간 어휘 속에서는 예상되었던 '신체의 일부'라는 의소핵은 나타나지 않는다. 이상하죠. 반면 /말단성/이라는 의소는 항상 있으며, 이 /말단성/은 의소핵이 된다. 그 외의 다른 의소들은 문맥소가 된다. b)의 예문에서는 /구상성/이 의소핵이 되고, 나머지 의소들인 /견고성/과 /그릇/은 문맥소가 된다.

6.3.2 동위성

어휘는 대개가 하나 혹은 그 이상의 의소핵을 지니고, 이 의소핵은 어휘의 불변적인 부분이 된다. 의소핵 주위로 다른 어휘들이 결합되면서 문맥소가 따라 붙으면서 의미를 만들어 낸다. 그렇지만, 이 의소들의 결합은 무질서하게 일어나는 것이 아니라, 어떤 질서에 따른다. 어휘들이 모여서 문장을 만들 때, 이 문장의 어휘들은 의소핵을 중심으로 문맥소의 의미를 조율하게 되는 데, 이것을 '동위성'이라 한다.

예를 들어 보자.

(1) 개가 짖는다

(2) 경찰이 짖는다

'짖는다'는 개와 같은 동물들이 크게 내는 소리이다. 따라서 문장 (1)은 '개'와 '짖는다'가 모두 /동물계/라는 문맥소를 갖는다. 문장 (2)는 '경찰'과 '짖는다'가 서로 양립되지 않는 단위로 보인다. '경찰'은 /인간계/에 속하고, '짖는다'는 동물계에 속하기 때문이다. 하지만 이런 표현도 경찰이 권력의 앞잡이가 되어 사람들을 괴롭히는 상황이라면, '짖는다'는 표현이 /동물게/에서 /인간계/로 전이되어 앞의 표현은 경찰을 조롱하는 표현으로 받아들여질 수 있을 것이다. 전이에 의해 동위성을 확보하게 된다. 동위성을 확보하는 면에서 볼 때, 문맥소는 계열체적인 성격을 지닌다.

6.4 인간 사고의 기호4각형 예

프랑스 사람들이 새(bird)와 개(dog), 가축(animal) 그리고 경주용 말(horse)의 이름을 짓는 것을 보면, 그 이름이 개의 이름인지, 말의 이름인지, 새의 이름인지 아니면 기축의 이름인지를 대략적으로 알 수 있다. 이는 작명 규칙이 있다는 것을 의미하고, 작명을 하는 인간 사고의 기본 구조가 존재한다는 것을 의미한다.[23]

각 동물들의 이름을 보면, 인간 생활과 동물 생활을 비교하여 이름을 짓는 것으로 보인다. 이 비교는 환유/은유의 대립쌍을 사용한다.

6.4.1 환유와 은유의 간략한 특징

앞에서도 보았지만, 여기서도 간단하게 환유법과 은유법을 살펴보자. 환유법은 상호 인접하여 연결되어 있는 성질을 지니고 있다. 즉 '철수가 돌을 운반하다'라는 문장에서 동사 '움직이다'는 철수와 돌이 인접하여 연결되어 있다는 것을 보여준다. 따라서 환유 현상을 나타내는 대표적인 품사는 동사가 된다. 동사뿐만 아니라 명사에서도 환유 체계를 볼 수 있다. 즉, '저고리'는 '바지'와 하나의 의복으로 '근접 연결' 되어 있어 환유 현상을 일으킨다.

반면에 '은유법'은 서로 유사성에 의하여 상호 대체되어 교환 가능한 대상 사이의 사고 체계를 의미한다. 예를 들어, '소를 끌고 가다'와 '말을 끌고 가다'에서 '소'와 '말'은 상호 대체되어 교환되며, 교환 후에도 문법 체계는 변화가 없다. 이런 특성을 보이는 품사로는 명사를 들 수 있다. 이것은 은유 현상을 보인다.

6.4.2 새와 개의 이름

먼저 새를 보자. 새는 사람과 다른 점도 많지만, 유사한 점도 많다. 그래서 새는 사람의 이름(성(姓)이 아닌)으로 작명을 한다. 즉. 전체 이름 '홍길동'에서 '길동'으로 새 이름을 짓는다.

새는 털과 날개를 갖고 있으며, 알로 새끼를 부화한다. 이런 특성은 사람과 매우 달라 보인다. 그렇지만, 새는 독립적 공동체를 만들어 무리지어 산다. 이 특징은 인간의 사회생활과 유사하다. 더욱이 하늘을 날아다니는 새의 모습은 인간에게 가장 중요한 자유의 상징으로 나타난다. 새집에서 가족을 이루고 새끼를 키우며, 다른 새와 새소리로 지저귀면서 대화를 한다.

이런 여러 면에서 새의 세계는 '은유적'으로 인간을 나타내는 것으로 보인다. 새들을 작은 인간으로 생각하기 때문에, 인간의 이름과 '환유적'으로 관련된 이름을 짓는다. 즉, 전체 이름 중에 성을 뺀 나머지 부분으로 작명한다. 조그만 인간들이라는 뜻을 갖는다. 그러나 프랑스인의 이름으로만 보면, 전체 이름 중에서 인접된 일부분을 나타내므로 '환유법'이 된다.

프랑스인들이 지은 새 이름은 삐에로(Pierrot), 마르끄(Marc), 쟈끄(Jacques) 등이 있다. 모두 잘 알려진 프랑스 이름들이다.

개의 이름은 성격이 매우 다르다. 개는 사람 곁에 살고 있으며, 길들여진 동물로서 주인의 특징을 잘 나타낸다. 인간과 인접하여 생활하고 있으므로, 인간과는 '환유적' 관계에 있다.

프랑스의 개 이름은 아조르(Azor), 메도르(Medor), 술탄(Sultan), 피도(Fido) 등으로 짓는다. 이 이름들은 프랑스인들이 자주 다니는 극장 이름이 대부분이다. 극장은 인간 생활의 한 면을 잘 보여주고 있다. 극장을 자주 다니는 사람들의 행동 양식 등으로 그 사람들의 특성을 파악할 수 있고, 따라서 은유적으로 극장은 인간을 표현하고 있다.

그렇지만, 개의 이름은 사람 이름과 직접적 결합관계나 연쇄관계는 없지만, 개의 이름으로 인간의 모습을 보여주기 때문에 개의 작명은 '은유적'이라고 볼 수 있다.

따라서 새는 사람과 은유적 관계(유사성 관계)를 갖고, 새의 작명은 인간 이름과 환유적 관계를 갖는다. 개는 사람과 환유적 관계(근접성 관계)로 생활하고, 그 작명은 은유적(주인을 은유적으로 표현하는 이름)이 된다.

6.4.3 가축과 경주용 말의 이름

가축에 대해서 매우 다르나. 가축은 사람들이 마음대로 다룰 수 있는 대상으로 본다. 사람과 인접하여 있지 않고, 인위적으로 울타리를 쳐서 가둔다.

따라서 가축(젖소 등)의 이름은 새나 개와는 성격이 매우 다르다. 가축은 털의 색깔, 외형이나 성질 등을 연상하게 하는 서술적 용어(형용사)로 이름을 짓는다. 예를 들어, 류스또(Rustaud-촌스러운), 룻쎄(Rouseet-적갈색의(roux, rousse)), 브랑셰뜨(Blanchette-흰(blanc, blanche)), 두스(Douce-부드러운(doux, douce)) 등이다.

이런 가축의 이름은 가축의 특성을 잘 나타낸다. 예를 들어, '이놈은 촌스럽게 생겼어'에서 '촌놈'이라는 이름을 붙인다. 따라서 이름이 가축의 특성을 '환유적'으로 표현하고 있다.

경주용 말의 이름은 또 다르다. 경주용 말은 새처럼 인간과 동떨어진 사회생활을 하며, 인위적으로 좋은 말이 될 수 있게 길러진다. 즉, 좋은 종마장에서 태어나고 좋은 목장에서 사육된다. 이름도 순수 혈통과 혼혈 혈통을 구분하여 달라진다. 따라서 이름은 매우 배타적이고 개인적이다. 그렇지만, 혈통을 중요하게 생각한다는 점에서 인간과 매우 유사하다.

따라서 경주용 말은 인간과 은유적이다. 말 이름으론 오세앙(Ocean), 아지뮤트(Azimuth), 오페라(Opera), 벨 드 뉘(Belle de Nuit), 텔레그라프(Telegraphe), 위

켄드(Weekend) 등이다. 이런 이름은 말마다 다른 이름이 있을 정도로 개인적이고 배타적이다. 그리고 거의 임의적이다. 그렇지만, 사람들의 이름이 서로를 구분하기 위해서 지어지는 것처럼 경주용 말의 이름도 다른 말과 구분하기 위해서 지어지고 있다. 사람의 이름을 '은유적'으로 사용하고 있다.

6.4.4 작명법의 정리

위 상황을 정리하면,

(1) 새는 '은유적'으로 인간을 나타내며, 개는 '환유적'으로 인간과 연관되어 있다. 인간은 새를 통하여 자신들을 상상하며, 개는 인간의 친구처럼 생각한다.

(2) 가축은 인간이 쉽게 다룰 수 있는 비사회적인 대상으로 인간 사회에서 어느 정도 인접해 있다. 반면에 말은 혈통과 같이 인간과 유사한 특성을 갖고 있지만, 인간과 분리되어 사육되고 있다.

(3) 새와 가축의 이름은 환유적 특징을 갖는다. 새는 사람들의 이름과 환유적 특성을 갖지만, 가축은 가축의 특성과 환유적 특성을 갖는다.

(4) 경주용 말과 개의 이름은 은유적 특성을 갖는다. 개는 사람들의 성격을 보여주는 극장의 이름을 사용하여 주인의 특성을 은유적으로 표현하고 있다. 경주용 말은 서로 분리하는 것을 목적으로 하는 사람들의 이름 특성과 유사성으로 작명된다.

6.4.5 기호4각형

동물 명칭의 체계를 은유법과 환유법에 적용하여 다음과 같이 도식으로 정리할 수 있다.

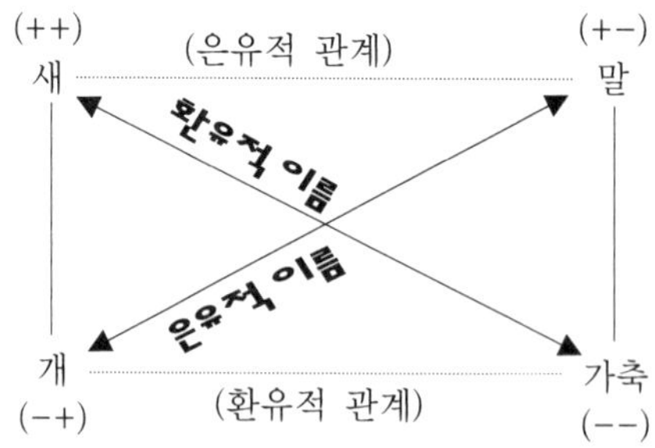

위쪽에 그려진 횡선은 인간과 은유적 관계를 말한다. 새는 적극적(+)으로 인간 사회를 은유적으로 표현한다. 반면에 말은 소극적(−)으로 인간과는 완전히 다른 사회를 나타낸다. 완전히 동떨어져서 사회를 이루지 않고, 서로 떨어져서 고독하게 사는 이산적 단위를 나타낸다. 아래쪽 횡선은 인간 사회와 환유적 관계를 나타낸다. 개는 인간 바로 옆에 있으므로, 적극적(+)인 환유 관계를 가지며, 가축은 인간에서 멀리 떨어져 있는 소극적 (−)인 대상을 나타낸다. 두 사선은 새와 가축의 이름이 환유법을 따르고 있으며, 개와 말은 은유적 특성을 갖고 있다는 것을 의미한다.

6.4.6 작명법과 확장추이함수와 연계성

개, 말, 개와 가축들의 작명법을 확장하여 생각하면, 사람은 은유와 환유를 무의식적으로 사용하여 문화를 만들고 있음을 알았다. 따라서 은유와 환유가 인간들이 가지고 있는 무의식적 기본 개념이라는 것을 알 수 있다.

은유와 환유는 신경절 세포에서 세부 탐지기가 만들이지는 메커니즘은 확장추이함수 $G(x)=ax+b$로 나타나고, 논리적 구조를 만든다. 따라서 논리적으로 인간은 세포 수준에서 작동하는 메커니즘에서 나타나는 현상을 무의식적으로 활용하여 새로운 개념을 만들고 있다는 것을 알 수 있다.

그렇지만, 세포 수준에서는 오류확장추이함수 $G_{\epsilon}(x)=ax+b+\epsilon$가 작동한다. 이 함수는 확장추이함수에 비논리적인 오류항이 추가되어 있고, 이 오류항은 개념의 수직 구조를 만드는데 필수적이다. 따라서 작명법과 관련된 기호4각형은 개념의 수평 구조를 만들고 있다. 오류항을 추가해서 구조를 만들고, 현상을 해석하는 방법을 개발하는 것이 더 필요하다.

6.5 기호4각형

6.5.1 대립항과 통합 범주

구조는 기본적 구조들의 조합으로 형성된다고 가정하고, 기본적 구조는 기호4각형으로 정의한다.[33, 34, 35] 이 기호4각형은 어휘들의 대립 관계를 통해서 정의되며, 어휘의 대립 관계는 어휘를 구성하는 의소 중에 일부가 대립적 의미를 갖기 때문에 발생한다. 그렇지만, 의소들 사이의 대립은 좀 더 큰 범주 속에 포함되어 큰 범주의 내부 구조로 해석할 수 있다. 예를 들어,

〈소년〉 대 〈소녀〉
/남성/ 대 /여성/

밑에 숨어 있는 두 의소는 (/남성/ 대 /여성/)이며, 이 의소 사이의 관계는 반대 의미를 갖는다. 따라서 그 중에 하나를 나타내면, 다른 하나는 쉽게 나타낼 수 있다.

의소 /남성/과 /여성/은 서로 반대 의미를 갖고 있으므로, 이접(離接)한다고 말할 수 있다. 또한 의소 /남성/과 /여성/을 포괄하는 /성별/이라는 평면(또는 범주)에서는 서로 연접(延接)한다. 따라서 두 의소는 연접과 이접을 동시에 한다. 이접하는 두 의소(이원적 구조를 갖은 의소)를 더 큰 평면(또는 범주)에서 연접시킬 수 있고, 이는 의미 작용의 새로운 기초 구조를 만들 수 있게 한다. 하나의 의소 s에 대해서 반대 의소를 −s라 하면, 의소의 이원적 분절은

s 대 −s (또는 비s)

여기서 기호 −은 상반 관계를 나타낸다.

예를 들면, 이원적 의소와 통합 평면의 예는 다음과 같다.

유성음 /b/	대	무성음 /p/	:	음성 평면
큰(大)	대	소(小)	:	크기 평면
흑	대	백	:	색 평면

여기서 평면이라는 단어를 범주라는 의미로 사용한다. 기호4각형의 모양으로 생각할 때, 평면이란 뜻이 잘 어울리기 때문인데, 일반적으로 범주라고 표현하는 것이 적절하다. 어휘를 구성하는 의소 중에 일부가 서로 상반 관계에 놓이면 만들어 지는 어휘들은 서로 상반 관계를 갖는다. 따라서 상반 관계를 갖는 어휘들은 내부적으로 모순 관계를 포함한다. 그렇지만, 모순 관계는 상반 관계와는 약간 성격이 다르다.[30] 따라서 상반 관계를 갖는 두 어휘 s_1와 s_2를

$$s_1 \longleftrightarrow s_2$$

로 상반 관계를 표시한다.

각 어휘에 대해서 모순되는 어휘를 $\overline{s_1}$와 $\overline{s_2}$라 한다. 이들 사이에도

$$\overline{s_1} \longleftrightarrow \overline{s_2}$$

의 상반 관계를 나타낸다.

일반적으로 이원적인 의소는 더 큰 다른 이원적인 의소(상위 수준의 의소)의 구성 요소를 만든다. 예를 들면,

인간 대 동물

생물 대 무생물

〈인간〉과 〈동물〉은 서로 상반되는 의미를 갖고 있지만, 이 두 의미는 〈생물〉이라는 상위 의소에 통합된다. 또한 〈생물〉에 대해서 〈무생물〉이라는 상반되는 의소를 만들 수 있다. 이런 식으로 의미들은 위계 구조를 만든다.

6.5.2 모순항과 기호4각형 정의

의소는 의미의 가장 낮은 수준(심층이라고 함)에 위치하게 된다. 의소의 조합으로 이루어진 어휘(의미) 수준에서 구성되는 기호4각형은 의미작용의 심층 수준에서 정의된다. 이 기호4각형을 구성하여 보자.

의미 작용 S(기표(시니피앙)로서의 세계, 혹은 어떤 기호체계)와 S의 모순항 $\overline{\mathrm{S}}$가 서로 대립한다고 하자. 만일 의미 S가 서로 반대되는 두 의미 s_1와 s_2로 분절된다고 하면,

$$s_1 \overset{S}{\longleftrightarrow} s_2$$

비슷하게 모순항 $\overline{\mathrm{S}}$도 $\overline{s_1}$와 $\overline{s_2}$로 분절되며,

로 이접과 연접을 동시에 표시하여 정의할 수 있다.

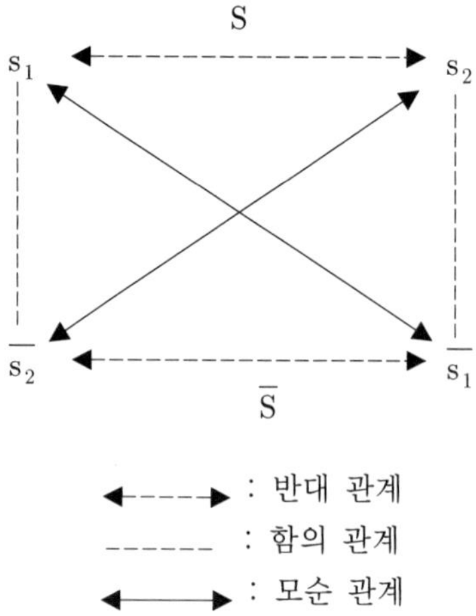

좀 더 구체적으로 기호4각형을 구성하는 내용을 살펴보자. 기호4각형은 두 가지 조작(반대항과 모순항)으로 3가지 서로 다른 항을 얻는다. 이 항들의 정의는 형식적이며, 다른 모든 적용 예보다 먼저 정의된다.

6.5.3 기호4각형 내부 구조

4각형의 내부에는 크게 관계와 차원의 특성이 있다.

관계(relation)의 특성은 계층적 성질과 범주적 성질 그리고 함의 관계를 갖는다. 계층적 관계는 항 s_1와 s_2의 상위 수준인 추상적인 개념 S와 사이에서 일어난다. 비슷한 계층적 관계가 $\bar{s}_1$, $\bar{s}_2$, 및 $\bar{S}$ 사이에서 이루어진다.

범주적 관계는 범주를 구분하는 성질인 모순적 성질과 상반적 성질을 나타낸다. 상위 수준에서 S와 $\bar{S}$ 사이에 모순이 있고, 하위 수준에서는 s_1와 $\bar{s}_1$ 사이에서, 그리고 s_2와 $\bar{s}_2$사이에서 존재한다. 또한, 상반 관계는 하위 수준에서만 일어나는데, s_1와 s_2 사이에서 그리고 $\bar{s}_1$와 $\bar{s}_2$ 사이에서 일어난다. 상반되는 개념과 모순의 개념들은 반복할 때 다시 자신으로 된다는 이분적 특징을 갖는다. 즉, $s_1 = \overline{\overline{s_1}}$이다. 반대의 반대는 다시 자신이 된다.

특이하게도 s_1과 $\overline{s}_2$ 사이에서는 함의 관계가 나타난다. 비슷하게 s_2와 $\overline{s}_1$ 사이에서도 함의 관계가 일어난다.

기호4각형에서 나타나는 차원들은 다음 표에 요약한다.

구성적 관계	구조적 차원	의소적 구조
상반성	S축 (복합축) $\overline{S}$축 (중립축)	$s_1 + s_2$ $s_1 + \overline{s}_2$
모순	도식 1 도식 2	$s_1 + \overline{s}_1$ $s_2 + \overline{s}_2$
단순 함의	지시 체계 1 지시 체계 2	$s_1 + \overline{s}_2$ $s_2 + \overline{s}_1$

도식 관계는 모순 관계에 의해서 성립되며, 지시 체계는 함의 관계에 의해서 만들어진다.

6.5.4 예 : 삶과 죽음에 대한 기호4각형과 해석

/삶/과 /죽음/에 대한 기호4각형를 간단히 구성하여 보자.[34]

/삶/과 /죽음/으로 '실존'이라는 범주에 속한다. 삶과 죽음은 서로 상반 관계이다. s_1을 /삶/이라 하고, s_2를 /죽음/이라 정하자. 실존이 통합축 S을 구성한다. /삶/에 대한 모순을 간단하게 /비(非)삶/이라 하자. /죽음/에 대한 모순은 /비죽음/이라 하자. $\overline{s_1}$은 /비삶/을 $\overline{s_2}$은 /비죽음/으로 정한다. 이들이 중립축 $\overline{S}$를 구성한다. 정의만을 생각하면 이렇게 간단하게 구성할 수 있지만, 각 항의 의미를 살피면 그리 간단하지만은 않다.

삶과 죽음은 말 그대로 어느 정도 의미를 이해할 수 있어 보인다. 그렇지만, 이 개념들과 모순이 되는 비삶이나 비죽음은 어떤 의미인지 쉽게 이해되지 않는다. 비삶과 비죽음의 개념이 삶과 죽음의 모순으로 정의했으므로, 먼저 삶과 죽음을 살필 필요가 있다.

삶과 죽음에 대한 정의는 그렇게 간단하지 않다. 죽음만을 본다고 해도 죽음의 의미가 매우 다양하기 때문이다. 민중 국어사전에 나오는 '죽다'라는 의미를 4개만 보면,

1. 목숨이 끊어지다. 생명을 잃다.
   죽은 사람/ 굶어 죽다.
2. 움직이던 물건이 그 동작을 중지하다.
   시계가 죽다.
3. 불이 꺼지다.
   난롯불이 죽었다.
4. 팔팔한 성질이나 빳빳한 기운이 줄어지다.
   기가 죽다/ 죽어지내다.

모두 죽음을 나타내지만, 죽음이 의미하는 상황은 다르다. 따라서 죽음을 다루기 위해서는 먼저 상황을 결정하는 것이 필요하다. 하나의 상황이 결정되었다고 해도 죽음이 완전히 정의되지는 않는다. 예를 들어, 1번 문장의 의미는 육체적 죽음을 다룬다. 육체적 죽음은 경험 상 숨을 쉬지 않는 것을 의미한다. 그렇다면, 얼마 정도 숨을 쉬지 않으면 죽음으로 인정할 것인가? 잘 모르겠다. 10분, 20분, 30분 아니 하루. 글쎄 호흡이 멈춘 상태에서 심폐소생술로 다시 소생하는 경우도 있으니까 여러 가지가 애매하다. 어떤 상황이더라도 애매성은 항상 있게 마련이다. 그렇지만, 큰 범주에서 애매성을 줄이기 위해서 개념들이 정의되는 상황을 좀 더 구체적으로 제한한다.

텍스트부터 4각형의 구성은 잠시 후에 다시 논의하기로 하고, 여기서는 구성된 결과를 먼저 살피자. 많이 알려진 베르나노스의 작품을 중심으로 삶과 죽음을 분리하여 기호4각형을 다음과 같이 구성한다.[34]

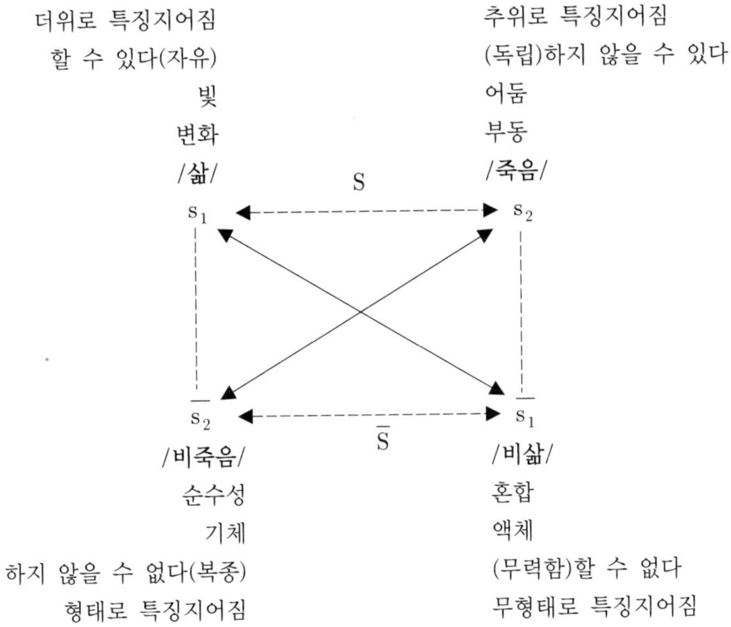

/삶/은 '변화'와 '빛' 그리고 '더위'를 나타낸다. 그리고 '할 수 있다'라는 '자유'를 나타낸다. /삶/에 해당하는 '변화'를 생각해 보자. 변화는 능력을 갖고 스스로 해서 변화를 시키는 것을 간단히 표현한 것으로 볼 수 있다. 즉 할 수 있다는 자유를 나타낸다. 반대로 /죽음/은 '하지 않을 수 있다'는 할 수 있는 능력은 있지만 스스로 하지 않는 상태를 의미하고, '부동'으로 된다. /비삶/은 할 능력도 없고 하려는 능력도 없는 상태인 '할 수 없다'를 나타낸다. 따라서 무력해서 아무 것도 할 수 없는 것이다. 따라서 이것저것이 혼합되어 있어서 더 이상 어쩔 수 없는 상태를 말한다. /비죽음/은 스스로 할 능력은 없고 하려고는 하기 때문에 하라는 대로 따라서 하는 것이다. '복종'하게 되고, 동기가 순수한 것이다.

6.5.5 기호4각형의 주관성

기호4각형의 각 원소(의소)를 배치하는 것은 그 상황에서 주관적으로 결정한다. 따라서 기호4각형을 구성하는 사람마다 다른 4각형이 만들어 질 수 있다. 예를 들면, 모파상의 "두 친구"라는 작품에서 나타난 기호4각형을 베르나노스의 결과와 비교하면, 다음과 같다.

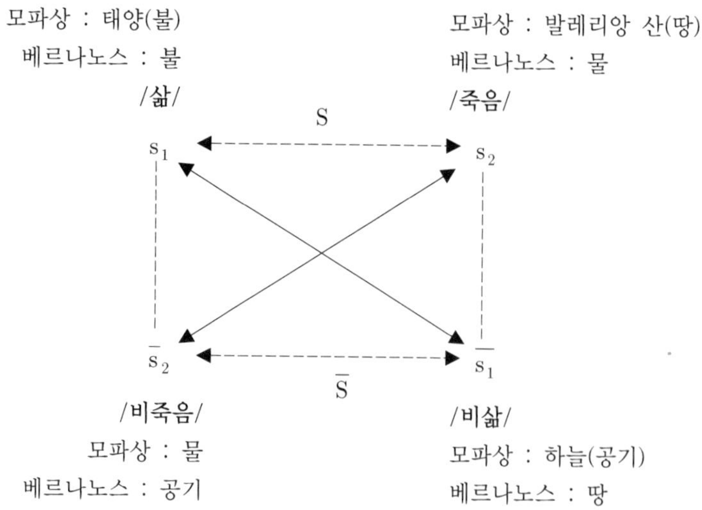

텍스트를 분석하여 기호4각형을 만드는 작업은 의외로 쉽다고 볼 수 있다. 왜냐하면, 기호4각형의 내부 구조가 있기 때문에 해당하는 의미를 텍스트 중에서 찾으면 되기 때문이다.

6.6 복합 속성의 기호4각형

예를 들어, '하고 싶다'라는 동사에는 행위에 해당하는 '하다'와 의지를 나타내는 '싶다'가 하나로 합쳐져서 의미를 만들고 있다. 이렇게 여러 개의 속성들이 조합되어 만들어지는 어휘들은 각 부분 속성이 긍정적(+)/부정적(-)으로 나타나는가에 따라 연계된 어휘들이 하나의 체계 속으로 합쳐진다.[34]

이런 어휘들 중에 2개의 속성을 가진 경우는 하나의 체계 속에 4개의 어휘들이 합쳐지게 되고, 기호4각형으로 나타난다. 이런 특성을 보이는 동사는 양상동사들이다. 양상의 형태는 자신의 능력을 발휘하고(can or pouvoir), 자신의 의욕을 보이고(want or vouloir), 의무감을 갖고(must or devoir), 지식을 갖는(know to or savoir) 등이 있다. 이 양상은 독자적으로 나타나지 않고, 행동과 연계된 다른 동사와 결합을 통하여 복합적으로 나타나게 된다.

행위(faire)와 의지(vouloir)가 동시에 나타나는 /행위 의지/의 기호4각형을 보

자. 행위를 f로, 무행위 -f로, 의지는 v로, 무의지는 -v로 표시하여 정리한다. 따라서 /행위 의지/는 vf가 되며, (하고 싶다)를 의미한다. /행위 의지/의 반대항은 /무행위 의지/(하고 싶지 않다)로 v-f이며, 모순항은 /행위 무의지/(하고 싶지 않다)로 -vf가 된다. /무행위 의지/의 모순항은 /무행위 무의지/(하지 않고 싶지 않다)로 -v-f가 된다. 이를 정리하여 기호4각형을 구성하면,

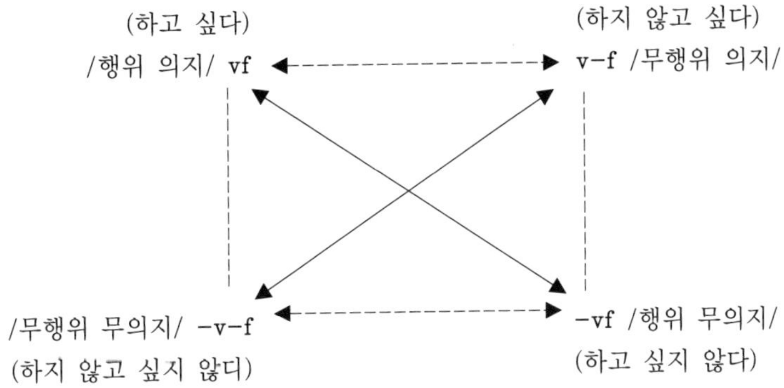

이상하게 보이는 /무행위 의지/는 의지는 있지만 행위를 하지 않는 것을 의미하고, /행위 무의지/는 행위를 할 의지가 완전히 없는 것을 나타낸다.

/행위 의지/에 대응되는 개념은 /상태 의지/이다. 상태(etre)가 있을 때와 없을 때를 각각 e와 -e로 표시한다. 상태(etre)와 의지(vouloir)를 동시에 갖는 개념으론 '바람직한'을 들 수 있다. /상태 의지/의 반대 개념은 '해로운'이 된다. /상태 무의지/는 '바람직하지 않은'이며, /무상태 무의지/는 '해롭지 않은'이 된다.

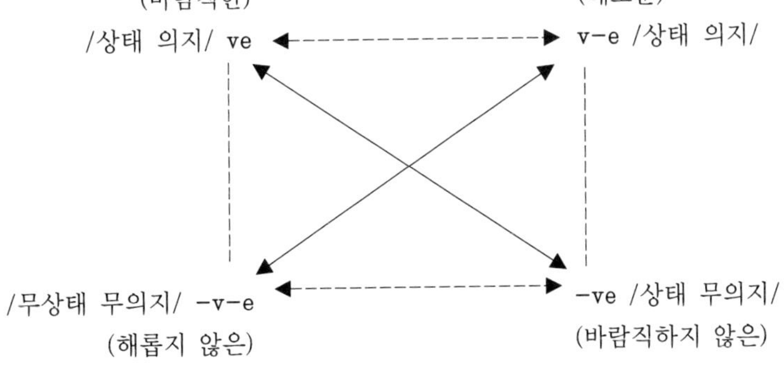

비슷하게 /행위 능력/(pouvoir faire)은 다음과 같이 분절할 수 있다.

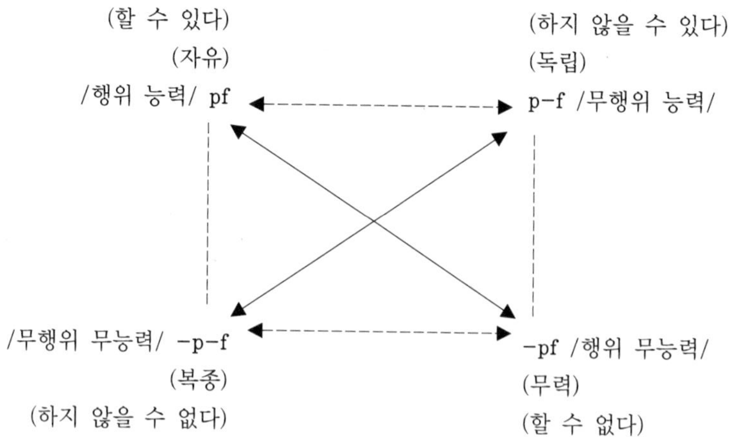

비슷하게 /상태 능력/(pouvoir etre)은 다음과 같이 분절할 수 있다.

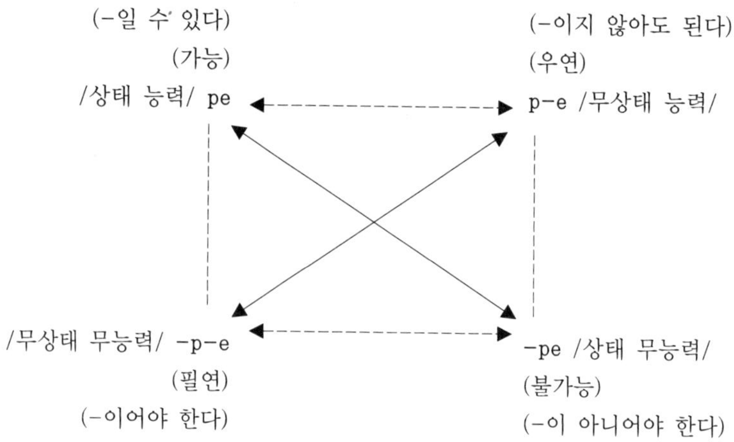

6.7 기호4각형의 통사구조

6.7.1 텍스트 분석과 사건의 전개

짤막한 에피소드를 통해 기호사각형을 활용과 사건의 전개 방향을 중심으로 살펴보자. 간단하게 마태복음 20장 29절 - 34절을 분석하여 보자.[34]

29 그들이 여리고에서 떠나 갈 때에 큰 무리가 예수를 따르더라
30 맹인 두 사람이 길가에 앉았다가 예수께서 지나가신다 함을 듣고 소리 질러 이르되 주여 우리를 불쌍히 여기소서 다윗의 자손이여 하니
31 무리가 꾸짖어 잠잠하라 하되 더욱 소리 질러 가로되 주여 우리를 불쌍히 여기소서 다윗의 자손이여 하는지라
32 예수께서 머물러 서서 그들을 불러 이르시되 너희에게 무엇을 하여 주기를 원하느냐
33 이르되 주여 우리의 눈 뜨기를 원하나이다
34 예수께서 불쌍히 여기사 그들의 눈을 만지시니 곧 보게 되어 그들이 예수를 따르니라

이 에피소드에서 몸과 목소리 그리고 눈의 3가지가 만드는 행동들이 '운동성'과 '부동성'의 기호4각형 속에서 어떻게 작동하는지를 보자.

'운동성'과 '부동성'의 의미를 갖는 표현을 정리하면,

	운동성	부동성
몸	큰 무리가 예수를 따르더라	맹인 두 사람이 길가에 앉아 있다 예수께서 머물러 서서
목소리	외치다 더욱 소리 질러 가로되 예수께서 그들을 불러	무리가 꾸짖어 잠잠하라 하되
눈	눈 뜨기를 원하나이다 곧 보게 되어	맹인 두 사람

/운동성/ 대 /부동성/의 기호4각형을 구성하면,

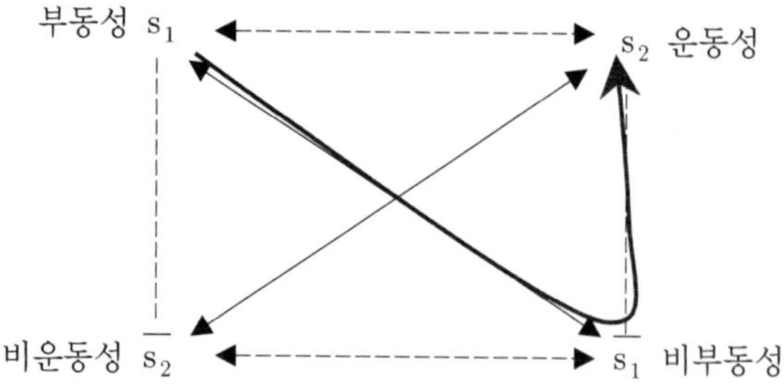

에피소드의 전개를 보자. 먼저 두 맹인이 부동성에서 출발하자. 이는 예수와 예수 뒤를 따르는 군중들의 운동성과 대조를 이룬다. 두 맹인이 소리를 지름으로써 부동 상태에서 벗어나려 한다. 이는 s_1에서 $\overline{s_1}$로의 이행된다. 예수는 이들을 부름으로써 이들이 부동 상태로부터 벗어나게 한다. 따라서 운동성 s_2을 긍정하는 것으로 끝맺는다. 즉, s_1에서 출발하여 운동성 s_2을 긍정하기 위해서 에피소드는 먼저 s_1를 부정하여 $\overline{s_1}$로 이행한 후에 s_2로 되는 것을 보인다. 이는 기호4각형 위에 화살표로 표시하였다. 이런 이행과정을 기호4각형의 통사규칙을 나타낸다.

6.7.2 기호4각형의 통사 규칙

서로 반대항인 s_1와 s_2 사이의 직접 변환 $s_1 \rightarrow s_2$은 존재하지 않고, s_1에서 s_2로의 이동은 s_1에서 먼저 모순항 $\overline{s_1}$으로 이동한 다음에 반대항 s_2로 이동한다. 비슷하게 s_2에서 s_1으로의 이동은 s_2에서 먼저 모순항 $\overline{s_2}$으로 이동한 다음에 반대항 s_1로 이동한다. 이런 이동을 규범적 이동이라 한다. 이 규범적 이동을 그림으로 그리면, 다음과 같다.[34]

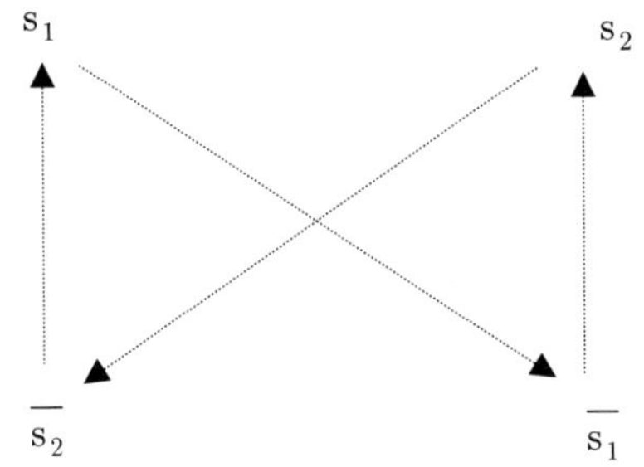

변환 과정 : $s_1 \rightarrow \overline{s_1} \rightarrow s_2$

$s_2 \rightarrow \overline{s_2} \rightarrow s_1$

규범적이지는 않지만, 허용되는 이동으론 $s_1 \rightarrow \overline{s_2} \rightarrow s_2$와 $s_2 \rightarrow \overline{s_1} \rightarrow s_1$가 있다. 이 경로는 규범적 경로의 반대 경로가 된다.

이 이동 과정은 마치 수학의 무한대 기호 ∞와 같은 모양이다. 또한 모순항으로 먼저 이동하는 것은 변증법의 정-반-합의 이동과 비슷하다.

7장 확장추이함수의 언어적 특성

7.1 확장추이함수의 물리적 특성

오류확상추이힘수 $G_\epsilon(x)=ax+b+\epsilon$가 무의식(눈의 신경절)에서 의식(뇌의 시각피질)으로 전환하면서 발생하는 전체 메커니즘임을 보았으며, 언어의 범주 구조를 형성 메커니즘이 됨을 보았다. 그렇지만, 여러 분야에서는 논리적 부분인 확장추이함수 $G(x)=ax+b$를 주로 사용한다. 오류항 ϵ은 비논리적 확장을 포함하며, 하나의 메커니즘에서 발생하지 않고, 다양한 부분 메커니즘들로 구성되기 때문에 쉽게 접근하기 어려운 문제점이 있다. 예를 들면, 시각 세포 자체의 오류와 관찰자의 의지, 주변 시각 세포와 관계성 등의 다양한 내용을 포함할 것으로 예상된다. 따라서 이제부터는 오류항을 제외한 확장추이함수의 물리적 특성과 다른 학문 분야와의 연계성을 다룰 예정이다.

7.1.1 극좌표와 직교 좌표계

확장추이함수 $G(x)=ax+b$에 사용하는 변수를 살펴보자. 변수 x는 막대 탐지기의 길이로 2차원 극좌표의 반경에 해당한다. 따라서 항상 양수 값을 갖는다. 또한 막대 탐지기의 방향과 일치할 때 최대로 반응을 나타낸다. 이를 모식도로 그리면, 다음과 같다.

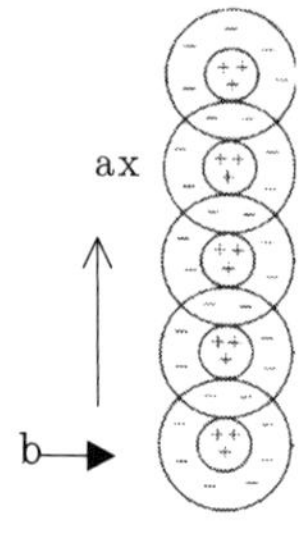

G(x) = ax + b

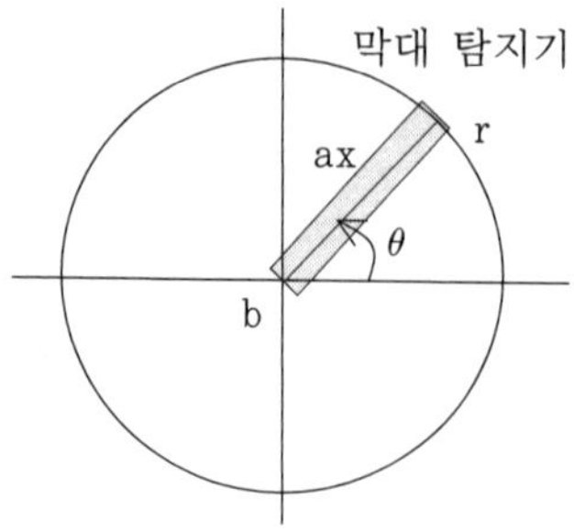

막대탐지기(ax+b)와 방향

막대 탐지기는 길이와 방향에 대해서 동시에 반응하기 때문에 이차원 극좌표로 표현되는 개체가 된다.

막대 탐지기 1개를 생각하면, 방향이 고정되므로, 변하는 것은 오직 길이만이다. 따라서 막대 탐지기는 1차원 좌표 특성으로 설명된다. 따라서 확장추이함수의 변수 x를 1차원 좌표로 생각할 수 있고, x는 실수로 생각한다. 즉, 직교 좌표이다.

직교좌표계에서 확장추이함수의 특성은 상수 a와 b 값에 의해서 결정된다. 상수 값에 따른 물리적 특성을 살펴보자.

7.1.2 유사도와 분리도

확장추이함수 $y = G(x) = a\,x+b$에서 비례상수 a는 y와 x가 비례하는 것을 나타내며, 비슷하게 x-축과 y-축이 유사하다는 것을 나타내기 때문에 a를 유사도라 정의하자. 유사도 a는 은유의 정도를 나타낸다.

또한 b는 대상 선택을 의미한다. 동일한 세부특성분석기의 입장에서 보면, 세부특징분석기를 구성하고 있는 신경절 세포 중에서 가장 중심이 되어 입력되는 위치가 b가 된다. 즉, 대상 선택의 중심이 되는 신경절 세포의 위치이다. 따라서 이 위치는 세부특성분석기의 시작 위치와 다를 수 있고, 이 세부특성분석기의 시작 위치와 대상 선택을 한 중심 위치와의 차이가 b이며, 이를 분리도라 정의하자. 즉, 시작 위치는 $b=0$가 된다.

분리도 b와 유사도 a에 대한 모식도를 아래 그림으로 나타내었다.

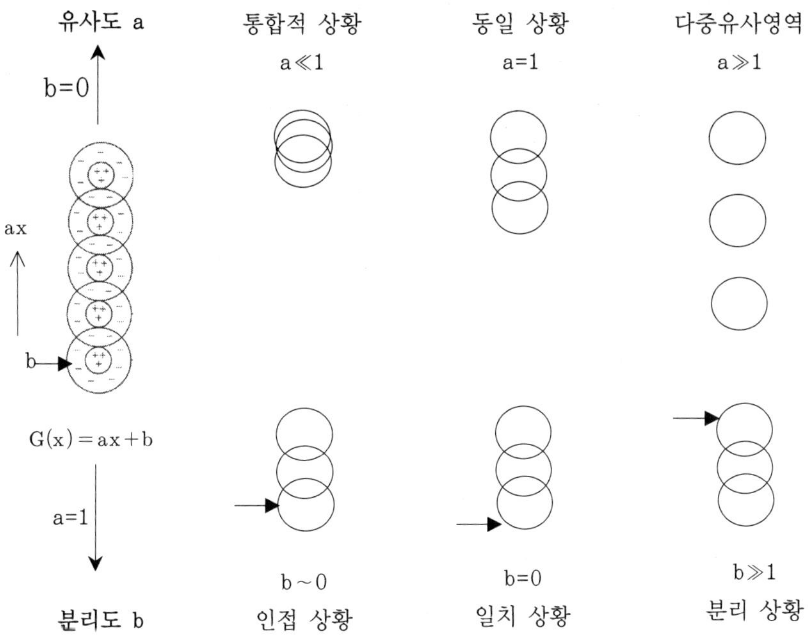

유사도 a와 분리도 b에 대한 세부특징분석기의 상황을 살펴보자.

7.2 유사도에 따른 현상들

유사도 a 값에 따라 통합체, 계열체, 그리고 은유의 현상이 나타나는데, 이를 살펴보자.

확장추이함수 y = G(x) = a x+b의 좌측을 출력으로, 우측을 입력으로 편의상 부르자. 유사도 a의 현상만을 보기 위해서 b=0로 선택하자.

$$y = a x$$

가장 간단한 현상은 a=1이며, y=x이므로, 동일한 대상을 지각한다. 입력과 출력이 동일하다.

유사도 a가 0<a<1이면, 지각 대상의 축소를 의미한다. 예를 들어, a=1/2이면, y=x/2로 반으로 축소된다. 지각 대상 하나가 반으로 축소되며, 대상이 겹쳐서 왜곡

이 심해진 상태이다. 따라서 가장 왜곡이나 변형이 없는 영역은 동일 대상을 지각하는 값 근처이며, 유사도 a가 1근처이다. 이 근처에선 지각 대상이 거의 동일하고, 따라서 단일한 대상을 거의 동일하게 지각하는 영역이 된다.

단일 유사 영역 : $a \sim 1$

이 영역에서 유사성이 가장 높기 때문에 가장 정확하게 은유를 이용하여 은유 대상을 기술할 수 있는 영역이 된다.

반면에 $a = 0$이면, 모든 입력이 한 점으로 된다.

$$y = 0$$

여러 개의 입력된 양이 모두 한 점으로 출력된다. 여러 양이 하나로 통합되는 상황이다. 그 결과 하나의 대상 안에 여러 양이 존재한다. 따라서 유사도 a에 따른 유사성은 사라지고, 분리도 b 값에 따른 현상만 남게 된다.

이런 상황은 밤하늘에 빛나는 별들로 생각할 수 있다. 모든 별들이 한 점으로 보이기 때문에 '별은 점이다'라고 말할 수 있다. 그렇지만, 별에 접근하면 무수히 많은 행성들이 합쳐진 상태이다. 이렇게 복잡한 대상을 단순하게 하나로 말하는 경우가 유사도 $a=0$인 상황이다.

비슷하게 유사도가 0 근처이면($a \sim 0$), 여러 개가 하나로 합쳐진 상황을 나타낸다. 이 영역을 통합 영역이라 부르자.

통합 영역 : $a \sim 0$

이 통합 영역에서는 유사도 a가 의미를 잃고, 분리도 b에 따른 환유 현상이 주도하게 된다. 따라서 통합체적 관계가 발생하는 영역이다.

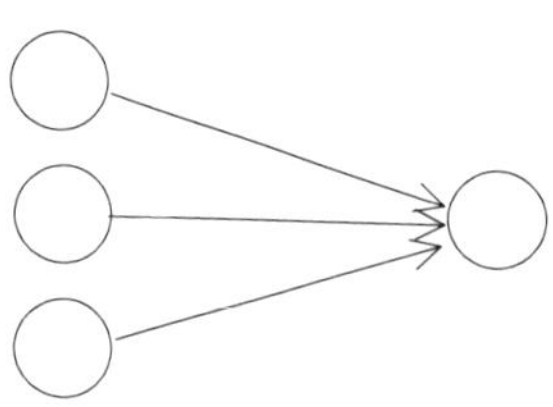

$a \sim 0$: 통합 영역

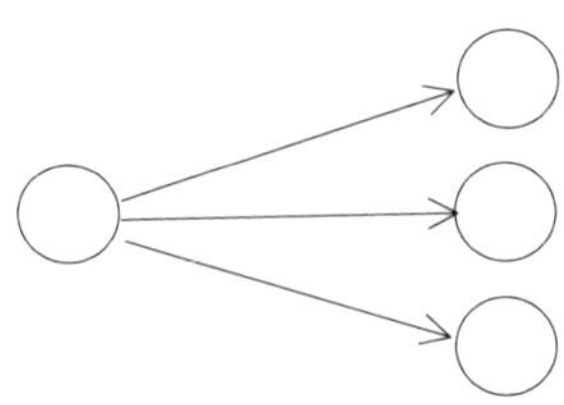

$a \gg 1$; 다중 유사

반대로 유사도가 1보다 큰 경우(a〉1)를 보자. 예를 들어 a=2이면, y=2x로 입력 x에 대해 출력 y가 2배로 확대된다. 하나의 입력이 2개의 출력으로 되는 것이다. 따라서 동일한 것이 여러 개 생기는 영역이 (a〉1)이 된다. 유사한 것이 여러 개 생기는 영역이므로 다중 유사 영역이라 부르자.

다중 유사 영역 : a≫1

다중 유사 영역을 살펴보자. 세포의 크기가 유한하다는 것을 생각할 때, 다중 유사성 영역에서는 하나의 입력이 여러 개의 출력을 만들어 낸다. 또한 각 출력이 서로 분리되므로, 이산적이 된다. 하나가 여러 개로 분리되어 출력되므로, 출력된 대상들은 모두 동일하게 된다. 즉, 속성이 같게 된다. 같은 속성을 갖는 대상들은 바뀌어도 상황이 바뀌지 않으며, 계열체가 된다.

본문에서 살핀 예를 다시 들어 보자.

(1) 말이 돌을 운반하다.
(2) 노새가 목재를 운반하다.

위 예문에서 '말'을 '노새'로 또는 '돌'을 '목재'로 바꾸어도 문장 구조가 동일하게 된다. 이런 특성을 갖는 '말/노새'와 '돌/목재' 등을 계열체라 부른다. 이런 계열체가 되는 것은 처음부터 동일하던 것이 표출되면서 다른 모양을 택하면서 발생한 것으로 판단된다. 이런 계열체가 발생하는 현상을 다중 유사성 조건 a≫1이 잘 설명하고 있다.

유사도 a의 값에 따른 개념의 변화를 정리하면,

유사성에 따른 특성 변화

변수	a≪0 (작은)	a = 1	a ~ 1(근처)	a ≫ 1 (큰)
영역	통합 영역	동일 영역	단일 유사 영역	다중 유사 영역
특성	축합성	동일성	단일 유사성	다중 유사성
대응	다(多) 대 1	1-1대응	약간 변형된 1-1 대응	1대 다(多)
현상	통합체 형성	유사성		계열체 형성
언어	통합체	은유		계열체

7.3 분리도에 따른 현상들

다음으로 동일성 조건 a=1에 대해서 살펴보자.

$$y = x + b$$

여기서 b는 분리도를 나타낸다. y=x이면, 입력과 출력이 동일한 상태가 된다. 따라서 y= x + b는 b값에 따라 시작점에서 얼마나 분리되어 있는가를 나타낸다.

분리도 b=0이면, 분리가 일어나지 않은 상태이므로, 처음 상태와 완전히 일치하는 경우가 된다.

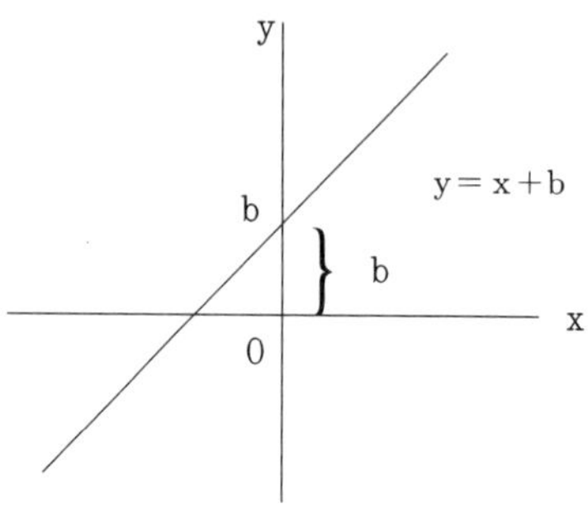

분리도 b를 갖은 함수

분리가 거의 없는 영역(|b|~0)인, 즉 b 값이 0 근처에서는 입력과 출력이 분리가 없이 거의 일치하고 값들이 인접하게 된다. 여기서 절대값을 취하였다. 즉, $|-b|=|b| \geq 0$.

$$y = x+b \quad \rightarrow \quad y \sim x$$

따라서 인접 영역이라 부른다.

인접 영역 : $|b| \sim 0$

인접 영역에서는 서로 입력과 출력이 서로 호환된다. 인접한 것으로 표현하는 현상을 환유라고 한다. 따라서 인접 영역은 환유의 개념이 발생하는 영역이 된다. 인접한 것들을 하나로 보려는 현상이 된다.

반면에 b가 아주 큰 영역, |b|≫1이 되면 입력 값이 엉뚱한 지점에 떨어지는 경우이므로 완전한 불일치가 일어난다. 입력과 출력이 분리가 되는 것이다. 분리 영역이라 부르자

$$\text{분리 영역} : |b| \gg 1$$

이 조건은 입력이 출력에서 분리가 되므로, 다른 영역에 속하게 된다. 이런 현상은 전경/배경 분리에서 살필 수 있다.

전경/배경 : 루빈의 컵

동일한 그림이지만, 검은 색을 중심으로 보면 컵 모양이 되지만, 백색 부분을 중심으로 보면 마주 보고 있는 두 사람의 옆모습이 나타난다. 동일한 입력을 완전히 분리시키므로, 분리도 b가 큰 영역에서 나타난다.

이 특성을 정리하여 표를 만들면,

분리성에 따른 특성 변화

변수	b = 0	|b| ~ 0	|b| ~ 1	|b| ≫ 1
영역	동일영역	동일범주영역	인접범주영역	다른 범주 영역
특성	일치성	인접성	변이성	분리성
현상	동일 영역	부분으로 전체 대표	범주로 다른 범주 대표	분리
언어		환유	환유(ICM)	전경/배경 분리

7.4 구조주의 기호4각형

7.4.1 유사도와 분리도 영역

새와 개, 말, 가축에 대한 이름을 분리한 기호4각형의 특성을 변수로 분리하여 다시 살펴보자.

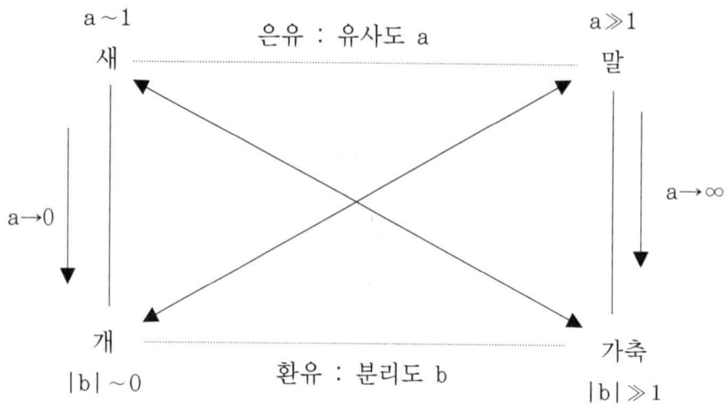

새는 사람과 유사도가 가장 높으므로, 단일 유사 영역 $a \sim 1$에 속한다. 개는 사람과 인접해 있으므로, 인접 영역 $|b| \sim 0$에 속하고, 환유 영역에 속하므로 $a \sim 0$ 영역이 된다. 경주용 말은 이산적이며, 다중 유사 영역 $a \gg 1$에 속한다. 가축은 환유 영역에 속하고 사람들과 분리가 완전히 일어난다. 따라서 다른 범주 영역 $|b| \gg 1$에 속하게 된다.

말에서 가축으로 가는 경로가 $(a \to 0)$와 $(a \to \infty)$의 두 경로가 예상된다. 구조주의 기호4각형을 합리적으로 일치시키려면, $(a \to \infty)$ 경로가 적합하다. 가축에 대한 합리적인 정의가 구조주의 기호4각형에서 명확하지 않다. 그렇지만, 우리가 유사도와 분리도를 활용하면, 명확하게 정의할 수 있다. 즉, 분리도가 크고($|b| \gg 1$), 다중 유사도가 매우 높은 영역($a \to \infty$)으로 된다.

7.4.2 유사도와 분리도 공간 모양

서로 독립적인 변수 a와 b는 서로 직교하는 2차원 공간을 만든다. 직관적으로 볼 때, 이 2차원 직교 공간은 $a \otimes b$가 된다. 이 직교 공간에 구조주의 기호4각형의 영역을 배치하면,

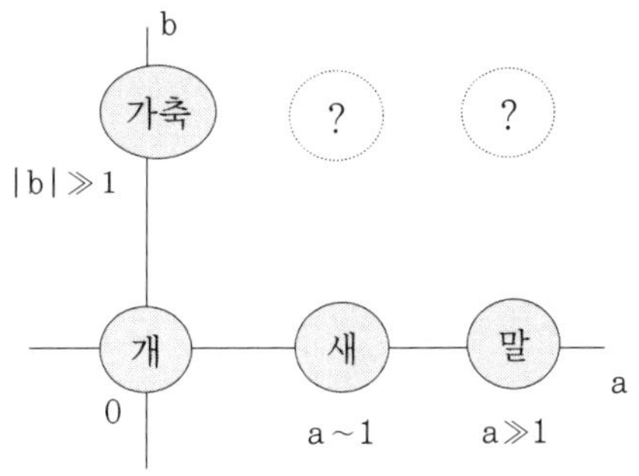

직교 공간 a⊗b 상의 원소 분포

2차원 직교 공간 $a \otimes b$ 상에서 구조주의 기호4각형을 배치하는 작업에는 한계성을 갖는다. 즉, 일관성을 유지하려면, 새로운 영역 ($a \sim 1$, $|b| \gg 1$)와 ($a \gg 1$, $|b| \gg 1$) 영역이 필요하다. 그렇지만, 이 영역은 나타나지 않고 있다. 따라서 새로운 공간이 필요하다.

a 공간과 b 공간을 직교하지 않고, 두 공간을 병치해서 합치는 방법이다. $a \oplus b$. 그림으로 그리면,

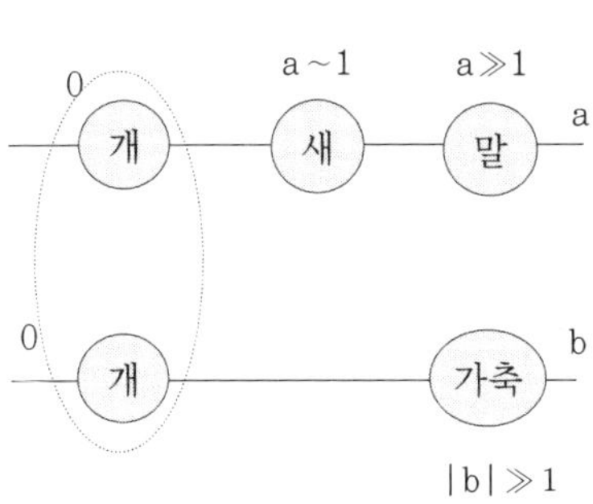

병치공간 a⊕b 상의 원소 분포

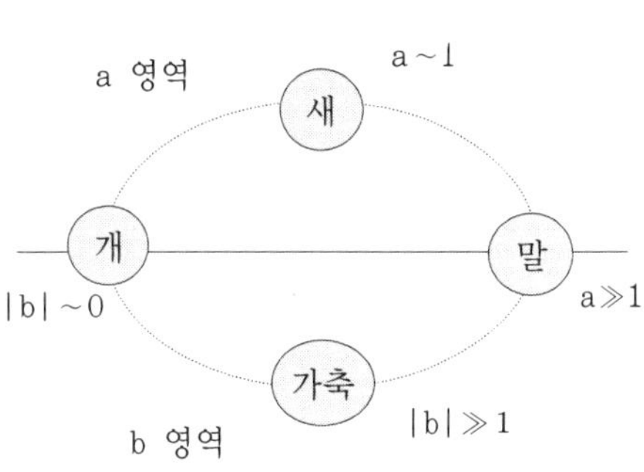

병치공간 a⊕b 상의 원소 분포

두 변수가 만드는 영역이 원의 윗부분과 아랫부분으로 나뉜 것과 비슷한 모양이 될 때, 기호4각형과 비슷하게 된다. 이 부분은 더 연구할 필요가 있고, 여기서는 간단하게 스케치하였다.

7.5 은유와 환유 공존 영역

7.5.1 공존 영역의 모양

은유와 환유가 공존하는 영역은 다른 영역과는 달리 수학적 특성이 아주 좋다. 그 유용성은 아직 충분히 개발되지 않았지만, 간단하게 소개하겠다.

은유는 유사도 변수가 a～1 근처에서 정의되며, 환유는 분리도 변수가 |b|～0 근처에서 정의된다. 이 조건을 동시에 만족하는 변수 영역을 은유와 환유 공존 영역이라 하자. 간단하게 은환유 영역이라 한다. 이 은환유 영역은 그 특성이 다른 영역과는 매우 다르다. 유사도 a<0 영역은 다루지 않고 있다. 은유와 환유 영역을 그림으로 그리면,

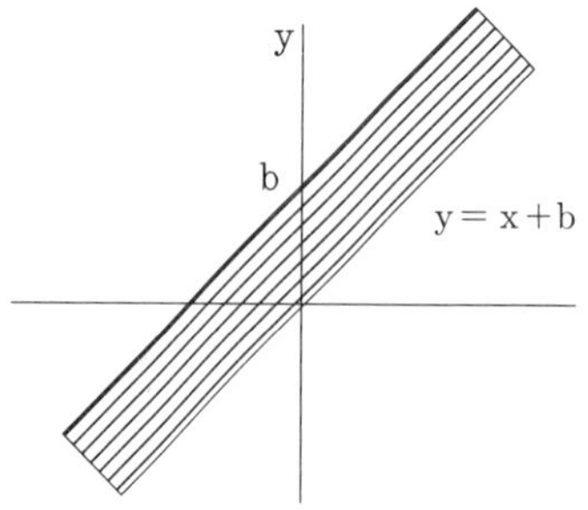

b의 환유 영역 그래프

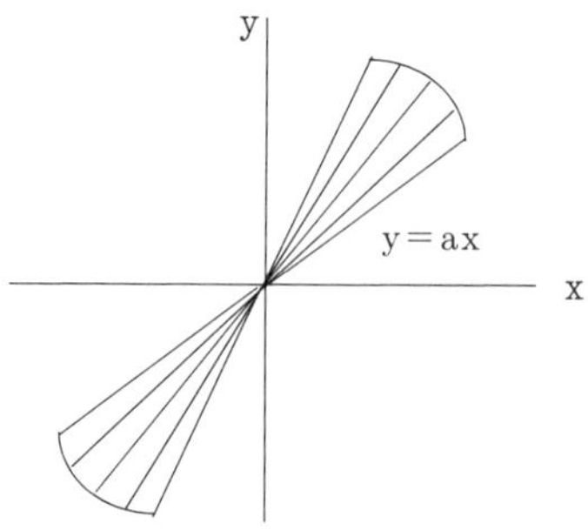

a의 은유 영역 그래프

이 은환유 영역을 a와 b 좌표로 표시하면,

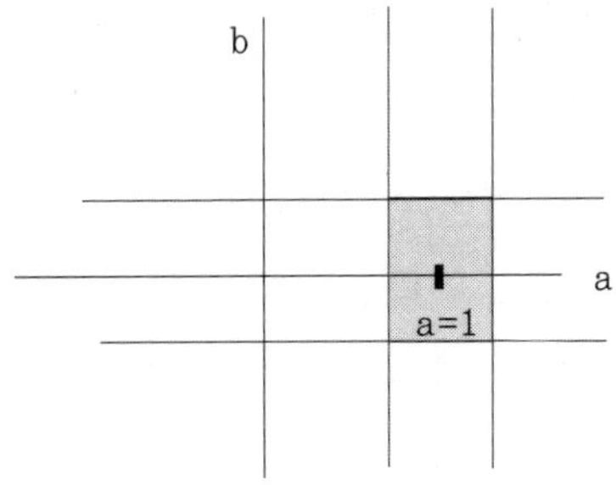

(a, b)의 은환유 영역

은환유 영역을 제외한 다른 영역들은 특성이 매우 다르기 때문에 이 책에서는 자세히 다루지 않고, 일부분만 다룰 예정이다.

7.5.2 은환유 영역의 조합 규칙

이 영역에서는 유사도 a와 분리도 b가 정확하게 곱셈 규칙과 덧셈 규칙을 만족하게 된다.

확장추이함수 $y = G(x) = ax + b$가 연속적으로 작동할 경우에, 즉 두 개의 확장추이함수 $y_1 = G_1(x) = a_1x + b_1$와 $y_2 = G_2(x) = a_2x + b_2$의 조합을 보자.

$$y_2 = G_2(y_1) = a_2(a_1x + b_1) + b_2 = a_2a_1x + (a_2b_1 + b_2)$$

확장 추이 함수의 조합에서 $a_2b_1 + b_2$을 보자. 은환유 영역에선 $a_2 \sim a_1 \sim 1$이므로

$$a_2b_1 + b_2 \quad \rightarrow \quad b_1 + b_2$$

로 근사적으로 표현된다.

모든 변수들의 특성과 조합 규칙을 정리하면,

은유 영역 : $a_2 \sim a_1 \sim 1$

환유 영역 : $|b_2| \sim |b_1| \sim 0$

곱셈 규칙 : a_1와 $a_2 \quad \rightarrow \quad a_1a_2$

덧셈 규칙 : b_1와 $b_2 \quad \rightarrow \quad b_1 + b_2$

즉, 은유 관계는 곱셈 규칙으로 조합되어 새로운 개념을 만들고, 환유 관계는 덧셈 규칙으로 새로운 개념을 만들게 된다.

곱셈과 덧셈의 수학적 규칙을 연결로 만들면, 직렬 연결과 병렬 연결로 된다. 직렬 연결은 두 연결이 하나의 연결로 된다. 연결의 한 부분이라도 끊기면, 전체 연결이 존재하지 않는다. 따라서 곱셈 규칙을 만족한다. 한 값이 영이면 전체가 영이 되니까. 반면에 병렬 연결은 연결 중 하나가 끊겨도 연결은 존재한다. 따라서 덧셈 규칙을 만족한다. 왜냐하면, 하나의 값이 영이 되어도 전체적으론 값이 있으니까.

처음 개념 C_1에서 출발하여 은유와 환유로 개념 확장을 하는 것을 모식도로 그리면, 다음과 같다.

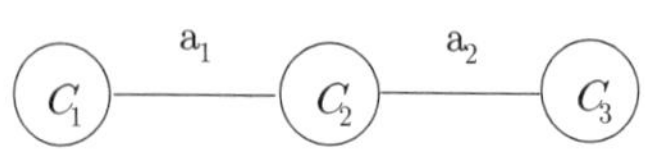

a_1와 a_2 $\rightarrow$ a_1a_2

직렬 연결

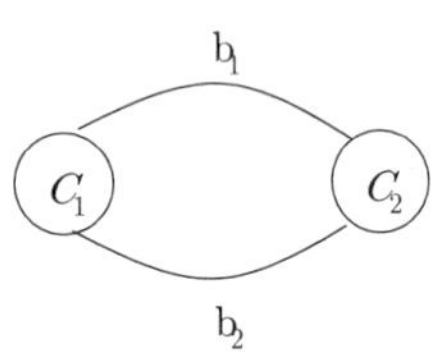

b_1와 b_2 $\rightarrow$ b_1+b_2

병렬 연결

개념 C_1, C_2, C_3가 두 개의 은유 과정 a_1, a_2을 거쳐 연결될 때를 개념의 직렬 연결이라 할 수 있다. 비슷하게, 개념 C_1, C_2가 두 개의 환유 과정 b_1, b_2로 연결되었다는 모식도를 나타낸다. 여기서 연결 사이에 화살표를 쓰지 않고 연결선을 사용하는 이유는 개념의 동적 변화를 가정하지 않았기 때문이다. 따라서 물체의 상태만을 나타낸다. 동적인 변화를 생각하면 좀 더 다양한 변화를 예상할 수 있다.

이 덧셈과 곱셈 규칙을 이용하여 인공언어 문법이 형성된다. 잘 알려진 오토마타 이론이 있다. 오토마타 이론에 대한 자세한 부분은 참고 문헌을 참조하세요.[36]

또한 물리계에서 직렬 연결과 병렬 연결의 저항 회로를 생각할 수 있다.[5]

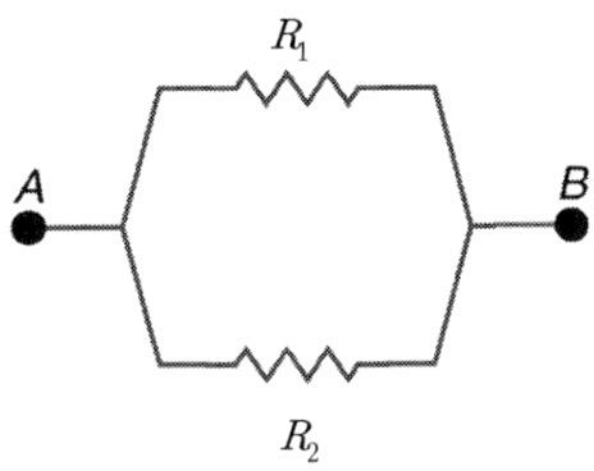

저항 R_1과 R_2의 병렬 연결

저항 R_1과 R_2의 직렬 연결

저항 R_1과 R_2가 분리되어 연결되는 병렬 연결의 경우에는 저항 R_2를 통과하는 회로가 끊어져도 전류는 R_1 회로로 잘 흘러간다. 따라서 회로 R_1과 R_2는 서로 독립적으로 존재하게 된다. 그렇지만, 직렬 회로에서는 저항 R_2를 통과하는 회로가 끊어지면, R_1 회로로도 전류는 흐르지 않는다. 즉 두 저항 회로 R_1과 R_2 가 하나로 일체화된다.

은환유 영역의 이런 특이한 특성으로 다양한 분야와 연계가 가능하고, 재미있는 분야를 만들고 있다.

7.5.2 은환유 영역의 언어 현상

간단하게 은환유 영역에서의 언어 현상을 들어 보자. 이 영역에서는 은유와 환유가 동시에 공존해야 되기 때문에 단순한 은유나 환유와는 다르다.

환유로부터의 은유에 대해서는 화(anger)를 중심으로 앞에서 다뤘다. 즉, 화가 날 때, 몸에 나타나는 체온의 변화가 화의 환유를 만든다.

Increase in body temperature stands for anger.
체온 증가가 화를 대표한다.

이 생리적 환유에 기반을 둔 가장 간단한 은유는

Anger is heat.
화는 열이다.

이다. 이 부분에 대해서는 앞의 2장의 논의를 참조하길 바랍니다.

역으로 은유를 기반으로 환유를 추가한 확장을 보자.

은유 : "아이디어는 물체이다"
적용 : "내 아이디어를 그에게 주었다"

'아이디어'는 추상적이며, 모양과 실체가 없기 때문에 만지거나 물건처럼 다른 사람에게 건네 줄 수 없다. 그렇지만 "아이디어는 물체이다"라고 은유를 이용하여 물건을 남에게 건네주는 것으로 표현하고 있다.

좀 더 복잡하게 다음 문장을 보자. 은유와 환유를 동시에 사용하는 것 같은 문장을 보자.

환유 : 용기로 내용물을 지칭
은유 : 머리카락은 머리에 접근할 수 있는 단서이다.
문장 : "그 아이디어는 머리카락이 없다"

'아이디어'를 '아이디어를 담고 있는 머리(두뇌)'로 환유적으로 지칭하고 있으며, 이 머리에 인접해 있는 가능성을 '머리카락'을 지칭하여 '머리'에 접근할 수 있는 작은 가능성을 나타내고 있다. 따라서 '머리카락이 없다'는 것은 그 아이디어에 접근할 수 있는 방법이 전혀 없다는 은유적인 표현이 된다. 이 문장은 환유와 은유를 동시에 사용하고 있다고 볼 수 있다.

7.5.3 은환유 영역의 개념 작용 요소

하나의 개념이 다른 개념과 은유와 환유 방법을 이용하여 연결한다. 따라서 하나의 개념에는 은유라는 팔과 환유라는 팔을 동시에 갖고 있다고 생각할 수 있다. 이 팔을 작용기라고 한다. 개념 C_i가 은유 a_i와 환유 b_i의 팔(작용기)을 갖고 있다는 것을 모식도로 표현하면 다음과 같다.

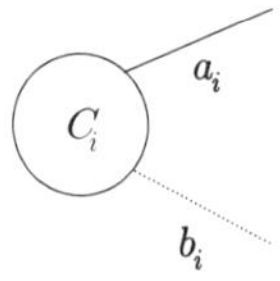

개념 C_i의 작용기

이 모식도는 형식적인 표현이며, 은환유 영역에서 작업하는 것은, 두 변수를 동시에 고려해야 되므로, 매우 복잡할 것으로 판단되지만, 수학적 구조는 매우 좋기 때문에 새로운 가능성을 제시한다.

7.6 새로운 관점의 적용 가능성

시각장에서 미세특성분석기로 전환되는 과정에서 나타나는 특성 함수인 확장추이함수 $y = G(x) = ax + b$가 기호4각형을 만들며, 이 기호4각형은 개념 형성의 기본구조가 되어 무의식적으로 개념을 형성하는 법칙인 은유와 환유를 만들어 낸다. 언어학이나 기호학에서는 다양한 현상을 관찰해서 귀납적으로 추론하여 개념 형성 법칙으로 은유와 환유 현상을 추론하였다. 그러나 확장 추이함수를 이용하여 다시 분석한 결과 이들 개념들을 더 확장할 수 있게 되었고, 어느 정도 영역까지 법칙들을 활용할 수 있는지 또는 어느 영역에서 정의된 개념을 활용할 수 있는지 구체적으로 확증할 수 있다. 따라서 언어학에서 단순하게 은유 영역으로 분리하고 있는 개념들이 이 확장추이함수에서는 다양한 부분 영역을 갖고, 언어학에서 은유에 해당하는 부분은 유사도가 유사 영역 내에 있을 때 적용되는 개념으로 보인다. 유사도의 그 외의 영역인 통합영역과 다중 유사 영역에 대해서는 더욱 많은 고찰이 앞으로 필요할 것으로 예상된다.

비슷하게 언어 현상에서는 환유라는 추상적 개념으로 설명하고 있는 영역도 다양한 세부 영역을 갖고 있고, 이 영역에 따라 서로 다른 개념으로 파악되지만, 언어학에선 혼용하고 있는 것으로 보인다. 또한 전경/배경 분리 영역도 환유의 확장 개념으로 파악될 수 있다는 새로운 대안을 만들고 있다. 이 문제는 게슈탈드 지각에 대한 새로운 해석을 할 필요가 있다.

8장 기호4각형과 물리적 스핀계

확장추이함수 G(x)=ax+b에 따라 유사도 a와 분리도 b의 다른 특성의 변수를 얻었다. 이 변수 중에서 가장 간단한 분리도를 중심으로 상태를 정의하고, 정의한 상태 사이의 전환을 살펴본다. 이는 우리가 어휘의 속성을 정의하고 속성의 유무에 따라 서로 연결된 어휘들을 만들고, 이들 사이의 관계를 하나의 모양인 기호4각형으로 표시하는 작업에 대한 기본 원리를 파악하고, 적용한계를 살필 계기가 된다. 또한 다양한 확장을 예상할 수 있는 계기가 될 것으로 보이지만, 여기서는 아주 간단하게 분리도에 집중하고, 이 분리도로 아주 간단한 분리인 2항 분리에 대해서만 논의를 한다. 좀 더 복잡한 경우는 다른 곳에서 다룰 예정이다.

8.1 단순 상태와 단순 전환

8.1.1 연접과 이접의 언어 현상

동일한 범주 내에 속하는 것을 두 개념들 사이에서 서로 인접한 것을 나타내기 위해서 연접 $\cap$을 사용하며, 소유 구조로 볼 때는 물건을 갖고 있는 상태를 나타낸다.[34] 따라서 '가지다'(have(영어), avoir(프랑스어))나 '이다'(be, être(프랑스어))라는 술어에 해당하는 개념을 의미한다. have(avoir)와 be(être)는 서로 다른 특성을 갖고 있는데, 하나의 인접 영역에 포함시키는 것은 약간 이상해 보이지만 기호4

각형을 다루면서 다시 논의하겠다.

소유 의미에 대한 표현은 다음과 같다.

(1) 철수는 연필을 갖고 있다. (have)

(2) 철수는 부자이다. (be)

문장 (1)은 '철수'와 '연필'이 서로 물리적으로 접촉되어 있는 것을 의미한다. 문장 (2)는 '철수'와 '부자'라는 상태가 추상적으로 접촉하고 있다고 해석하자. 따라서 '연필'과 '부자' 상태가 모두 '철수'에 속한다는 것을 나타내며, 이를 연접한다고 하며, 연접 기호 ∩를 쓴다. 이 연접 ∩는 물리적 접촉과 상태적 접촉을 동시에 표현하고 있고, 위의 avoir와 être의 성질을 동시에 갖고 있다. 따라서 '철수는 부자이다'라는 표현을 연접으로 표현하면,

$$S \cap O$$

S는 '철수', O는 '부'라는 가치 대상이다.

'철수는 부자이다'라는 표현에 반대되는 표현은

(3) 철수는 가난하다.

이 문장을 의미에 따라 번역하면, '철수는 부자(상태)가 없다'로 볼 수 있다. 즉, 부자 상태에서 분리되어 있는 것이다. 따라서 분리도 b의 분리 영역에 속한다. 이런 분리를 이접이라 하며, 기호로 ∪로 표시한다. '철수는 가난하다'는 다음과 같이 표현한다.

$$S \cup O$$

S는 철수, O는 '부'라는 가치 대상, ∪은 이접기호이다.

술어 동사 '갖고 있다'와 '없다' 등은 주어 S(간단하게 상태 주체)와 상태 주어의 대상 O(간단하게 대상)와의 관계가 된다. 이 두 상태를 각각 S_+와 S_-라고 하자.

$$S_+ = S \cap O \text{ (인접)}$$

$$S_- = S \cup O \text{ (분리)}$$

두 상태를 동시에 표시할 때는 $S_{\pm}$로 쓴다.

8.1.2 분리도 공간 내에서 연접과 이접

분리도 b가 만드는 영역은 크게 두 영역으로 나눌 수 있다. 동일범주 영역 또는 인접 영역($|b| \sim 0$)과 분리 영역($|b| \gg 1$)이다. 인접 영역은 동일한 범주 내에서 서로 환유적으로 연결된 것을 나타내지만, 분리 영역은 두 범주가 완전히 다르고, 전경/배경 분리처럼 서로 호환이 되지 않는 영역을 나타낸다.

소유의 입장에서 인접 영역은 내가 소유하고 있다는 것을 의미하고, 소유자가 만든 영역과 연접 관계 ∩를 갖는다. 비슷하게 분리 영역은 나에게 속하지 않았기 때문에 이접 기호 ∪를 사용한다. 분리도 b가 실수 영역으로 가정하였기 때문에 +영역과 −영역을 동시에 살펴야 한다. 따라서 편의상 $b \geqq 0$ 영역으로 제한한다. 분리도에서 연접과 이접 영역을 표시하면 다음과 같다.

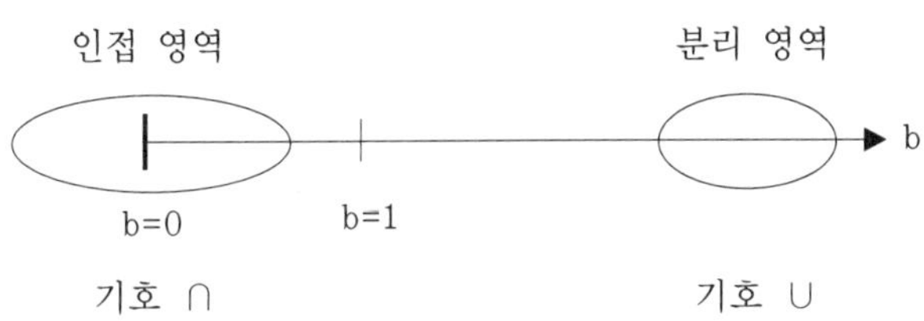

8.1.3 연접과 이접의 기호4각형

연접과 이접은 서로 빈대되는 개념이므로, 우리는 기호4각형을 구성할 수 있다. 먼저 이접과 연접의 모순 개념인 이접과 연접의 부정을 동일한 기호 위에 바(bar)를 추가하여 도입한다. 즉, 연접 ∩의 부정은 비연접이라 부르고, 기호로 $\overline{\cap}$로 표시한다. 이접 ∪의 부정은 비이접으로 $\overline{\cup}$라 표시한다.[34, 35]

연접 ∪를 '가지다' 또는 '갖고 있다'라고 했으므로, 비연접 $\overline{\cap}$는 갖은 것이 없어지는 것이므로 '잃다'에 해당한다. 또한 이접 ∪은 '없다' 또는 '없어지다'의 의미이므로, 비이접 $\overline{\cup}$은 '찾다'라는 개념이 된다. 이를 정리하여 기호 4각형을 그리면,

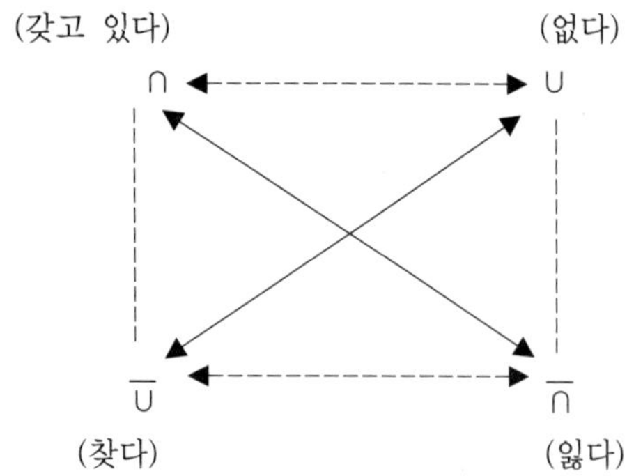

분리도 b의 인접 영역과 분리 영역의 기호4각형

8.1.4 단순 상태와 단순 변형

상태 주어 S와 대상 O가 분리도 b 내에서 연접과 이접으로 반대 상태 $S_+ = S \cap O$와 $S_- = S \cup O$를 정의하였다. 이 상태들의 변화를 살펴보자.

두 상태 $S_\pm$에 대해서 한 상태가 다른 상태로 변환되는 것을 Σ_+와 Σ_-라 하면,

$$\Sigma_- = (S_+ = S \cap O \ \rightarrow \ S_- = S \cup O) \quad \text{(인접에서 분리로 변환)}$$

$$\Sigma_+ = (S_- = S \cup O \ \rightarrow \ S_+ = S \cap O) \quad \text{(분리에서 인접으로 변환)}$$

변환 Σ_-는 S가 갖고 있던 O가 없어지는 것을 나타낸다. S가 O를 스스로 없애거나, 분실하거나 또는 남에게 빼앗겼을 수 있지만 그런 과정은 나타나지 않고 단순히 갖고 있다가 없어졌다는 처음과 나중 상태만을 나타낸다. 따라서 약간 불만족스럽다. 비슷하게, 변환 Σ_+는 S에게 없던 O를 갖은 상태이다. 따라서 S는 O를 스스로 구하거나 빼앗거나 또는 선물로 받거나 해서 최종적으로 가진 상태가 된다.

Σ_+와 Σ_-는 모두 처음 상태와 최종 상태로 전환되는 중간 과정에 대한 설명이 필요하고, 이에 따라 합리적인 설명을 할 수 있는 전체 과정을 만들 필요가 있다. 이를 설화 프로그램이라 한다.

8.1.5 설화 프로그램

상태 사이의 단순한 전환을 설명할 수 있는 중간 과정을 도입하기 위해서는 행위

주체 S_1와 대상 O 그리고 행위 결과의 영향을 받는 상태 주체 S_2로 분리하고, 이들 세 요소들 사이의 기능을 나타내는 추상적인 함수 F를 도입한다.

행위 주체 S_1이 대상 O를 상태 주체 S_2에 연접 $S_2 \cap O$시키는 것을

$$F[S_1 \rightarrow (S_2 \cap O)]$$

로 쓴다. 비슷하게, 행위 주체 S_1가 대상 O를 상태 주체 S_2에 이접 $S_2 \cup O$시킨다면,

$$F[S_1 \rightarrow (S_2 \cup O)]$$

로 쓴다. 이런 과정을 일반적으로 설화 프로그램이라 한다.

이 설화 프로그램으로 Σ_+와 Σ_-에서 의심스러웠던 부분이 해결되는 것을 보자. 예를 들어 '길 가다가 물건을 주웠다'고 하자. 물건 O와 상태 주체 S_2는 있지만, 행위 주체 S_1는 보이지 않는다. 따라서 $S_1 = ?$로 파악되지 않는 것으로 표기한다. 이 행위는

$$F[? \rightarrow (S_2 \cap O)]$$

로 표현할 수 있다. 이런 행위가 발생하는 것을 '운' 좋았다고 하든지 '신의 은총'을 받았다고 한다.

이와 반대로 누가 물건을 잃어버렸을 경우도 행위 주체를 모르는 경우이다.

$$F[? \rightarrow (S_2 \cup O)]$$

이런 일이 일어났을 때, '액운'이라고 한다.

약간 이상하지만, 대상이 없는 경우도 있다.

$$F[S_1 \rightarrow (S_2 \cap ?)]$$

이런 경우는 '불안'이라고 한다. 불안은 공포와 달리 구체적인 대상이 없을 때 느끼는 두려움이다.

상태 주체가 없는 경우도 있다.

$$F[S_1 \rightarrow (? \cap O)]$$

이런 경우는 고대 신화에서 신들이 비를 내려주는 상황으로 볼 수 있다. 비의 수혜자가 명확치 않기 때문이다.

8.1.6 상태와 과정의 정리

연접과 이접의 상태와 상태의 전환 과정을 하나의 기능으로 정리하자.

상태는 주체와 대상 사이의 기능 함수로 나타내며, 전환 과정은 중간 단계를 나타내며, 대상 O와 관련된 행위가 발신자 D_1에서 시작되어서 수신자 D_2에서 끝나는 형태로 만들어진다. 이런 과정 표현을 일반적으로 경로 도식이라 부른다. 행동 주체나 상태 주체의 개념보다는 발신자, 수신자의 개념이 실제 활용에서는 적합한 용어로 바꾸었다.

8.2 상태의 세부 구조

8.2.1 분리도의 세분화

일반적으로 기호4각형을 설명하려면, 서로 다른 두 가지 속성에 의해서 나타난다. 앞에서 하나의 분리도 b에 따라 '가지고 있다'의 기호4각형을 구성하였다. 하나의 분리도는 하나의 속성을 대표하기 때문에 분리도 b 하나만으론 '가지고 있다'의 기호4각형은 적절히 설명하지 못한다. 따라서 우리는 분리도를 확장할 필요가 있다. 이 확장은 분리도의 특성에서 찾아야 논리적인 오류가 없게 된다.

앞에서 보았듯이 분리도는 덧셈 규칙으로 작동한다. 즉, 두 개의 부분 분리도 b_1과 b_2가 덧셈 규칙으로 조합되어 하나의 분리도 b가 된다.

$$b = b_1 + b_2$$

분리도 b_1과 b_2가 속성이 되는 두 개의 서로 다른 개념이 조합되어 새로운 하나의 개념으로 된 것이다.

이 상황은 '가지고 있다'에서 잘 설명된다. '가지고 있다'는 귀속을 나타내는 '가지다'와 상태를 나타내는 '있다'의 두 속성이 조합되어 나타난 어휘이다. '가지다'는 '가지지 않다'라는 분리 개념이 있고, 이 개념들은 다시 부분 분리도 b_1의 인접 영역과 분리 영역에 대응시킬 수 있다. 비슷하게 '있다'는 '있다'는 '없다'라는 분리 개념이 있고, 부분 분리도 b_2의 인접 영역과 분리 영역으로 된다. 따라서 '가지고 있다'는 $b = b_1 + b_2$로 되어 통합 분리도의 인접 영역과 분리 영역으로 나타낼 수 있다.

분리도	어휘	인접 영역	분리 영역
b_1	가지다	가지다	가지지 않다
b_2	있다	있다	없다
b	가지고 있다	가지고 있다	없다

부분 분리도 b_1과 b_2는 서로 특성이 다르므로, 시로 직교하게 되고, 이차원 평면 $b_1 \otimes b_2$을 구성하게 된다. 이차원 평면상에서 각 영역을 표시하면 다음과 같다.

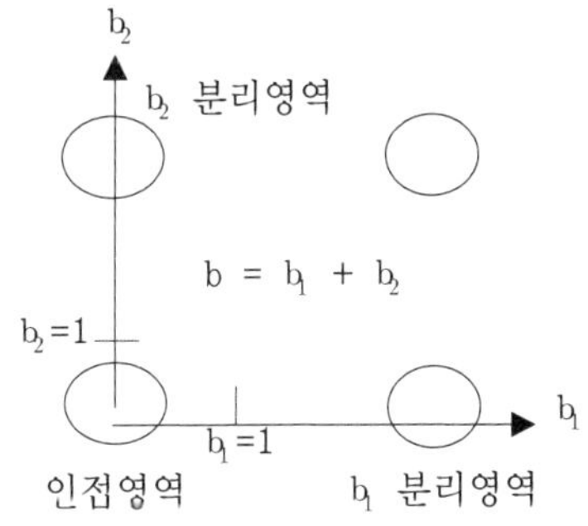

$b_1 \otimes b_2$ 공간내 $b = b_1 + b_2$에서 영역들

이차원 평면상에서 일차원 분리도 b_1과 b_2의 영역 분리에 따라 4개의 부분 영역으로 구성되며, 이 영역들이 기호4각형으로 된다. 위 모식도는 독립적인 b_1과 b_2에 따른 영역 분리이다. 그렇지만, '가지고 있다'를 나타내는 기호4각형은 통합 분리도 $b = b_1 + b_2$에 대한 정의이며, 이 통합 분리도는 두 독립 변수 b_1과 b_2에 의존적으로 작용한다. 따라서 이 의존성이 무엇을 의미하는지 살필 필요가 있다.

8.2.2 의미의 주관성과 상대성

우리는 대략적으로 기호4각형이 통합 분리도 $b=b_1+b_2$에 기반을 두고 정의되었다고 단순히 말했다. 그렇지만, 통합 분리도 $b=b_1+b_2$은 각각의 독립적인 분리도 b_1과 b_2의 조합 중에 하나이다. 따라서 우리는 일반적인 조합을 생각할 수 있다.

$$b = \alpha_1 \ b_1 + \alpha_2 \ b_2$$

여기서 α_1와 α_2는 상수이며, 부분 분리도에 대한 가중치를 의미한다.

위 통합 분리도는 $\alpha_1=\alpha_2=1$인 경우는 동일한 가중치에 따른 선택이므로, 두 의미 '가지다'와 '있다'를 동일한 강도로 인식한다는 뜻이 된다.

b_1과 b_2가 '가지다'와 '있다'를 각각 의미한다고 하자. 이때, $\alpha_1 > \alpha_2$라는 것은 '가지다'에 더 비중을 둔다는 것이며, $\alpha_1 < \alpha_2$는 '있다'에 더 비중을 둔다는 것이다. 동일한 어휘 '가지고 있다'지만, 개인마다 약간씩 다른 느낌을 갖고 있다. 어떤 사람은 '가지다'에 비중을 더 두고 판단할 수 있고, 어떤 사람은 '있다'에 비중을 더 둘 수 있다. 이런 개인적인 취향은 '가지고 있다'라는 어휘 자체에서는 나타나지 않지만, '가지고 있다'와 관련된 텍스트나 문장 중에서 그 의미가 나타나게 된다.

이렇게 개인적으로 어휘에 대해서 갖고 있는 취향을 주관성이라 한다. 여기서는 어휘의 부분 속성 중에서 일부 속성에 더 큰 가중치를 두면서 발생하는 개인적인 취향을 속성의 조합 규칙으로 설명할 수 있음을 보였다.

이런 속성의 조합 규칙을 좌표 변환이라 하며, 이는 분리도가 덧셈 규칙으로 조합하기 때문에 발생하는 특수한 현상이다. 유사도에서는 다른 규칙을 만들어야 한다. 분리도에 대한 좌표 변환은 다음 그림과 같다.

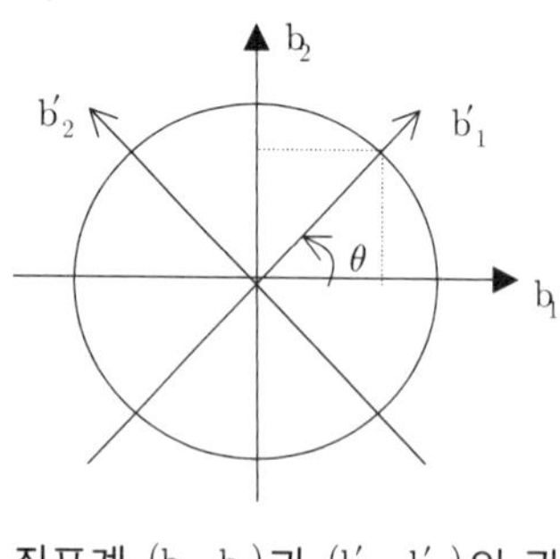

좌표계 (b_1, b_2)과 (b'_1, b'_2)의 관계

여기서 $b'_1 = \alpha_1 b_1 + \alpha_2 b_2$으로 대략적으로 된다. 자세한 정의는 잠시 후로 미룬다. 약간 복잡하기 때문에.

정리하면, '가지고 있다'의 기호4각형은 언어 기반으로 구성된 기호4각형이므로, 주관적인 면이 완전히 배제된 객관적인 기호4각형은 아니다. 좀 더 객관적인 기호4각형이 되려면, 독립 변수가 서로 직교하는 $b_1 \otimes b_2$ 좌표를 사용해야 된다. 그렇지만, 좌표계 (b_1, b_2)과 (b'_1, b'_2)은 서로 호환성이 있기 때문에, 어느 좌표가 객관적이고 어느 좌표가 주관적이라는 것을 명확히 구분하기 어렵다. 단지 한 좌표계의 입장에서 볼 때, 다른 좌표계가 주관적으로 보인다는 것이다. 이를 의미의 주관성과 관련된 상대성이라 하자.

8.2.3 '가지고 있다' 기호4각형의 2 속성 표현

연접과 이접에 대한 기호4각형의 각 항의 의미는 존재상태와 소유상태의 조합으로 표현할 수 있다. 이들은 /존재 소유/의 기호4각형이 된다.

존재적 상태는 '이다'(be, être) 동사를, 소유적 상태는 '가지다'(have, avoir)동사를 사용하며, 각각 기호로 e와 a로 표시한다. '이다'와 '가지다'는 모두 주체를 필요로 하고, 이를 S_1이라 하자. 즉, '가지고 있다'를 '내 안에 가지고 있다'의 개념으로 해석하고, 주체가 되는 '나'를 S_1로 표시한다. 반면에 $-e$와 $-a$는 '내 밖에' 있다거나 가진 것이므로 내 밖에 있는 존재 S_2가 가진 것으로 해석하자.

'가지고 있다'의 연접 ∩은 소유 상태 a와 존재 상태 e의 조합이고, 내 안에 가지고 있다는 의미로 정의한다. 반면에 '없다'의 이접 ∪은 있기는 있지만 내 밖에 있어 현재는 내 안에는 없다는 것을 나타낸다.

ea와 e-a의 해석으로부터 e는 '내 안에 있다'로, a는 '가지다'와 -a는 '가지지 않다'로 해석된다. 따라서 -e는 '내 안에 없다'는 뜻에서 '내 밖에 있다'로 전환해서 해석하자. 왜냐하면, 소유 대상이 존재하지 않으면 소유를 생각할 수 없기 때문이다. 소유 대상은 존재하지만, '내 안에 존재하지 않다'라는 의미는 '내 밖에 있다'는 의미가 된다. a는 연접 ∩를 대응시키고, -a는 이접 ∪를 대응시킨다.

/존재 소유/를 나타내는 연접과 이접에 대한 기호4각형은 다음과 같이 된다.

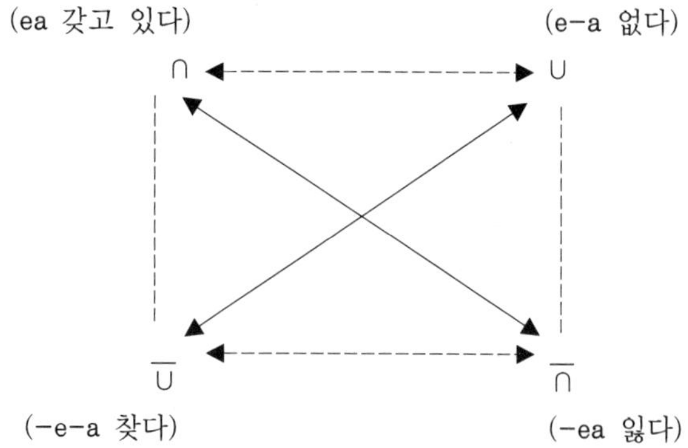

속성 기반의 기호4각형

연접과 이접은 묵시적으로 소유 대상 O를 가정하고 있지만, 나타나지 않았다. 따라서 소유 대상 O와 소유 주체를 구체적으로 나타내는 구체적인 표현에 대해서 살펴보자.

8.3 기호4각형 통사 규칙과 경로 도식

8.3.1 상황 참여자와 비연접과 비이접의 해석

'갖고 있다'의 (ea)항을 보자. '갖고 있다'(ea)는 주체 S_1에 대해서 '내 안에(S_1) 대상 O를 갖고 있다($\cap$)'로 구체적인 의미를 갖고, 이를 구체적인 기호 표현 $S_1 \cap O$로 쓴다. 즉, ea를 $S_1 \cap O$로 대치한다.

$$ea \quad \rightarrow \quad S_1 \cap O$$

'없다'의 (e-a)항을 보자. '없다'(e-a)는 '내 안에 있다'(S_1)와 '가지지 않다'($\cup$)를 동시에 나타내며, 여기에 소유 대상 O를 추가하면, '내 안에(S_1) 대상 O를 가지고 있지 않다($\cup$)'는 의미로 구체적인 표현 $S_1 \cup O$이 된다.

$$e\text{-}a \quad \rightarrow \quad S_1 \cup O$$

'내 안에 대상을 갖고 있지 않다'라는 뜻의 '없다'는 잃어버린 것은 아니다. '없다'는 지금 내가 갖고 있지는 않지만, 다른 곳에 있다는 뜻이다. 이에 반해 잃어버린 것은 현재 내 안에도 없고, 내가 알고 있는 다른 곳에도 보관하지도 않았으며, 완전히 나에게서 사라진 것을 나타낸다. 그렇지만 대상 O가 존재하지 않는 것이 아니라 나에게 있다가 내가 모르는 곳으로 사라져 버린 것이다. 즉, 내가 모르는 다른 곳에 존재하고 있는 것이다. 따라서 내가 모르는 내 밖에 있는 다른 곳 또는 개체를 S_2라 하고, 이 개체 S_2가 잃어버린 대상을 소유하고 있다고 하자. 즉, 상황에서 S_1는 행위의 주체가 되고, S_2는 주체가 모르는 미지의 장소 또는 개체를 나타낸다. 모든 상황 참여자를 표시하면 다음 그림과 같다.

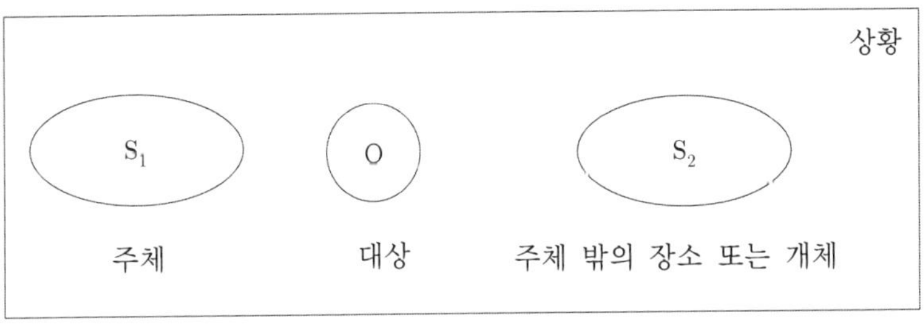

상황 참여자

'잃다'의 (−ea)는 '내 밖에 있다'와 '가지다'가 있으므로, 내 밖에 있는 장소 또는 개체 S_2가 소유 대상 O를 갖고 있는 것을 의미한다. 내 밖에 있는 것에 대해서 S_2를 도입하고, '가지다'에 대해서 연접 ∩을 도입하고 그리고 소유 대상인 O를 연결하면, '잃다'의 구체적인 표현 $S_2 \cap O$가 된다.

$$-ea \quad \rightarrow \quad S_2 \cap O \quad \leftrightarrow \quad S_1 \overline{\cap} O$$

'잃다'는 '내 밖에 어딘가에 있다'가 되었는데, 이 상황을 나의 입장 S_1으로 다시 쓰면, 마지막 식인 $S_1 \overline{\cap} O$이 된다고 가정하자. 즉, $S_2 \cap O$를 비연접 $\overline{\cap}$에 대한 구체적인 표현으로 생각하고, '대상이 내 밖에 어딘가에 있다'로 해석하자.

다음 '찾다'의 (−e−a)를 보자. −e는 '내 밖에 있다'는 것이고, −a는 '갖지 않다'는 것이며, 내 밖은 S_2가 되고, '갖지 않다'는 이접 ∪이 된다. 여기에 소유 대상 O를

연결하면,

$$-e-a \quad \rightarrow \quad S_2 \cup O \quad \leftrightarrow \quad S_1 \overline{\cup} O$$

내 밖에 있고, 갖지 않기 때문에 내 밖에 있는 개체 S_2도 갖지 않은 것이다. 따라서 내 밖에 있던 대상 O가 나에게로 이동하는 것을 나타내며, '찾다'가 된다. 잃어버린 물건을 찾는다는 것은 나의 소유로 다시 만드는 것이 된다. 이 상황을 나의 입장으로 쓰면 $S_1 \overline{\cup} O$로 되며, $S_2 \cup O$가 비이접 $\overline{\cup}$의 구체적인 의미로 된다.

상황에 참여하는 전체 참여자 주체 S_1, 주체 밖의 개체 또는 장소 S_2 그리고 소유 대상 O를 이용하여 기호4각형의 구체적인 표현을 쓰면,

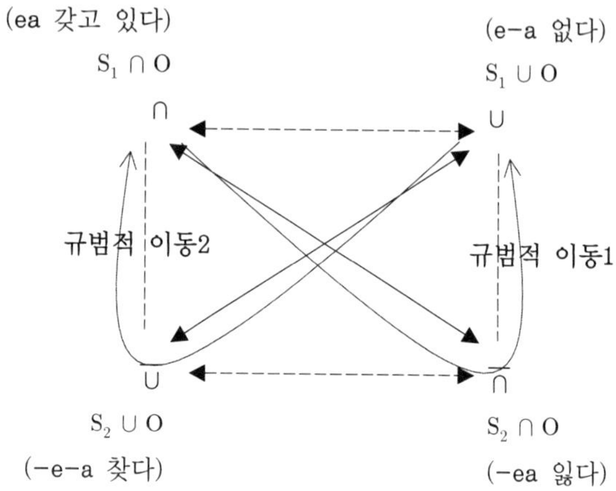

규범적 이동1과 2

여기서 규범적 이동1과 규범적 이동2는 기호4각형에서 사건이 발생하는 과정을 나타내는 이동 경로이다. 즉, '갖고 있다'에서 '없다'로 직접적 전환이 일어나지 않고 항상 '잃다'를 경유해서 사건이 발생한다. 이를 규범적 이동이라고 하며, 규범적 이동1과 규범적 이동2가 있다. 원론적으론 '잃다'에서 '찾다'로의 규범적 이동과 그 반대 반향으로 이동을 생각할 수 있지만, 사건의 발생 과정에서는 잘 나타나지 않는다. 이 규범적 이동은 경로 도식을 잘 반영하고 있다. 예를 들어, 규범적 이동1은 '갖고 있다'에서 출발점이 되고, '잃다'가 경로가 되어 목적지 '없다'에 도착하는 경로 도식을 나타낸다.

8.3.2 경로 도식

영상도식 중에서 전형적인 예는 근원지-경로-행선지를 나타내는 경로 도식이다.[31] 경로는 한 위치에서 다른 위치로 이동을 나타내며, 출발점인 근원지와 목적지인 행선지, 그리고 근원지와 행선지를 연결하는 그 사이의 연속적인 일련의 위치인 경로로 이루어진다.

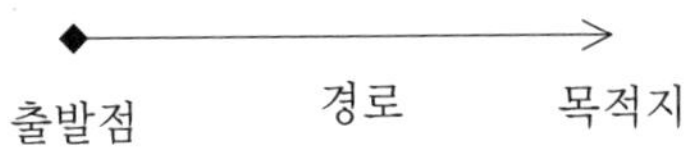

이 도식은 내적 구조(경로)를 갖고 있지만, 응집성 있게 전체로 나타난다. 내적 복합성으로 인해 한 가지 결과는 경로 도식의 서로 다른 성분을 지시할 수 있다.

a. 근원지
   John left [Korea].
b. 행선지
   John travelled [to Jeonju].
c. 근원지-행선지
   John travelled [from Jeonju] [to Busan].
d. 경로(경유지)-행선지
   John travelled [through Daegu] to [Busan].
e. 근원지-경로(경유지)-행선지
   John travelled [from Jeonju] [through Daegu] [to Busan].

경로 도식은 근원지와 행선지를 대응시키며, 경로 상의 모든 위치를 서로 대응시키고 있다. 경로는 주로 경유지와 대응된다.

8.3.3 윤곽 부여

어휘적 개념은 전형적으로 여러 개의 영역들이 연결되어 의미를 만든다.[13] 예를 들어, 빗변(hypotenuse)을 보자.

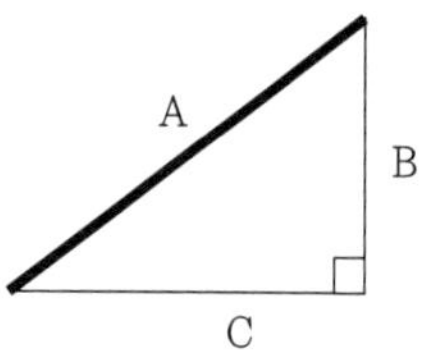

빗변의 범위

삼각형의 빗변(윗 그림에서 A)을 알려면, 직각삼각형, 삼각형, 기하학적 도형, 기하학적 계산, 공간 등의 다양한 정보가 필요하다. 이렇게 한 개념을 설명하기 위해서 필요한 서로 연결된 지식망을 어휘적 개념의 범위(scope)라 한다. 빗변은 범위 중에서 직각삼각형의 가장 긴 변을 지시하므로, 이를 윤곽(profile)이라 부른다. 그리고 바탕(base)은 직각삼각형의 모든 세변을 포함하는 전체 삼각형을 나타낸다. 따라서 바탕과 윤곽은 서로 하나로 연결되어 있다. 즉 직각삼각형이 없으면 빗변도 없고, 낱말 빗변(hypotenuse)은 더 큰 개념적 구조 내에서 특정한 하위구조를 지시하게 된다. 이를 정리하면, 하나의 낱말은 범위(scope), 윤곽(profile)과 배경(base)을 기반으로 의미가 형성된다.

낱말 삼촌을 보자. 삼촌은 복잡한 영역(가계, 인간, 성별, 성교, 출생, 생활주기, 부모/자식 관계, 형제 관계, 자아 등과 같은 추상적 영역)에서 윤곽 부여한다. 삼촌과 관련된 망조직을 보면,

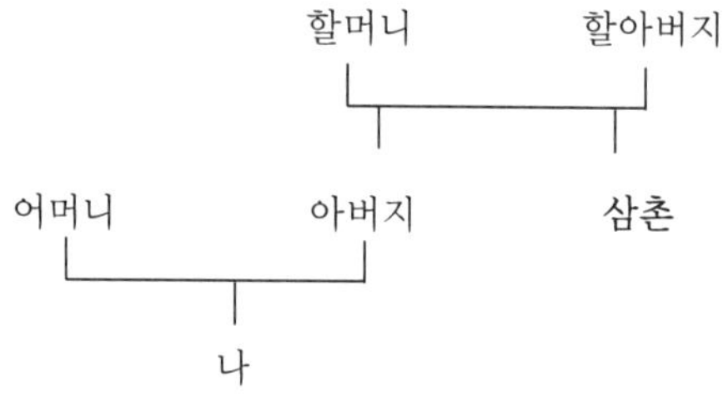

삼촌에 대한 바탕은 가족관계의 연결망이며, 이 바탕을 배경으로 삼촌은 나의 어머니나 아버지의 남자 형제가 되는 것으로 나와 관련되어 윤곽 부여한다.

8.3.4 통사 규칙의 시각화와 경로 도식

'가지고 있다'의 기호4각형의 구체적인 표현에서 '갖고 있다'(ea) → '없다'(e-a)로 사건이 전개되는 규범적 이동1은 다음과 같다.

$$S_1 \cap O \quad \rightarrow \quad S_2 \cap O \quad \rightarrow \quad S_1 \cup O$$

즉, 갖고 있던($S_1 \cap O$) 물건을 잃어 버려서($S_2 \cap O$) 없어졌다($S_1 \cup O$)는 사건 발생하는 순서로 개념적으로 보여준다. 경로 도식을 잘 표현하고 있다.

규범적 이동1에 참여하는 전체 참여자는 S_1, S_2과 O이고, 각 단계에서는 그 중에 일부 개체와 그들 사이의 관계에 대해서 윤곽 부여한다. 윤곽 부여되지 않은 개체와 관계는 배경으로 남아 전체에 바탕을 구성한다. 예를 들어, $S_2 \cap O$항은 S_2과 O를 윤곽부여하고 S_1이 배경에 있다.

상황에 참여하고 있는 모든 개체들을 표시하여 규범적 이동1을 다시 쓰면,

$S_1 \cap O\ (S_2)$	→	$S_2 \cap O\ (S_1)$	→	$S_1 \cup O\ (S_2)$
출발점		경로		목적지

여기서 (...) 내에 있는 개체는 배경에 있는 개체이다.

활성화되지 못한 개체를 고려해서 상황을 다시 살펴보자.

출발점인 첫 번째 항 $S_1 \cap O\ (S_2)$은 대상 O의 소유 상태를 표현하고 있다. $S_1 \cap O$은 O를 S_1에 인접시켜서 하나로 합친 영역에 윤곽부여하고, S_2은 $S_1 \cap O$에서 멀리 떨어져 있고, 배경으로 된다. S_2에서 보면, O는 영역 밖에 있으므로 $S_2 \cup O$가 된다. S_2와 이접 관계가 배경이 되어 있다. 따라서 개체와 이접 관계를 괄호를 도입하여 배경을 표시하여 나타낸다. ; ($S_2 \cup O$). 정리하면, $S_1 \cap O\ (S_2)$은 $S_1 \cap O\ (\cup S_2)$을 의미한다. 즉, 대상 O가 S_1와는 연접으로 윤곽 부여되고, S_2와 이접은 배경이 된다. 이 상황을 그림으로 그리면,

$S_1 \cap O\ (S_2) \quad \Leftrightarrow$

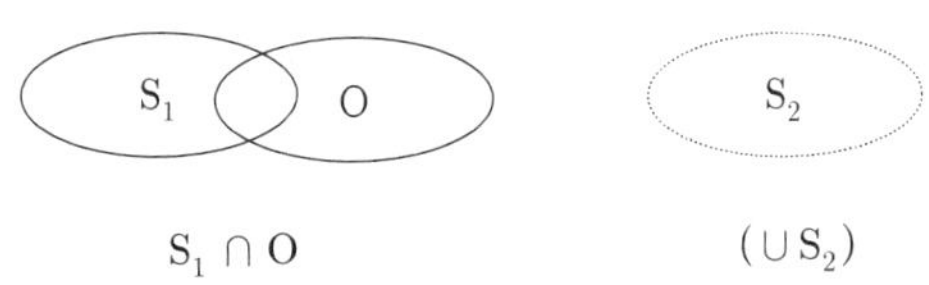

규범적 이동1의 출발점에 대한 구체적 상태 표현

여기서 윤곽 부여된 부분은 실선으로 표시하고, 윤곽 부여되지 않아서 배경으로 된 부분은 점선으로 나타내었다.

규범적 이동1의 목적지인 마지막 항 $S_1 \cup O$ (S_2)은 O가 S_1에서 완전히 분리되어서 S_2에 속한 이접 상태를 나타낸다. 즉 더 이상 S_1에 속하지 않기 때문에 $S_2 \cap O$가 되고, S_1은 분리되어 홀로 있는 상황이다. 이를 그림으로 표시하면,

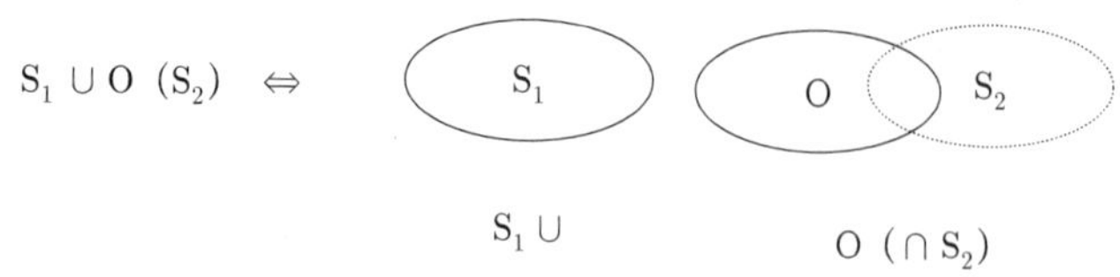

규범적 이동1의 목적지에 대한 구체적 상태 표현

즉, $S_1 \cup O$ (S_2)은 $S_1 \cup O$ $(\cap S_2)$에 대응된다.

규범적 이동1의 경로에 대응되는 상태 $S_2 \cap O$ (S_1)을 보면, $S_2 \cap O$가 활성화되고, S_1은 배경에 놓여 있다. 따라서 쉽게 다음과 같이 된다.

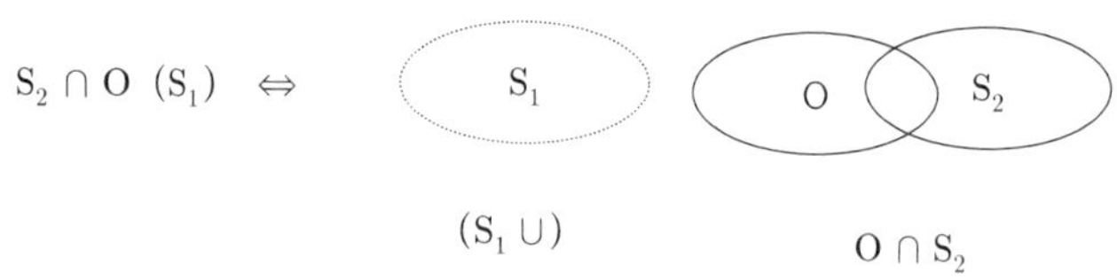

규범적 이동1의 경로에 대한 구체적 상태 표현

즉, $S_2 \cap O$ (S_1)은 $(S_1 \cup)$ $O \cap S_2$에 대응된다.

8.3.5 경로를 경유지로 대응 : 상태를 과정으로

규범적 이동1의 경로와 목적지는 동일한 바탕에 서로 다른 윤곽 부여를 나타내고, 그 결과 경로와 목적지가 모두 상태가 된다. 이는 경로를 목적지 근처에서 해석하기 때문에 나타난 현상이다.

경로 도식을 출발점-경로-목적지로 분석하는 대신, 출발점-경유지-목적지로 해석하자.

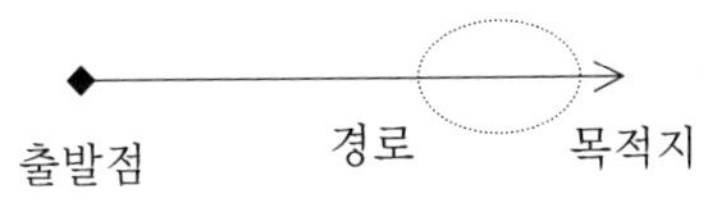

경로의 목적지 주변 해석

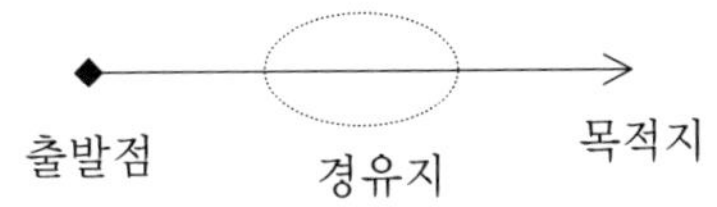

경로의 경유지 해석

왜냐하면, 경로는 출발점과 목적지 사이를 연결하는 과정이기 때문에 경로에 대응되는 개념은 과정적 특성을 가져야 하는데, 규범적 이동에서는 경로의 구체적 표현이 과정이 아닌 상태이기 때문이다. 따라서 경로를 경유지로 해석하여 규범적 이동을 다시 분석하여 보자.

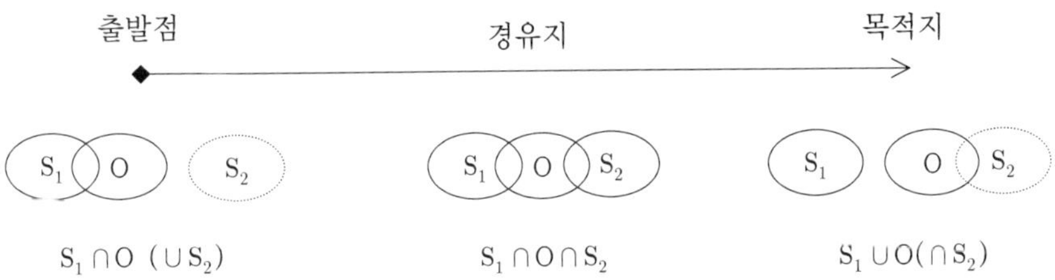

경로에 따른 개체들의 상태 변화 모양

출발점에서는 주체 S_1이 대상 O를 소유하고, 목적지에서는 주체 S_1에서 대상이 사라진다. 경로의 목적지 주변에서 볼 때, 대상 O가 주체 밖의 개체 S_2에게 속하게 된다. 따라서 경로의 중간 단계인 경유지에서 보면 대상 O가 개체 S_1과 S_2에게 동시에 속하는 상황이 발생한다. 즉, 소유 상태 $\cap$에서 소유하지 않은 상태 $\cup$로 바뀌면서 물건을 교환하는 중간 과정이 있고, 이때는 잠시 두 개체에 대상이 모두 속하는 상황이 생기게 되며, 소유 상태가 겹치게 된다. 따라서 $S_1 \cap O \cap S_2$의 상태가 된다. 대상 O가 개체 S_2에 속해가는 과정 중에 있으므로, 윤곽 부여는 개체 S_2와 대상 O에 한다.

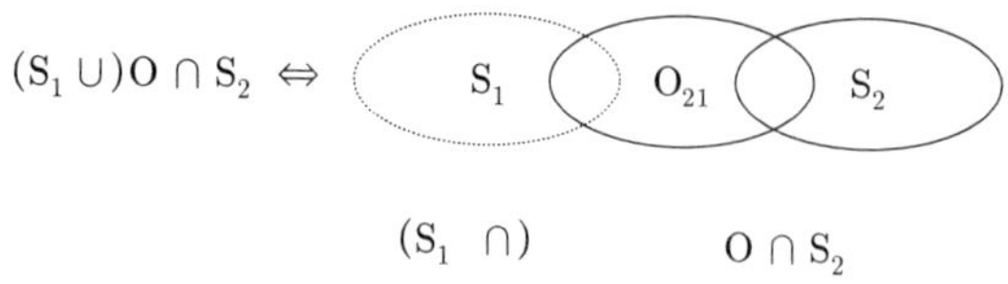

경유지에서 상태

여기서 $(S_1 \cap)$은 S_1과 대상 O가 서로 결합하여 윤곽 부여되지 않고 배경으로 된다. 또한 대상 O_{21}은 대상 O가 S_1에서 분리되어 S_2로 귀속되는 중간에 있다는 것을 표현하기 위해서 분리 방향 $1 \rightarrow 2$를 아래 첨자 21를 표시한다. 따라서 경유지에 대한 구체적인 표현은

$$(S_1 \cap)O_{21} \cap S_2$$

가 되며, 변하고 있는 중간 상태이므로 과정적 특성을 갖고 있으며, 대상 O_{21}의 아래 첨자에 나타나 있다. 따라서 상태 표현 $(S_1 \cup)O \cap S_2$가 과정 표현 $(S_1 \cap)O_{21} \cap S_2$으로 바뀌게 된다.

8.3.6 규범적 이동1의 경로 도식 표현

새로운 정의를 이용하여 규범적 이동1을 다시 쓰면,

$S_1 \cap O \ (\cup S_2)$	$\rightarrow$	$(S_1 \cap)O_{21} \cap S_2$	$\rightarrow$	$S_1 \cup O \ (\cap S_2)$
출발점		경유지		목적지

가 된다. 이 규범적 이동1을 경로 도식을 기반으로 표현하면, 다음과 같다.

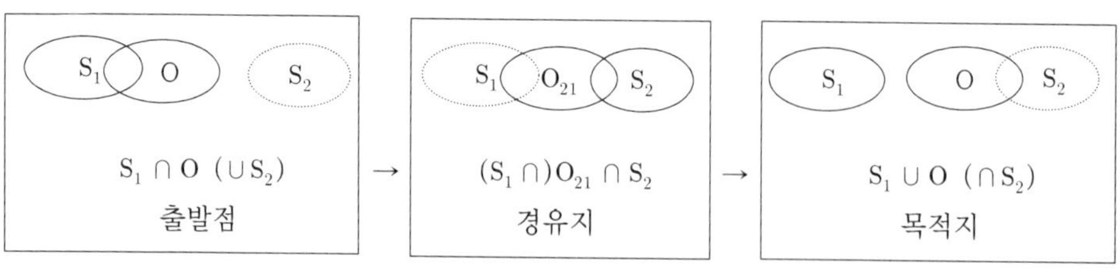

규범적 이동1의 경로 도식 표현

8.3.7 규범적 이동2의 경로 도식 표현

비슷한 방법으로 '없다'(e-a) → '갖고 있다'(ea)의 규범적 이동2를 정리하여 보자.

$$S_1 \cup O \quad \rightarrow \quad S_2 \cup O \quad \rightarrow \quad S_1 \cap O$$

이 이동은 주체 S_1에게 없는 물건을 밖에서 구해서(찾아서) 주체가 처한 상황을 나타낸다. 경로 도식에 따라 윤곽 부여된 개체와 배경에 있는 개체를 모두 표현하면,

$$S_1 \cup O\ (S_2) \quad \rightarrow \quad S_2 \cup O\ (S_1) \quad \rightarrow \quad S_1 \cap O\ (S_2)$$

출발점　　　　경로　　　　목적지

경로를 경유지로 변환해서 해석하면, 대상 O를 S_2에서 찾아서 S_1으로 옮기는 과정에 대해서 경유지는 대상 O가 개체 S_1와 S_2 어디에도 속하지 않는 상태가 된다. 즉, 대상을 찾아서 누구 소유인시 파악해서 주인에게 돌려주기 위해서는 잠시 누구의 소유도 아닌 상태가 있게 된다. 따라서 소유가 아니므로 이접이 되며, 두 개체 S_1와 S_2에 모두에게 이접 상황이 된다. 따라서 경유지를 $S_2 \cup O_{12}\ (\cup S_1)$ 로 정의한다. 여기서 대상 O가 이동하는 방향이 S_2에서 S_1으로 이동하고, 이를 아래 첨자 12을 추가하고, 과정으로 된다.

규범적 이동2를 정리하면,

$$S_1 \cup O\ (\cap S_2) \quad \rightarrow \quad (S_1 \cup)\ O_{12} \cup S_2 \quad \rightarrow \quad S_1 \cap O\ (\cup S_2)$$

출발점　　　　경유지　　　　목적지

이 규범적 경로를 도식으로 그리면,

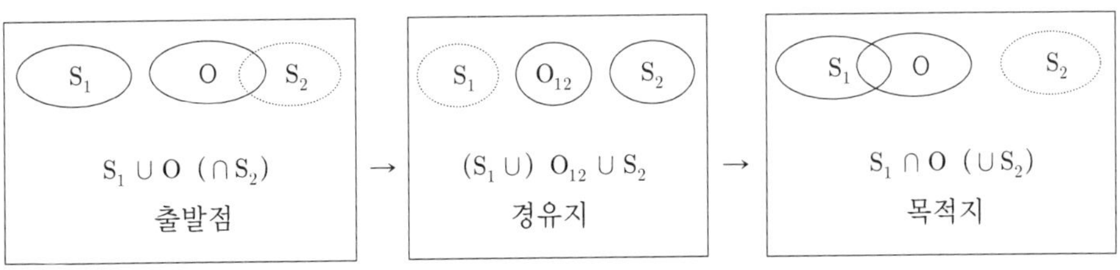

규범적 이동2의 경로 도식 표현

8.3.8 경로 도식 기반의 기호4각형

경로 도식을 만족하는 규범적 이동을 정의하였다. 이 규범적 이동을 이용하여 기호4각형을 다시 정리하면,

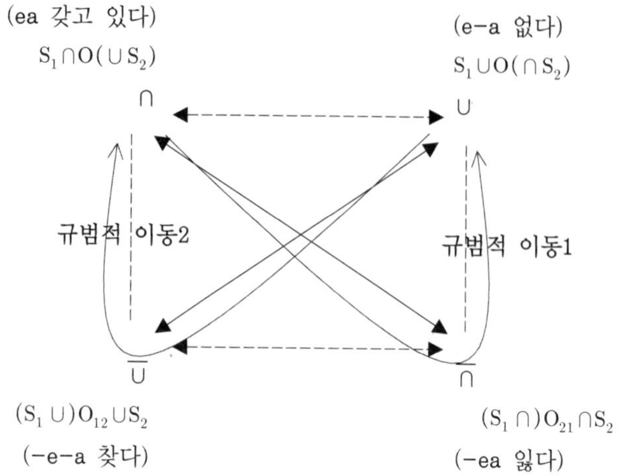

경로도식 기반의 기호4각형

속성 기반 기호4각형의 각 항은 상태를 나타내고 있지만, 경로 도식 기반의 기호4각형은 경유지에서 과정으로 된다. 즉, '갖고 있다'와 '없다'는 상태를 표현하지만, '찾다'와 '잃다'는 과정으로 된다. 상태에서 과정으로 전환은 기존 기호4각형 통사 규칙에서 설명하지 못했던 성질을 설명할 수 있게 된다. 이를 살펴보자.

8.3.9 구현되지 않은 규범적 이동의 설명

경로 도식을 이용하여 기호4각형을 다시 정리하게 되면, 속성 기반의 기호4각형에 없던 특성이 나타난다. 즉, '갖고 있다'와 '없다'는 상태를 표현하지만, '찾다'와 '잃다'는 과정으로 된다. 일부 항이 과정으로 변형된다.

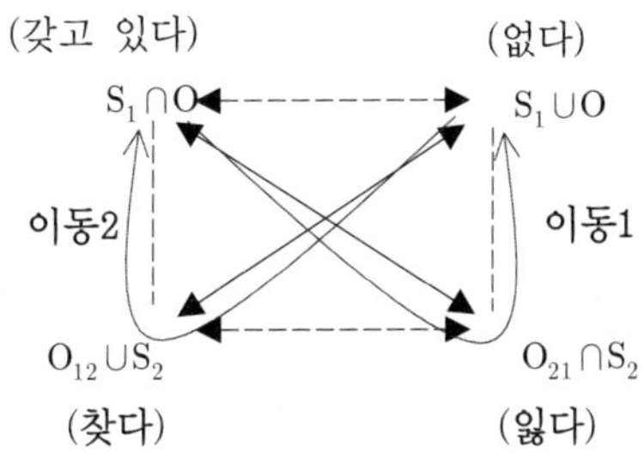

구현되는 규범적 이동

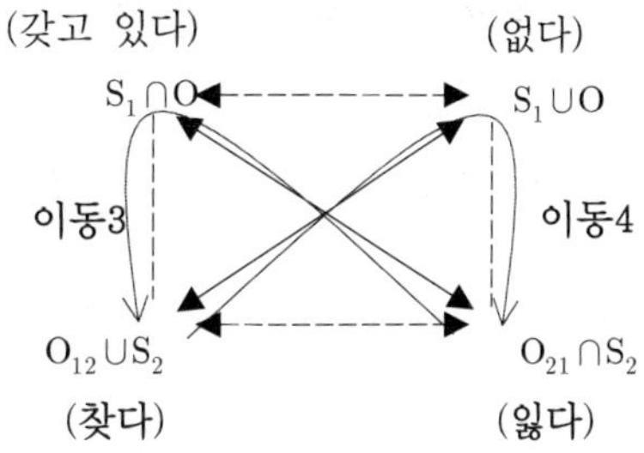

구현되지 않는 규범적 이동

일반적으로 기호4각형의 모든 항들은 상태로 표현되어 있다. 따라서 규범적 이동 1과 2뿐만 아니라 논리적으로 가능한 규범적 이동 3과 4도 구현되어야 한다. 그렇지만, 기호4각형의 실제적 적용에서 보면, 이동 3과 4는 나타나지 않는다. 즉, 이동3인 '잃다'-'갖고 있다'-'찾다'와 같은 이동은 나타나지 않는다는 것이다.

출발점-경로-목적지로 되는 경로 도식에서 출발점과 목적지는 완결된 상태의 특성을 갖지만, 경로는 이동하고 있는 과정의 특성을 갖는다. 따라서 규범적 이동을 경로 도식에 비추어 해석하기 위해서는 그런 특성을 나타내야 한다. 이 특성이 구현되는 규범적 이동과 구현되지 않는 규범적 이동을 구분하는 것으로 판단된다.

규범적 이동을 경로 도식으로 해석하면, 구현되지 않는 규범적 이동에 대한 문제가 바로 해석된다. '찾다'와 '잃다'는 모두 경유지에 해당하며, 과정의 특성을 갖고 있다. 따라서 상태적 특성을 가져야 되는 출발점과 목적지가 될 수 없기 때문이다. 즉, 이동3과 4는 경유지에서 경유지로 이동하고 있기 때문에 이동 과정 중에 있는 것이다. 반면에 '갖고 있다'와 '없다'는 모두 상태가 되므로, 한 상태에서 다른 상태로의 이동을 만들 수 있는 출발점과 목적지가 될 수 있다. 따라서 이동 1과 2는 허용된다.

8.4 기호4각형과 스핀계

8.4.1 자기장 속 현상 : 참여자

금속에 자석을 가까이 대면, 쇠붙이(철)가 자석에 붙는 것을 볼 수 있다. 그렇지만 구리와 같은 금속은 자석에 붙지 않고 멀리 떨어지려고 한다. 구리와 쇠붙이(철)은 서로 반대로 작용하는 것을 알 수 있다. 철은 인접 상태로 반응하지만, 구리는 분리되는 상태로 반응한다. 이는 구리와 철은 서로 다른 메커니즘으로 작동하는 것을 나타낸다. 따라서 여기서는 철을 중심으로 다룰 예정이다.[20]

자석과 쇠붙이가 어느 정도 떨어져 있어도 서로 당긴다. 이는 자석과 쇠붙이 사이의 공간을 통과하는 어떤 존재가 있어 발생한 현상이다. 그러나 자석과 쇠붙이 사이의 공간에는 아무 것도 보이지 않는다. 눈에 보이지 않으면서 공간 중에 분포되어 현상을 일으키는 존재를 자기장이라 부른다. 자석은 주변 공간에 자기장을 방출하고, 쇠붙이는 이 자기장을 흡수하여 자석을 당긴다. 자기장을 흡수하는 것은 자석과 쇠붙이를 붙여 놓으면, 쇠붙이가 다시 자석이 되는 것에서 알 수 있다. 즉, 쇠붙이는 자석의 자기장을 흡수해서 스스로 자석이 되고, 주위에 자기장을 방출하게 된다.

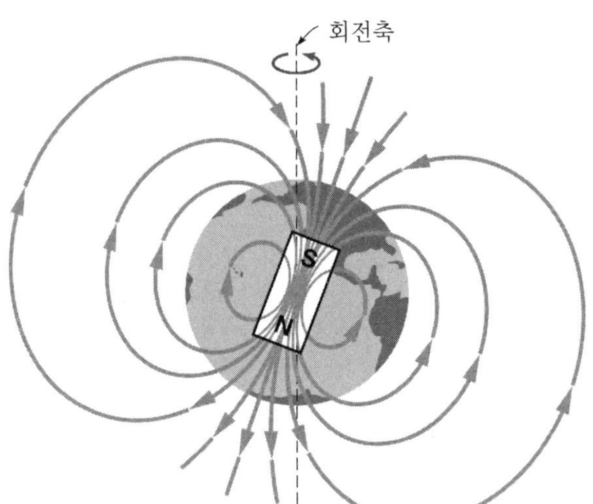

지구 자기장

자석과 쇠붙이 사이에 발생하는 현상의 참여자를 구분하여 보자. 쇠붙이가 자기장을 흡수해서 자석이 되고, 자기장을 방출하여 자성이 없어진다. 현상을 일으키는 환경은 자석이 만든다. 따라서 자석을 S_2로 정의한다. 현상을 일으키는 주체인 쇠붙이는 S_1이 된다. 자석에서 방출되어 쇠붙이에 흡수되는 자기장(정확하게는 자기장과 관련된 양)은 대상 O가 된다.

자기장 현상에서 관심은 주체인 S_1이며, 주체가 행동하는 외부 환경을 제공하는 개체는 S_2이다. 이 S_2는 주체와 분리되어 존재하면서, 대상 O를 주고받으면서 주체와 연결된다. 대상 O는 두 개체 S_1과 S_2에 모두 속할 수 있는 특성을 갖고 있기 때문에 개체 S_1과 S_2가 주고받고 할 수 있는 대상이 된다. 따라서 이 대상은 단순히 자기장이 아니라 자석과 쇠붙이의 특성을 공유하는 개체이다. 정확한 정의는 여기서는 하지 않을 예정이며, 간단히 자기장이라 부른다.

8.4.2 상태

'갖고 있다'에 대한 경로 도식 기반 기호4각형을 앞에서 구성하였다. 규범적 이동을 경로 도식으로 해석하여 기호4각형의 항을 재정의하였다. 그 결과 기호4각형의 항들을 상태와 과정으로 분류하였고, 구현되는 규범적 이동과 구현되지 않는 규범적 이동을 구분하였다. 구현되는 규범적 이동을 자석과 쇠붙이 그리고 자기장이 일으키는 물리 현상과 연결하여 설명하자.

상태를 나타내는 항인 '갖고 있다'와 '없다' 항을 ψ_+와 ψ_-로 정의하자.

$$\psi_+ = S_1 \cap O \ (S_2) \qquad \text{(가짐, 인접, 연접)}$$

$$\psi_- = S_1 \cup O \ (S_2) \qquad \text{(없음, 분리, 이접)}$$

상태 ψ_+은 자기장 O를 쇠붙이 S_1이 흡수한 상태를 말한다. 즉, 쇠붙이가 자석이 된 상태이다. 반면에 ψ_-는 자기장을 방출한 쇠붙이이며, 자기장이 없는 순수한 쇠붙이 상태를 나타낸다. 쇠붙이와 자기장에 윤곽 부여하여 살피고 있기 때문에 자석은 배경으로 밀려나 있다. 즉, 우리는 쇠붙이에 어떤 현상이 발생하는지에 관심을 갖고 있다. 자석은 환경으로 관심의 대상이 되지 않고 있다.

8.4.3 상태 변화

현상에 참여하는 3개체가 결합되는 과정은 '찾다'와 '잃다'이며, '찾다'는 $(S_1 \cup) O_{12} \cup S_2$이며, '잃다'는 $(S_1 \cap) O_{21} \cap S_2$이다.

'찾다'는 자기장 O가 자석 S_2에서 쇠붙이 S_1로 흡수되는 과정을 나타낸다. 이를 자화 과정 σ_+이라 한다.

$$\sigma_+ = (S_1 \cup) O_{12} \cup S_2$$

여기서 O_{12}은 자기장이 자석 S_2에서 쇠붙이 S_1로 이동하는 것을 아래첨자로 표시하고 있다.

반면에, '잃다'의 과정은 자기장 O가 쇠붙이 S_1에서 방출되어 자석 S_2로 흡수되는 과정을 나타내며, 자기장 소거 과정 σ_-라 한다.

$$\sigma_- = (S_1 \cap) O_{21} \cap S_2$$

여기서 O_{21}가 자기장이 소거되는 과정을 보여준다.

8.4.4 규범적 이동과 상태 변화 규칙

규범적 이동2 Σ_+은 '없다'–'찾다'–'갖고 있다'로 사건이 일어나며,

$$S_1 \cup O\ (\cap S_2) \ \rightarrow \ (S_1 \cup)\ O_{12} \cup S_2 \ \rightarrow \ S_1 \cap O\ (\cup S_2).$$

이 이동은 쇠붙이가 자기장을 얻는 과정이 된다. 상태 $\psi_\pm$와 자화 과정 σ_+로 나타낼 수 있다.

$$\psi_- \rightarrow \sigma_+ \rightarrow \psi_+$$

상태 ψ_+는 상태 ψ_-에서 출발하여 σ_+의 과정을 거쳐서 만들어진다. 즉, 상태 ψ_+는 상태 ψ_-에 과정 σ_+가 연속적으로 작동하여 얻어진다. 서로 다른 단계가 연속적으로 나타나서 결과를 만들 때, 연속적으로 나타나는 단계들 사이는 곱셈 규칙이 적용된다. 따라서 자화되는 과정은

$$\psi_+ = \sigma_+ \ \psi_-$$

으로 된다. 매우 이상하게 보일 것 같다.

비슷하게 규범적 이동1 Σ_-는 '갖고 있다'–'잃다'–'없다'이며,

$$S_1 \cap O\ (\cup S_2)\ \rightarrow\ (S_1 \cap)O_{21} \cap S_2\ \rightarrow\ S_1 \cup O\ (\cap S_2).$$

쇠붙이에서 자기장을 소거하는 과정을 나타낸다.

$$\psi_+ \rightarrow \sigma_- \rightarrow \psi_-$$

로 되며, 연속적 과정에 대한 곱셈 규칙을 적용하면,

$$\psi_- = \sigma_-\ \psi_+$$

라는 식을 얻게 된다.

매우 추상적인 '갖고 있다'의 기호4각형에서 출발하여 자석과 쇠붙이 사이에 나타나는 자화 현상을 다루는 데까지 많이 왔다. 실증적으로 자기장을 다루고 있지만, 일반적으로 확대해서 적용할 수 있다. 앞의 표현들에 대한 단순한 기호를 도입해서 축약적으로 표현하고 있기 때문이다. 상태 ψ_+와 과정 $\sigma_\pm$는 물리적으로 중요한 스핀 구조를 나타내며, 쇠붙이의 상자성체 특성을 설명하는 메커니즘을 나타내고 있다.

8.4.5 스핀계

규범적인 이동 $\Sigma_\pm$는 자화된 상태 ψ_+와 자기장 제거된 상태 ψ_-사이의 상내 변화 단계를 설명하고 있다. 그러나 상태가 오직 두 가지밖에 없고, 서로 다른 상태를 나타내므로, 이 두 상태 $\psi_\pm$를 서로 독립적인 상태 벡터로 정의한다.[20]

$$\psi_+ = \begin{pmatrix} 1 \\ 0 \end{pmatrix},\quad \psi_- = \begin{pmatrix} 0 \\ 1 \end{pmatrix}$$

일반적인 상태 ψ는 이 두 상태들의 합으로 표현된다.

$$\psi = \begin{pmatrix} a \\ b \end{pmatrix} = a \begin{pmatrix} 1 \\ 0 \end{pmatrix} + b \begin{pmatrix} 0 \\ 1 \end{pmatrix} = a\ \psi_+ + b\ \psi_-$$

상태 ψ는 분리도에서 살폈듯이 주관성을 표현하고 있다. 즉, '잃다'와 '찾다'에 대해서 어느 쪽에 더 비중을 두고 판단하는가를 나타내는 가중치가 a와 b가 된다. 이 가중치가 개인들이 갖는 주관성을 나타낸다.

과정인 σ_+와 σ_-는 행렬로 정의된다.

$$\sigma_+ = \begin{pmatrix} 0 & 1 \\ 0 & 0 \end{pmatrix}, \quad \sigma_- = \begin{pmatrix} 0 & 0 \\ 1 & 0 \end{pmatrix}$$

규범적 이동 $\Sigma_\pm$는 행렬의 곱으로 다음과 같이 표현된다.

$$\psi_+ = \sigma_+ \psi_- \Rightarrow \psi_+ = \begin{pmatrix} 1 \\ 0 \end{pmatrix} = \begin{pmatrix} 0 & 1 \\ 0 & 0 \end{pmatrix} \begin{pmatrix} 0 \\ 1 \end{pmatrix} = \sigma_+ \psi_-$$

$$\psi_- = \sigma_- \psi_+ \Rightarrow \psi_- = \begin{pmatrix} 0 \\ 1 \end{pmatrix} = \begin{pmatrix} 0 & 0 \\ 1 & 0 \end{pmatrix} \begin{pmatrix} 1 \\ 0 \end{pmatrix} = \sigma_- \psi_+$$

위 행렬을 정의하기 위해서는 좀 더 복잡한 내용들이 있지만, 여기서는 생략한다. 더 필요한 부분은 양자 역학을 참조하기 바란다.

이런 벡터 성질을 만족하는 계를 스핀 시스템이라 하고, 기호4각형은 물리적으로 스핀계를 나타낸다.

8.4.6 물리, 기호, 언어 그리고 시각 체계

우리는 시각 체계가 무의식에서 의식으로 바뀌는 단계에서 나타나는 메커니즘으로 오류확장추이함수를 얻었다. 오류확장추이함수를 무의식의 메커니즘으로 사용하여 언어 개념 확장 메커니즘인 은유, 환유와 혼성을 생각하였다. 무의식의 기본 구조를 형성한다고 판단되는 기호 4각형이 실제로는 아주 제한된 영역인 분리도 영역에서 발생함을 보았다. 기호4각형의 통사 규칙이 물리적으로 스핀계를 설명하고 있음을 보았다.

따라서 시각 체계의 일부분이 물리적으로 스핀계와 연계되어 있다는 것을 알았다. 이런 연계 과정을 도식으로 나타내면,

시각 체계	언어	기호	물리
오류확장추이함수 $G_\epsilon(x)=ax+b+\epsilon$	은유 a 수평 구조		
	환유 b 원형	기호4각형	스핀계
	혼성 ϵ 수직구조		

참 고 문 헌

[1] 우주, 윤홍식, 홍승수, 장경애 역, 사이언스북스, 2009
블랙홀 화이트홀, NEWTON HIGHLIGHT, 뉴턴코리아, 2009

[2] 김기석 역, 뇌, 성원사, 1989
고건일 외 역, 인체 생리학, 탐구당, 1995

[3] 황도근, 빛과 소리, 자작나무, 1994

[4] 김기호 외 역, 음성과학, 한국문화사, 2000
이성태, 소리의 원리와 응용, 청문각, 2003
김양한, 음향학 강의, 청문각, 2005
한지연, 최양규 역, 언어임상을 위한 음성과학, 시그마프레스, 2007

[5] 경상대학교 외 공역, 일반물리학 1권 & 2권 7판 , 범한서적, 2006

[6] 강봉균, 감경윤, 권오주 역, 신경과학 3판, 바이오메디북, 2009
강봉균 역, 인지 뇌 의식: 인지신경과학 입문서, 교보문고, 2010
김상정, 나승열, 나흥식 역, 신경과학, 월드사이언스, 2007

[7] 김문수 외 역, 생물심리학 8판, 시그마프레스, 2006

[8] 조재흥, 파동광학, 테크미디어, 2003
김형진, 이혜정, 물리광학 이론, 대학서림, 2009

[9] 임지룡, 김동환 역, 인지언어학 개론, 태학사, 1998

[10] 신현정, 개념과 범주화, 아카넷, 2000

[11] 이기우, 이정애, 박미엽 역, 인지 언어학의 기초, 한국문화사, 1997

[12] 신현정 역, 인지심리학, 교육과학사, 1994
이영애 역, 인지심리학과 그 응용 4판, 이화여자대학교, 2000
김민식 외 역, 인지심리학 3판, 박학사, 2005

[13] 임지룡 김동환 역, 인지언어학 기초, 한국문화사, 2008
김동환, 인지언어학과 의미, 태학사, 2005

[14] 김종도 역, 인지문법의 토대 vol. 1, 박이정, 1999
김종도, 인지문법의 디딤돌, 박이정, 2002
나익주 역, 개념 영상 상징, 박이정, 2005

[15] 임지룡, 인지의미론, 탑출판사, 1997
이수련, 한국어와 인지, 박이정, 2001
임지룡, 국어 의미론. 탑출판사. 2003

[16] 정미경 외, 심리학개론, 양서원, 2009
임창재, 심리학개론, 동문사, 2009
박신자, 심리학의 이해, 형설출판사, 2005

[17] 안동완 외 역, 역학 3판, 두양사, 2005
박상업, 고전역학, 전주대학교, 1998
진병문 역, 일반역학 7판, 청범출판사, 2005
윤진희 외 역, 대학 고전역학 2판, 북스힐, 2000

[18] 박찬웅, 본다는것: 시각생리, 의학서원, 2009

[19] 과학철학의 역사, 정병훈, 최종덕역, 동연출판사, 1999

[20] 나상균, 양자역학, 반도출판사, 1993
임헌화, 양자역학, 청문각, 1997
송희성, 양자역학, 교학연구사, 2009

[21] 김홍래, 양자화학, 자유아카데미, 2007
화학교재연구회, 줌달의 일반화학 8판, 사이플러스, 2010

[22] 최원재 역, 분자생물학 입문서, 월드사이언스, 2009

[23] 김형효, 구조주의의 사유체계와 사상, 인간사랑, 1989

[24] 심경호 역, 주역철학사, 예문서원, 1994
정병석 역, 주역철학의 이해, 문예출판사, 1996

[25] 엣센스 국어사전 6판, 편집부, 민중서림, 2009

[26] 최창렬, 말과 의미, 집문당, 1999
이상철 역, 최신 의미론, 한국문화사, 2004

[27] 강주상 역, 수리물리학, 한동출판사, 2002
김성원 역, 수리물리학, 경문사, 1999

[28] 강우형, 확률과정의 물리학, 한국문화사, 2001
이외숙, 확률과정론 입문 3판, 경문사, 2008

[29] 황춘식 역, 선형제어시스템, 형설출판사, 1992
최대섭, 신편 선형제어공학, 명진, 2009

[30] 문정복, 언어와 논리, 형설출판사, 2000

[31] 임지룡 김동환 역, 은유와 영상도식, 한국문화사, 2006

[32] 김영채, 사고와 문제해결 심리학, 박영사, 1995

[33] 오원교 역, 기호학입문, 신아사, 1986

[34] 박인철, 파리학파의 기호학, 민음사, 2003

[35] 김성도 역, 의미에 관하여, 인간사랑, 1997
홍정표, 기호학으로의 초대, 어눈학사, 1997
김성도, 구조에서 감성으로, 고려대학교, 2002

[36] 장직현 역, 형식언어와 자동장치 이론, 희중당, 1993
황도삼 외 역, 자연언어처리, 홍릉과학출판사, 2007
장직현 외 역, 형식언어와 오토마타, 홍릉과학출판사, 2008
권호열 외 역, 이산수학 7판, 한티미디어, 2008

찾 아 보 기

ㅈ

과학과 인문 at eyes

2010년 3월 20일 제1판 1쇄 인쇄
2010년 3월 25일 제1판 1쇄 발행

저 자 ◎ 박 상 업
발행자 ◎ 조 승 식
발행처 ◎ (주) 도서출판 **북스힐**
서울시 강북구 수유 2동 258-20
등 록 ◎ 제 22-457 호

(02) 994-0071(代)

(02) 994-0073

bookswin@unitel.co.kr
www.bookshill.com

값 13,000원

잘못된 책은 교환해 드립니다.

ISBN 978-89-5526-677-1